Intelligente Technische Systeme – Lösungen aus dem Spitzencluster it's OWL

Herausgegeben von:
it's OWL Clustermanagement GmbH
Paderborn, Deutschland

Im Technologie-Netzwerk Intelligente Technische Systeme OstWestfalenLippe (kurz: it's OWL) haben sich rund 200 Unternehmen, Hochschulen, Forschungseinrichtungen und Organisationen zusammengeschlossen, um gemeinsam den Innovationssprung von der Mechatronik zu intelligenten technischen Systemen zu gestalten. Gemeinsam entwickeln sie Ansätze und Technologien für intelligente Produkte und Produktionsverfahren, Smart Services und die Arbeitswelt der Zukunft. Das Spektrum reicht dabei von Automatisierungs- und Antriebslösungen über Maschinen, Fahrzeuge, Automaten und Hausgeräte bis zu vernetzten Produktionsanlagen und Plattformen. Dadurch entsteht eine einzigartige Technologieplattform, mit der Unternehmen die Zuverlässigkeit, Ressourceneffizienz und Benutzungsfreundlichkeit ihrer Produkte und Produktionssysteme steigern und Potenziale der digitalen Transformation erschließen können.

In the technology network Intelligent Technical Systems OstWestfalenLippe (short: it's OWL) around 200 companies, universities, research institutions and organisations have joined forces to jointly shape the innovative leap from mechatronics to intelligent technical systems. Together they develop approaches and technologies for intelligent products and production processes, smart services and the working world of the future. The spectrum ranges from automation and drive solutions to machines, vehicles, automats and household appliances to networked production plants and platforms. This creates a unique technology platform that enables companies to increase the reliability, resource efficiency and user-friendliness of their products and production systems and tap the potential of digital transformation.

Weitere Bände in dieser Reihe: http://www.springer.com/series/15146

Wilhelm Dangelmaier • Jürgen Gausemeier
Hrsg.

Intelligente Arbeitsvorbereitung auf Basis virtueller Werkzeugmaschinen

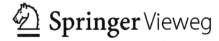

Hrsg.
Wilhelm Dangelmaier
Wirtschaftsinformatik, CIM
Heinz-Nixdorf-Institut
Paderborn, Deutschland

Jürgen Gausemeier
Heinz Nixdorf Institut
Universität Paderborn
Paderborn, Deutschland

ISSN 2523-3637   ISSN 2523-3645 (electronic)
Intelligente Technische Systeme – Lösungen aus dem Spitzencluster it's OWL
ISBN 978-3-662-58019-6   ISBN 978-3-662-58020-2 (eBook)
https://doi.org/10.1007/978-3-662-58020-2

Die Deutsche Nationalbibliothek verzeichnet diese Publikation in der Deutschen Nationalbibliografie; detaillierte bibliografische Daten sind im Internet über http://dnb.d-nb.de abrufbar.

Springer Vieweg

Springer Vieweg ist ein Imprint der eingetragenen Gesellschaft Springer-Verlag GmbH, DE und ist ein Teil von Springer Nature.
Die Anschrift der Gesellschaft ist: Heidelberger Platz 3, 14197 Berlin, Germany

Geleitwort des Projektträgers

Unter dem Motto „Deutschlands Spitzencluster – Mehr Innovation. Mehr Wachstum. Mehr Beschäftigung" startete das Bundesministerium für Bildung und Forschung (BMBF) 2007 den Spitzencluster-Wettbewerb. Ziel des Wettbewerbs war, die leistungsfähigsten Cluster auf dem Weg in die internationale Spitzengruppe zu unterstützen. Durch die Förderung der strategischen Weiterentwicklung exzellenter Cluster soll die Umsetzung regionaler Innovationspotenziale in dauerhafte Wertschöpfung gestärkt werden.

In den Spitzenclustern arbeiten Wissenschaft und Wirtschaft eng zusammen, um Forschungsergebnisse möglichst schnell in die Praxis umzusetzen. Die Cluster leisten damit einen wichtigen Beitrag zur Forschungs- und Innovationsstrategie der Bundesregierung. Dadurch sollen Wachstum und Arbeitsplätze gesichert bzw. geschaffen und der Innovationsstandort Deutschland attraktiver gemacht werden.

Bis 2012 wurden in drei Runden 15 Spitzencluster ausgewählt, die jeweils über fünf Jahre mit bis zu 40 Mio. Euro gefördert werden. Der Cluster Intelligente Technische Systeme OstWestfalenLippe – kurz it's OWL wurde in der dritten Wettbewerbsrunde im Januar 2012 als Spitzencluster ausgezeichnet. Seitdem hat sich der Spitzencluster it's OWL zum Ziel gesetzt, die intelligenten technischen Systeme der Zukunft zu entwickeln. Gemeint sind hier Produkte und Prozesse, die sich der Umgebung und den Wünschen der Benutzer anpassen, Ressourcen sparen sowie intuitiv zu bedienen und verlässlich sind. Für die Unternehmen des Maschinenbaus, der Elektro- und Energietechnik sowie für die Elektronik- und Automobilzulieferindustrie können die intelligenten technischen Systeme den Schlüssel zu den Märkten von morgen darstellen.

Auf einer starken Basis im Bereich mechatronischer Systeme beabsichtigt it's OWL, im Zusammenspiel von Informatik und Ingenieurwissenschaften den Sprung zu Intelligenten Technischen Systemen zu realisieren. It's OWL sieht sich folglich als Wegbereiter für die Evolution der Zusammenarbeit beider Disziplinen hin zur sogenannten vierten industriellen Revolution oder Industrie 4.0. Durch die Teilnahme an it's OWL stärken die Unternehmen ihre Wettbewerbsfähigkeit und bauen ihre Spitzenposition auf den internationalen Märkten aus. Der Cluster leistet ebenfalls wichtige Beiträge zur Erhöhung der Attraktivität der Region Ostwestfalen-Lippe für Fach- und Führungskräfte sowie zur nachhaltigen Sicherung von Wertschöpfung und Beschäftigung.

Mehr als 180 Clusterpartner – Unternehmen, Hochschulen, Kompetenzzentren, Brancheninitiativen und wirtschaftsnahe Organisationen – arbeiten in 47 Projekten mit einem Gesamtvolumen von ca. 90 Mio. Euro zusammen, um intelligente Produkte und Produktionssysteme zu erarbeiten. Das Spektrum reicht von Automatisierungs- und Antriebslösungen über Maschinen, Automaten, Fahrzeuge und Haushaltsgeräte bis zu vernetzten Produktionsanlagen und Smart Grids. Die gesamte Clusterstrategie wird durch Projekte operationalisiert. Drei Projekttypen wurden definiert: Querschnitts- und Innovationsprojekte sowie Nachhaltigkeitsmaßnahmen. Grundlagenorientierte Querschnittsprojekte schaffen eine Technologieplattform für die Entwicklung von intelligenten technischen Systemen und stellen diese für den Einsatz in Innovationsprojekten, für den Know-how-Transfer im Spitzencluster und darüber hinaus zur Verfügung. Innovationsprojekte bringen Unternehmen in Kooperation mit Forschungseinrichtungen zusammen zur Entwicklung neuer Produkte und Technologien, sei als Teilsysteme, Systeme oder vernetzte Systeme, in den drei globalen Zielmärkten Maschinenbau, Fahrzeugtechnik und Energietechnik. Nachhaltigkeitsmaßnahmen erzeugen Entwicklungsdynamik über den Förderzeitraum hinaus und sichern Wettbewerbsfähigkeit.

Interdisziplinäre Projekte mit ausgeprägtem Demonstrationscharakter haben sich als wertvolles Element in der Clusterstrategie erwiesen, um Innovationen im Bereich der intelligenten technischen Systeme produktionsnah und nachhaltig voranzutreiben. Die ersten Früchte der engagierten Zusammenarbeit werden im vorliegenden Bericht der breiten Öffentlichkeit als Beitrag zur Erhöhung der Breitenwirksamkeit vorgestellt. Den Partnern wünschen wir viel Erfolg bei der Konsolidierung der zahlreichen Verwertungsmöglichkeiten für die im Projekt erzielten Ergebnisse sowie eine weiterhin erfolgreiche Zusammenarbeit in it's OWL.

Projektträger Karlsruhe (PTKA)
Karlsruher Institut für Technologie (KIT)
Dr.-Ing. P. Armbruster

Im April 2017

Geleitwort des Clustermanagements

Wir gestalten gemeinsam die digitale Revolution – Mit it's OWL!

Die Digitalisierung wird Produkte, Produktionsverfahren, Arbeitsbedingungen und Geschäftsmodelle verändern. Virtuelle und reale Welt wachsen immer weiter zusammen. Industrie 4.0 ist der entscheidende Faktor, um die Wettbewerbsfähigkeit von produzierenden Unternehmen zu sichern. Das ist gerade für OstWestfalenLippe als einem der stärksten Produktionsstandorte in Europa entscheidend für Wertschöpfung und Beschäftigung.

Die Entwicklung zu Industrie 4.0 ist mit vielen Herausforderungen verbunden, die Unternehmen nicht alleine bewältigen können. Gerade kleine und mittlere Unternehmen (KMU) brauchen Unterstützung, da sie nur über geringe Ressourcen für Forschung- und Entwicklung verfügen. Daher gehen wir in OstWestfalenLippe den Weg zu Industrie 4.0 gemeinsam: mit dem Spitzencluster it's OWL. Unternehmen und Forschungseinrichtungen entwickeln Technologien und konkrete Lösungen für intelligente Produkte und Produktionsverfahren.

Davon profitieren insbesondere auch KMU. Mit einem innovativen Transferkonzept bringen wir neue Technologien in den Mittelstand, beispielsweise in den Bereichen Selbstoptimierung, Mensch-Maschine-Interaktion, intelligente Vernetzung, Energieeffizienz und Systems Engineering. In 170 Transferprojekten nutzen die Unternehmen diese neuen Technologien, um die Zuverlässigkeit, Ressourceneffizienz und Benutzerfreundlichkeit ihrer Maschinen, Anlagen und Geräte zu sichern.

Die Rückmeldungen aus den Unternehmen sind sehr positiv. Sie gehen einen ersten Schritt zu Industrie 4.0 und erhalten Zugang zu aktuellen, praxiserprobten Ergebnissen aus der Forschung, die sie direkt in den Betrieb einbinden können. Unser-Transfer-Konzept wurde aus 3000 Bewerbungen mit dem Industriepreis des Huber Verlags für neue Medien in der Kategorie Forschung und Entwicklung ausgezeichnet und findet ein hohes Interesse in ganz Deutschland und darüber hinaus.

Die dynamische und flexible Produktionsplanung ist ein Kernelement der Industrie 4.0. Sie unterstützt den effizienten Betrieb von Produktionsanlagen und hilft somit, den Produktionsstandort Deutschland zu sichern. Damit Unternehmen die Auslastung ihrer Anlagen im Hinblick auf Maschinen, Werkzeuge, Materialien, Energie und Arbeitskraft optimieren können, bedarf es leistungsfähiger Optimierungsalgorithmen und -werkzeuge.

DMG Mori hat in dem Projekt „Intelligente Arbeitsvorbereitung durch virtuelle Werkzeugmaschinen" gemeinsam mit der Universität Paderborn, dem Heinz Nixdorf Institut und der Fachhochschule Bielefeld innovative Methoden, Technologien und IT-Werkzeuge hierfür entwickelt. Beispiele sind die Simulation von Werkzeugmaschinen in einer Cloud-Umgebung oder eine automatisierte, lernende Leistungssteigerung auf der Basis von Simulationsverfahren. Die Ansätze wurden in Pilotprojekten mit Phoenix Contact und Strothmann Machines & Handling erfolgreich validiert.

it's OWL – Das ist OWL: Innovative Unternehmen mit konkreten Lösungen für Industrie 4.0. Anwendungsorientierte Forschungseinrichtungen mit neuen Technologien für den Mittelstand. Hervorragende Grundlagenforschung zu Zukunftsfragen. Ein starkes Netzwerk für interdisziplinäre Entwicklungen. Attraktive Ausbildungsangebote und Arbeitgeber in Wirtschaft und Wissenschaft.

Prof. Roman Dumitrescu, Geschäftsführer it's OWL Clustermanagement
Günter Korder, Geschäftsführer it's OWL Clustermanagement
Herbert Weber Geschäftsführer it's OWL Clustermanagement

Vorwort der Projektleitung

In der spanenden Fertigung ermöglicht die Optimierung der Maschinenhardware nur noch marginale Effizienzsteigerungen bei vergleichsweise hohen Entwicklungskosten. DMG MORI setzt daher auf einen neuen Ansatz: Steigerung der Auslastung der vorhandenen Maschinenkapazitäten durch eine intelligente Arbeitsvorbereitung. Als ein wesentlicher Stellhebel wurden die unproduktiven Neben- und Rüstzeiten identifiziert. Einen Einfluss hat hierbei nicht nur der CAM-Prozess zur Erstellung der NC-Programme und Planung der Maschineneinrichtung, sondern auch die Fertigungssteuerung, welche die Reihenfolge und die Ressourcen für alle Fertigungsaufträge festlegt. So kann bereits im Vorfeld eine geschickte Planung die Umrüstzeit für Werkzeug- und Vorrichtungswechsel zwischen den einzelnen Aufträgen reduzieren. Der flexible Ressourceneinsatz wird jedoch durch die de facto Vorauswahl einer Maschine im CAM-Prozess verhindert. Diese Einschränkung gilt es zu überwinden, indem alternative Werkzeugmaschinen automatisiert und verlässlich vorab geprüft werden. Hierdurch erweitert sich die Reaktionsfähigkeit der Fertigungssteuerung auf Störungen oder eine veränderte Auftragslage.

Die beste Planung hilft nicht, wenn diese zu einem Fehler im Zerspanungsprozess führt; denn selbst kleine Fehler bei der Programmierung von Werkzeugmaschinen können große Schäden anrichten – vom Werkzeugbruch bis zur Zerstörung des Werkstücks. Die DMG „Powertools" bieten bereits eine Virtuelle Werkzeugmaschine zur Verifikation des Zerspanungsprozesses noch bevor das Werkstück in die Maschine eingespannt wird. Hierfür erfolgt vorab eine virtuelle Einrichtung der Maschine durch den Bediener am Computer sowie die Simulation der CNC-Bearbeitung mit dem Original NC-Programm. Eine Grundlage für die intelligente Arbeitsvorbereitung war deshalb die Parallelisierung und Automatisierung dieser CNC-Simulation auf einer virtuellen Werkzeugmaschine als fester Bestandteil jedes Optimierungsverfahrens.

Das Ergebnis des Projektes ist eine Dienstleistungsplattform zur Unterstützung der Arbeitsvorbereitung. Diese ermöglicht die Reduzierung der Rüst- und Nebenzeiten durch die Kombination von Optimierungsansätzen auf zwei Ebenen: Der lokalen Werkstückbearbeitung auf einer Maschine sowie der Auftragsdisposition durch die Fertigungssteuerung.

Im ersten Schritt werden die Prozessanforderungen, wie die Anzahl der Bearbeitungsachsen, die Bewegung des Werkzeugs und Spindeldrehzahl aus dem vorhandenen NC-Programm automatisch abgeleitet. Anhand dieser Anforderungen und einer Wissensbasis werden mögliche alternative Maschinen ermittelt. Diese Alternativen werden von der Fertigungssteuerung jedoch erst berücksichtigt, wenn die Simulation auf der entsprechenden virtuellen Werkzeugmaschine erfolgreich war. Die Fertigungssteuerung basiert auf einem mathematischen Modell, das die gesamte Fertigung und alle Aufträge berücksichtigt. Wenn Störungen auftreten, kann eine Planungsalternative durch den Einsatz einer heuristischen Lösungsmethode besonders schnell ermittelt werden. Nach der Festlegung einer Maschine für einen Auftrag erfolgt die gezielte Optimierung der Bearbeitung auf dieser Maschine. Dies umfasst die Ermittlung günstiger Einrichtparameter mit kurzen Werkzeugwechselzeiten durch eine Partikelschwarm-Optimierung. Der gewählte hybride Ansatz nutzt die aufwendige Simulation auf der virtuellen Werkzeugmaschine nur für erfolgsversprechende Parametersätze. Nach diesem Optimierungsschritt wird die reduzierte Bearbeitungszeit von der Fertigungssteuerung für die weitere Planung berücksichtigt.

Die Simulationsläufe aller Kunden werden innerhalb eines Cloud-Systems von gemeinsam genutzten Virtuellen Werkzeugmaschinen abgearbeitet. Ein eigens entwickelter Algorithmus zur Verteilung der Aufträge berücksichtigt deren Priorität und gewährleistet eine faire Nutzung der Cloud-Ressourcen durch die Kunden.

Auf dem Weg zu Industrie 4.0 ermöglicht die Dienstleistungsplattform schon jetzt den Einsatz von intelligenten Planungs- und Optimierungsfunktionen für die Fertigung mit Werkzeugmaschinen, die über keine eigenen intelligenten Steuerungs- und Vernetzungsfunktionen verfügen. Anstatt auf der lokalen Maschinensteuerung während der Fertigung, erfolgt die Optimierung deshalb bereits vorab im Rahmen einer intelligenten Arbeitsvorbereitung.

Dr. Benjamin Jurke (DMG MORI), Prof. Wilhelm Dangelmaier und Prof. Jürgen Gausemeier (Heinz Nixdorf Institut, Universität Paderborn), Prof. Leena Suhl (Decision Support & Operations Research Lab, Universität Paderborn) und Prof. Christian Schröder (FH Bielefeld).

Januar 2018

Inhaltsverzeichnis

Einleitung

Die virtuelle Produktionslandschaft Anfang des 21. Jahrhunderts

Benjamin Jurke

Zusammenfassung

Das einführende Kapitel vermittelt eine Übersicht zur Produktionslandschaft Anfang des 21. Jahrhunderts, welche die Basis für das Projekt darstellt. Ausgehend von allgemeinen Beobachtungen und Fragestellungen speziell im Kontext CNC-gesteuerter und spanabtragender Werkzeugmaschinen wird so eine Überleitung zu den Inhalten des Projekts und den behandelten Problemen geschaffen.

1.1 Überblick und Problemstellung

1.1.1 Industrielle Software

Den Anfang des 21. Jahrhunderts markiert eine faszinierende Geschwindigkeit im Wandel der digitalen technologischen Möglichkeiten. Im Konsumentenbereich werden mehr und mehr Dienstleistungen als reine Online-Angebote zur Verfügung gestellt, oftmals ohne einen direkten monetären Gegenwert. Beflügelt durch die rasante Adaptionsgeschwindigkeit von hunderten Millionen von Nutzern zeigt sich eine nie zuvor dagewesene Geschwindigkeit und Vielfalt, mit der neue Angebote auf immer kleineren und mobileren Endgeräten verfügbar gemacht werden.

B. Jurke (✉)
Competence Center, DMG MORI Software Solutions GmbH, Pfronten, Deutschland

R&D Machine Learning, Beckhoff Automation GmbH & Co. KG, Verl, Deutschland
E-Mail: b.jurke@beckhoff.com

© Springer-Verlag GmbH Deutschland, ein Teil von Springer Nature 2019
W. Dangelmaier, J. Gausemeier (Hrsg.), *Intelligente Arbeitsvorbereitung auf Basis virtueller Werkzeugmaschinen*, Intelligente Technische Systeme – Lösungen aus dem Spitzencluster it's OWL, https://doi.org/10.1007/978-3-662-58020-2_1

Der wohl größte technologische Wandel der jüngeren Zeit fußt auf der immer weiter verbreiteten Vernetzung digitaler Endgeräte. Über das Internet als zentrale Vermittlungsstelle scheinen Distanzen praktisch zu verschwinden. Darüber hinaus ermöglicht es die heute für wenig Geld zur Verfügung stehende Rechenleistung, verschiedene Abstraktionsschichten und Virtualisierungsebenen auf der Software-Ebene einzubeziehen, was den verbreiteten Einsatz von Cloud-Computing-Lösungen möglich gemacht hat. Mehr und mehr werden die vergleichsweise leistungsschwachen Endgeräte in den Händen der Konsumenten somit abhängig von den gigantischen Rechenleistungen, die in großen und auf Effizienz getrimmten Rechenzentren zur Verfügung stehen. Historisch betrachtet findet hier gewissermaßen eine Rückkehr zu den Anfängen des Computerzeitalters statt: Die ersten Computer, die in den 1960er- und frühen 1970ern-Jahren in den Verkauf gelangten waren typischerweise „Monstrositäten", die ganze Hallen füllten. Den Zugriff auf die Maschinen teilten sich typischerweise mehrere Benutzer durch sogenannte Terminals, also im Wesentlichen einen Bildschirm und eine Tastatur. Übertragen auf die heutige Situation entspricht das Konsumenten-Tablet oder der PC dem leistungsschwachen Endgerät, welches über das Internet Zugriff auf relativ betrachtet gigantische Rechnerressourcen nehmen kann. Durch den exponentiellen Fortschritt in der Rechenleistung, Speicherkapazität und Kommunikations-Bandbreite ist die Benutzung dieser neuen Form zentralisierter Großrechner, also dem Cloud-Computing, heutzutage so einfach und komfortabel, dass sich eine rasante Durchdringung fast aller von der PC-Industrie betroffenen Bereiche eingestellt hat.

Auf den ersten Blick betrachtet steht dieser Entwicklung fast schon anachronistisch der Fortschritt im industriellen Produktionsumfeld gegenüber. Nach wie vor dominieren hier ganz klar lokal installierte Lösungen, die oftmals stark an das vorhandene Produktionsumfeld gekoppelt sind. Im Vergleich zum Konsumentenumfeld ist die Variabilität von Produktionsstraßen zur Herstellung beliebiger Güter viel zu vielfältig, als dass allumfassende Lösungen für die technischen Probleme geschaffen werden könnten. Auch in scheinbar generischen Bereichen, wie etwa der in jedem Betrieb vorhandenen Buchhaltung oder der Auftragsverwaltung, der Logistik und Lagerhaltung, sind durch die jeweiligen Begebenheiten der Wertschöpfungskette individuelle Lösungen erforderlich, um die Bedürfnisse der Abläufe eines Betriebs abzudecken. Derartige Lösungen sind umgekehrt aber auch überaus kostspielig, da sie, anders als im Konsumenten-Bereich, als eigens maßgeschneiderte Produkte nur vergleichsweise schwach von den typischen Skalierungsvorteilen digitaler Güter profitieren. Hiermit ist die Tatsache beschrieben, dass man im Konsumentenumfeld die für komplexe Produkte durchaus enormen Software-Entwicklungskosten letztlich durch Millionen von Kunden und kaum nennenswerte Vervielfältigungskosten wieder zurückerhalten kann. Eine Microsoft-Windows-Lizenz kann nur deshalb den im Vergleich zur Komplexität der Software vernachlässigbaren Preis halten, da das Produkt potenziell mehrere hundert Millionen Kunden gleichzeitig erreicht. Derartige Plattformlösungen sind im industriellen Umfeld, speziell dem Produktionsumfeld, sehr selten. Auch bei vermeintlichen Standard-Produkten, beispielsweise ERP-Systemen wie etwa von SAP angeboten, sind umfangreiche Anpassungen und Individualisierungen erforderlich, was sich wiederum signifikant auf den Preis der einzelnen Installation niederschlägt.

Je spezifischer technische Software-Lösungen ausfallen und je kleiner daher der potenzielle Kundenkreis wird, desto höher ist letztlich ihr Preis für den Endkunden anzusetzen. Im Bereich zerspanender und CNC-gesteuerter Werkzeugmaschinen fallen in diesem Kontext signifikante Kostenpunkte gerade im Bereich der Arbeitsvorbereitung an. Die zur Programmierung komplexer Werkstücke notwendigen Software-Pakete für die CAD-Modellerzeugung (Computer Aided Design) und die anschließenden CAM-Bahnprogrammierung (Computer Aided Manufacturing) übersteigen in umfangreicheren Ausbaustufen durchaus sechsstellige Euro-Preismarken. Derartige Kapitalbindungen stellen gerade für kleinere Unternehmen signifikante Investitionen dar, die je nach kritischer Bedarfseinschätzung so weit wie möglich minimiert werden. Typische Abonnements oder Software-as-a-Service-Modelle, die im Konsumentenbereich inzwischen allgegenwärtig sind, sind im industriellen Produktionsumfeld bislang nur sehr vereinzelt anzutreffen. Zudem lässt sich vergleichsweise starke Aversion von klassischen Produktionsunternehmen gegenüber Lösungen feststellen, die eine Herausgabe von Daten jeglicher Art erfordert. Während ein typischer Privatnutzer nur wenige Bedenken hegt beispielsweise seine Emails unverschlüsselt auf den Servern großer Email-Anbieter auf lange Zeit abzulegen und diese Daten somit oftmals zumindest in indirekter Weise den Unternehmen für statistische Analysen zur Verfügung stellt, zeigt sich im Produktion- und Business-Umfeld ein vollkommen konträres Verhalten. Selbst aus technischer Sicht scheinbar unkritische Daten, wie automatisch versendete Steuerungsfehlercodes oder andere übermittelte Information zum Zustand von Komponenten, Abläufen und Systeminformationen werden üblicherweise höchst restriktiv und unter größtem Vorbehalt von den jeweiligen IT-Abteilungen oder letztlich Verantwortlichen in den Unternehmen freigegeben. Die in der Presse oftmals sehr prominent dargestellten Offenbarungen zu Hacking- und Überwachungs-Tätigkeiten großer und bekannter ausländischer Spionage-Dienste sind in diesem Kontext nicht gerade förderlich für ein Umdenken der relevanten Entscheidungsträger.

Aus technischer Betrachtung kommen bei industriellen Lösungen auch oftmals deutlich längere Updatezyklen hinzu. Während moderne Betriebsysteme und alltäglich eingesetzte Software heutzutage nahezu im Tages-Rhythmus Updates und Fehlerbehebungen erhält, oftmals mit allen Ihren eigenen kleinen Problemen, so sind die Lebenszeiten industriell eingesetzter Software oftmals in mehrjährigen Updatezyklen zu betrachten. Speziell im Bereich eingebetteter Industrie-Komponenten kann zwischen dem nicht selten unmittelbar verknüpften Update von Hardware- und Software mehr als ein Jahrzehnt liegen. Dies führt einerseits zu einer sehr fragmentierten Software-Umgebung, wo modernere Architekturen und Ansätze mit teilweise jahrzehntealter Legacy-Software konfrontiert sind und andererseits zu einer vergleichsweise langsamen Durchdringungsgeschwindigkeit neuerer Entwicklungen. Zusammen mit umfangreichen Tests, Zertifizierungen und Prototypenevaluationen vergehen oft Jahre zwischen zwei Software-Updates selbst in scheinbar harmlosen Bereichen.

Zusammengefasst treffen mögliche Anbieter im Kontext industrieller Software-Dienstleistungen also auf eine ganze Reihe von potenziellen Hürden:

- Komplexe Entwicklungen, die durch hohe Individualisierung nur schlecht auf andere Kunden übertragbar sind und Software entsprechend teuer machen.
- Sehr ausgeprägte Sicherheitsanforderungen der Kunden, die aufwendige Zertifizierungen und intensive Überzeugungsarbeit seitens des Anbieters erfordert.
- Sehr langfristige Updatezyklen mit vergleichsweise langsame Innovationsdurchdringung.

Die rasanten Erfolge, die im Privat- bzw. Konsumentenmarkt den Wandel weg von lokalen System hin zu Cloud-basierter oder zumindest durch Cloud Computing unterstützte Software gebracht hat, ist im industriellen Segment also keinesfalls in gleicher Geschwindigkeit zu beobachten oder zu erwarten.

1.1.2   Produktion in Hochlohnländern

Ein zentraler Block in jeder Kostenaufstellung produzierender Unternehmen sind neben den diversen Betriebsmittelkosten die Personalkosten. Ein signifikanter Anteil des Stückpreises geht in letzter Instanz auf die Lohnkosten aller in der Wertschöpfungskette beteiligten Personen zurück. Entsprechend liegt es nahe, dass ein letztlich gewinnorientiert operierendes Unternehmen versucht ist, seine Produktion in Länder mit günstigeren Kostenstrukturen zu verlagern. Da Rohmaterialien und Vorabgüter ohnehin oftmals auf strukturell schwächeren Ländern stammen, wird dieser Vorgang oftmals von beiden Seiten positiv wahrgenommen: Ein produzierendes Unternehmen erhält günstig produzierte Güter, während die Arbeiter in Niedriglohnländern von der typischerweise größeren Verkaufs-Marge höherwertiger Produkte profitieren, d. h. dem Verkauf weiter verarbeiteter Güter anstelle von Rohstoffen und Rohmaterialien.

Während bei der Massenproduktion typischerweise die Personalkosten der Maschinenbediener und direkt mit dem laufenden Produktionsbetrieb beteiligten Personal dominieren, treten in der individualisierten Produktion mit geringen Stückzahlen auch diverse Kostenfaktoren in der Vorbereitung der eigentlichen Produktion in den Vordergrund. Im Bereich der zerspanenden Fertigung auf CNC-Maschinen sind hierbei insbesondere die Kosten für den CAD/CAM-Prozess oder die anderweitige Programmierung der Maschine genannt. Da in diesen Vorgängen oftmals ein sehr großes Expertenwissen im Hinblick auf den Prozess an der Maschine und die Abläufe innerhalb der Wertschöpfungskette eingehen, können Einzelteile oftmals sehr große Endbeträge bei gleichzeitig vernachlässigbaren Materialkosten aufrufen.

Bei den primären Abnehmern hochwertiger Produktionsgüter, die typischerweise in klassischen Hochlohnländern zu finden sind, zeichnet sich in den letzten Jahren ein immer stärkerer Trend zu einer stärkeren Individualisierung der Güter ab. Als besonders prägnantes

Beispiel sei auf die moderne Automobilproduktion, speziell der Premium-Hersteller, verwiesen. Unzählige Optionen und Varianten machen jedes letztlich vom Montagefließband laufende Automobil nahezu zu einem Unikat. Um diese Individualisierung zu akzeptablen Kosten zu realisieren sind komplexe Baukastenkonzepte, Modularisierungen des Produkts und die Organisation entsprechend umfangreiche Zuliefererketten erforderlich.

Aus einem historischen Kontext betrachtet findet gegenwärtig in der modernen Produktion gewissermaßen ein Individualisierungstrend zurück zur präindustriellen Zeit statt. Bevor die Nutzung mechanischer Kraft durch die Erfindung der Dampfmaschine im 18. Jahrhundert überhaupt erst die Entwicklung einer Industrie erkennen ließ, wurden Güter alleine durch manuelle Arbeit hergestellt und waren dementsprechend weitestgehend Unikate mit einem sehr hohen Individualisierungsgrad. Im Rahmen der zweiten industriellen Revolution, die erst durch die Entdeckung der Elektrizität ermöglicht wurde, trat an diese Stellen die Massenproduktion. Am Paradebeispiel des berühmten Ford Model T, von dem es nur ein einziges Modell ohne weitere Optionen gab, zeigte sich, wie eine zur Jahrhundertwende hochmoderne Massenproduktion die Kosten des einzelnen Produkts soweit drücken kann, dass es für die aufstrebende Mittelschicht erschwinglich wurde. Die große Variantenvielfalt der präindustriellen Handarbeit mit ihren Unikats-Kostenstrukturen wich also den Kostenvorteilen einer massiv standardisierten Massenproduktion. Durch die Mitte des 20sten Jahrhunderts aufkommende Computertechnologie und industrielle Steuerungstechnik, speziell der speicherprogrammierbaren Steuerungen aus den Anfängen der Digitaltechnik, konnte der Grad der Automatisierung deutlich weiter ausgebaut werden, sodass die Kostenvorteile standardisierter Güter weiter hervortraten.

In den letzten Jahren zeigt sich nun der Trend, dass durch den großen Fortschritt der digitalen Technologie eine immer größere Flexibilisierung innerhalb der Produktion erreicht werden kann. Durch den immer stärker werdenden Einfluss von Software innerhalb moderner Produktionsketten, die sich weiter entwickelnde Robotik und intelligente Systeme wird es zunehmend möglich, die Produktion zu individualisieren. Ein kritisches Element hierbei ist die fortschreitende Vernetzung von Zulieferern, Logistikketten und Produktionsstationen in einem Unternehmen, die durch die Fortschritte in den digitalen Kommunikationstechnologien immer günstiger und weiterverbreitet wird.

Dieser Prozess, in dem wir uns gegenwärtig befinden, wird oftmals als die vierte industrielle Revolution bezeichnet. Durch den umfassenden Einsatz von Vernetzungs- und Kommunikationstechnologien und die Abbildung der realen Produktion innerhalb von Computersystemen und Simulationen werden sogenannte cyber-physische Systeme geschaffen. Hiermit werden Produktionssysteme geschaffen, in denen der reale Produktionsfortschritt nahezu in Echtzeit abgebildet ist und durch Einsatz automatischer Planungssysteme adaptiv und zeitnah intelligent auf Änderungen des Produktionsablaufs reagiert werden kann. In einigen Demonstrationsfabriken lässt sich diese Vision bereits heute prototypisch erleben. Durch die im Vorfeld beschriebenen langfristigen Updatezyklen von industriell eingesetzter Software wird es in vielen Unternehmen aber noch Jahre dauern, bis die technischen Voraussetzungen im notwendigen Umfang erfüllt sind. In Deutschland wird diese Evolution der industriellen Produktion, in der wir uns gerade befinden, mit dem

Begriff „Industrie 4.0" bezeichnet. Im amerikanischen Sprachgebrauch ist dagegen oftmals vom „(Industrial) Internet of Things" die Rede, womit hier klar der Fokus auf die notwendigen und zugrunde liegenden Vernetzungstechnologien gelegt wird.

Für die Produktion in Hochlohnländern ist dieser Trend zurück zu einer stark individualisierten Produktion eher als positiv zu bewerten. Die Umsetzung hochindividualisierter aber gleichzeitig stark automatisierter Produktion erfordert ein tief greifendes Knowhow an diversen Stellen der Wertschöpfungskette und innerhalb des Produktionsprozesses, der somit ein hohes Ausbildungsniveau der produzierenden Mitarbeiter voraussetzt. Ebenso ist die Realisierung der beschriebenen cyber-physischen Systeme kritisch an die Bereitstellung moderner Vernetzungstechnologien gekoppelt. In beiden Punkten können die Hochlohnländer durch Ihren Infrastruktur Vorteil hervortreten, d. h. die vorhandenen Bildungseinrichtungen sowie weit verbreitete schnelle Internet-Anbindungen. Zudem werden viele der neuen Produktionstechnologien typischerweise in den Hochlohnländern initial entwickelt.

Damit die Produktion in Hochlohnländern also auch im 21sten Jahrhundert erhalten bleibt gilt es also den Infrastruktur- und Know-how-Vorsprung adäquat auszunutzen. Durch eine intelligente Ausnutzung und Berücksichtigung der zur Verfügung stehenden Daten sollte es daher das Ziel sein, die durch die erhöhten Löhne verursachten Stückkosten über eine effizientere Produktion hochwertiger Güter soweit zu optimieren, dass der technische Vorsprung bestmöglich ausgenutzt werden kann. Somit kann die Rückkehr zu einer stärkeren Produkt-Individualisierung im Kontext der weiter fortschreitenden Vernetzung und digitalen Abbildung von Produktionsketten als große Chance für Hochlohnländer gesehen werden, das margenstarke Highend-Segment der Produktion für sich zu gewinnen. Für die Massenproduktion, bei denen der signifikante Kostenvorteil eher in der Minimierung der eigentlichen Produktionskosten durch Auslagerund in Niedriglohnländer zu finden ist, erscheint dies dagegen unrealistisch.

Zusammenfassend formuliert ist also festzuhalten, dass die einfache Massenfertigung auch auf längere Sicht eher nicht in Hochlohnländer zurückkehren wird, sondern durch die Personalkostenstrukturen auch weiterhin im günstigeren Ausland verbleiben wird. Für höherwertige und komplexe Güter bieten die Entwicklungen im Rahmen der vierten industriellen Revolution aber eine sehr gute Möglichkeit den Standortvorteil der entwickelten Hochlohnländer im Kontext einer individualisierten Produktion auszunutzen und dieses Segment zu dominieren.

1.1.3   Produktion an CNC-Werkzeugmaschinen

Um von der allgemeinen Betrachtung konkrete Anwendungsfälle für den Bereich der zerspanenden Produktion auf CNC-gesteuerten Werkzeugmaschinen zu extrahieren, ist es notwendig, zunächst genauer die Prozesse und Abläufe zu verstehen. Werkzeugmaschinen haben bereits eine jahrhundertealte Entwicklung hinter sich und bilden traditionell das Rückgrat der industriellen Produktion, speziell im hier betrachteten Kontext der Metallbearbeitung.

Mechanisch betrachtet bildet eine Werkzeugmaschine die Möglichkeit ein Werkzeug und ein zugehöriges Rohteil kontrolliert miteinander in Kontakt zu bringen. Auf Drehmaschinen werden üblicherweise primär rotationssymmetrische Werkstücke gefertigt, die wie der Name suggeriert, entlang ihrer Symmetrieachse in Rotation gebracht werden. Ein starr positioniertes Werkzeug wird dann in Kontakt zum rotierenden Werkstück gebracht und schält den Span ab, um so die Geometrie des gewünschten Werkstücks hervorzubringen. Bei Fräsmaschinen ist dagegen das Werkstück starr auf einem Arbeitstisch fixiert, und ein rotierendes Werkzeug wird in Kontakt mit dem Rohteil gebracht. Die Werkzeugmaschine dient bei fundamentaler Betrachtung lediglich dazu, diese Bearbeitungsprozesse angesichts der auftretenden Kräfte beherrschbar zu machen. So wurde bei traditionellen Werkzeugmaschinen die relative Positionierung von Rohteil und Werkzeug durch entsprechende Kurbeln an den einzelnen Achsen bewerkstelligt, sodass man nach wie vor von Handarbeit reden kann. Im Zuge der aufkommenden digitalen Messmethoden und Computertechnologien wurde diese Positionierungsproblematik nach und nach automatisiert. Für einzelne Positionierungsfreiheitsgrade der Werkzeugmaschine konnten die genauen Werte der Achsen abgelesen und automatisch angefahren werden.

Einen signifikanten Durchbruch, ursprünglich angestoßen im Kontext des kalten Krieges durch die Luft- und Raumfahrtindustrie Mitte des 20sten Jahrhunderts, erlebte die Branche durch die Entwicklung der CNC, der Computerized Numerical Control, d. h. der computergestützten numerischen Steuerung. Diese ermöglichte es, komplexere Geometrien herzustellen, die durch das simultane Zusammenspiel mehrerer Achsen abgetragen werden. So erfordert bereits die Bearbeitung entlang einer einfachen Kreiskontur das präzise Zusammenspiel mindestens zweier Achsen. Durch die Entwicklung einer zugehörigen Programmiersprache, über die entsprechende Bewegungen der Maschinenachsen beschrieben werden, wurde überhaupt erst eine automatische und wiederholbare Massenfertigung komplexer Werkstücke möglich.

Heutige Werkzeugmaschinen sind vollintegrierte Produktionszentren: Unterschiedlichste Werkzeuge lassen sich durch entsprechende Befehle komplett autonom aus vorbereiteten Magazinen einwechseln und komplexeste Geometrien von Freiformflächen lassen sich durch das Zusammenspiel von fünf oder mehr simultan interpolierten Achsen hervorbringen. Im Extremfall reduziert sich die Aufgabe des Maschinenbedieners daher nahezu komplett auf die Überwachung dieses im Vorfeld programmierten Produktionsablaufs, der im Idealfall aber ohne weiteren Eingriff vom Rohteil hin zum fertigen Werkstück führt. Ein Großteil der Komplexität und des technischen Expertenwissens verlagert sich stattdessen auf die Vorbereitung der Produktion, im Speziellen auf die Programmierung der Werkzeugbahnen und die adäquate Vorbereitung der Maschine (Maschineneinrichtung).

Die Programmierung moderner Werkzeugmaschinen für komplexe Werkstücke hat ein komplettes Ökosystem an Software-Werkzeugen hervorgebracht. Ein zentraler Baustein sind die integrierten CAD/CAM-Programmierpakete, die im Anschluss an eine 3D-Modellierung des Zielwerkstücks eine vergleichsweise einfache Programmierung der Werkzeugbahn ermöglichen. Ein Großteil der aufwendigen mathematischen Berechnungen wird hierbei durch die Software vorgenommen und viele Vorgänge lassen sich durch intelligente Assistenten unterstützen. Nichtsdestotrotz bleibt der Programmier-prozess fest in der Hand von gut bezahlten Experten, denn die Vorauswahl an Werkzeu-gen, mit denen schließlich gearbeitet wird und die Vorgabe der Bearbeitungsstrategie erscheinen auch mit Blick auf die immensen Fortschritte moderner Software-Systeme noch auf absehbare Zeit in menschlicher Hand zu bleiben. Ein auf diese Weise im CAD/CAM-System programmierter Produktionsablauf wird im Anschluss über einen soge-nannten Postprozessor in den an der konkreten Maschine ausführbaren Programmcode übersetzt. Dieser Vorgang ist mit dem Kompilierprozess aus der klassischen Soft-ware-Entwicklung vergleichbar. Während CAD/CAM-Systeme nur grobe Spezifika der Werkzeugmaschine kennen und entsprechend ein abstraktes Bearbeitungsprogramm er-zeugen, übersetzt der Postprozessor dieses in die konkreten Gegebenheiten der Ma-schine. Letztlich ermöglichen es CAD/CAM-Systeme die Komplexität des Zusammen-spiels von Werkzeugen, Rohteilen, Maschinendimensionen und Bearbeitungsstrategien zu beherrschen. Der Vorgang von der Idee ein Werkstück zu fertigen hin zu einem ein-satzbereiten NC-Programm für die CNC-Steuerung einer Werkzeugmaschine zu gelan-gen wird typischerweise Prozesskette genannt. Der Begriff ist stellvertretend für die Verzahnung von CAD- und CAM-Prozess für die 3D-Zeichnung und Bahnprogrammie-rung des Werkstücks und die anschließende Übersetzung in den spezifischen G-Code für die Werkzeugmaschine.

Nachdem die Bearbeitung eines Rohteils im CAD/CAM-System programmiert und im Postprozessor in die Maschinensprache, genannt G-Code, übersetzt wurde, muss die Ma-schine entsprechend gerüstet werden. Hierzu werden in der Arbeitsvorbereitung zunächst die Werkzeuge vorbereitet und vermessen, in das Magazin der Maschine eingelegt und in der NC-Steuerung der Maschine entsprechend Ihrer genauen Werkzeugdaten referenziert. Zudem muss natürlich das Rohteil in der Maschine fixiert werden, was je nach Dimensio-nen mit nicht unerheblichem Aufwand verbunden sein kann und üblicherweise zusätzliche Elemente wie Spannmittel erfordert. Ist das Rohteil platziert, ist der sogenannte Nullpunkt zu bestimmen, womit der Startpunkt der Bearbeitung gemeint ist. Dazu wird die exakte Lage und Orientierung des Rohteils beispielsweise über einen Messtaster in der Maschine bestimmt und dessen ermittelte Werte dann ebenfalls in der Steuerung der Maschine hin-terlegt, wo sie vom Programm als Referenzpunkte für die beschriebene Werkzeugbahn verwendet werden. Im Rahmen des ersten Durchlaufs eines neu programmierten Werk-stücks wird dieses dann typischerweise mit verminderter Geschwindigkeit und unter ge-nauer Beaufsichtigung eingefahren, d. h. langsam produziert.

Diese letztgenannten Schritte sind auch heute noch weitestgehend manuelle Arbeiten, die heute vom Maschinenbediener übernommen werden. Aufgrund der Variabilität der betrachteten Situationen lassen sich diese Schritte kaum automatisieren und werden daher auch auf absehbare Zeit weiter in menschlicher Hand verbleiben. Um die Auslastung der Maschinen soweit wie möglich zu optimieren, gilt es also die notwendigen manuellen Vor-gänge zu minimieren und den Maschinenbediener bzw. Arbeitsvorbereiter so gut wie möglich in seiner Tätigkeit zu unterstützen.

1.1.4 Simulation von Bearbeitungsoperationen

Ein optionaler Baustein in der Prozesskette kann eine abschließende 1:1-Simulation darstellen. Auch wenn im Rahmen der CAM-Programmierung bereits diverse grundlegende
Feinheiten und Gegebenheiten der Bearbeitung an der realen Werkzeugmaschine berücksichtigt werden, so ist es letztlich noch ein größerer Schritt um von der abstrakten Pro-
grammierumgebung nach dem Postprozessor-Übersetzungslauf die Übertragung an die
reale Produktionsmaschine zu erreichen.

Aus diesem Grund wurde von DMG MORI als Alleinstellungsmerkmal innerhalb der
Branche eine virtuelle Werkzeugmaschine entwickelt, die unter dem Produktnamen
„DMG MORI Virtual Machine" vertrieben wird. Im Gegensatz zur abstrakten Program-
mierumgebung in den gängigen CAD/CAM-Systemen wird hierbei die CNC-Steuerung
der realen Maschine mit exakt denselben Konfigurationsparametern in einer PC-Software
abgebildet. Ebenso wird auch die Low-Level-Steuerung, d. h. die SPS (speicherprogram-
mierbare Steuerung) bzw. PLC ebenso virtualisiert, sodass ein detailliertes Abbild beider
Steuerungsebenen (High Level NC und Low Level SPS/PLC) geschaffen wird. Durch
Verwendung detaillierter Modelle der Maschinenkomponenten, die aus der hauseigenen
Konstruktion bereitgestellt werden, kann in Zusammenarbeit mit einer Materialabtragssimulation der Bearbeitungsvorgang auf der CNC-Werkzeugmaschine mit sehr hoher Präzi-
sion simuliert werden. Das erwähnte Alleinstellungsmerkmal ist hierbei die vollständige
Abbildung sowohl der NC-Steuerung als auch der SPS/PLC-Steuerung, die typischer-
weise für Sicherheitsfunktionalitäten und die Steuerung sekundärer System (Schmierung,
Kühlung, Werkzeugwechsel, etc.) zuständig ist.

Die präzise 1:1-Abbildung beider Steuerungsebenen in dieser reinen Software-Lösung
ermöglicht es dem Kunden die Bearbeitung an der realen Werkzeugmaschine mit größter
Präzision zu simulieren. Hierbei ist insbesondere hervorzuheben, dass der Kunde so die
Möglichkeit hat, Kollisionen im Vorfeld der realen Produktion durch die Simulation aus-
zuschließen. Mit Kollisionen sind Bewegungen der Maschinenachsen gemeint, bei denen
Werkzeuge unerwünscht mit der Maschine selbst in Kontakt kommen und Schäden verursachen, oder Programmierfehler für die Bearbeitung des Werkstücks, sodass die Werkzeuge die relevanten Positionen und Orientierungen überhaupt nicht erreichen können.
Beide Fälle führen an der realen Werkzeugmaschine sehr schnell zu kostspielen Schäden
und längeren Ausfallzeiten, die letztlich der Grund sind, weshalb erstmalig produzierte
Werkstücke typischerweise mit stark verringerter Geschwindigkeit und unter direkter Beobachtung des Maschinenbedieners gefertigt werden. Gerade auf teureren Maschinen oder
für komplexe Werkstücke stellt eine detaillierte 1:1-Simulation daher einen sehr nütz-
lichen weiteren Baustein dar, mit dem das mittels der klassischen Prozesskette erstellte
NC-Programm noch im Vorfeld der realen Bearbeitung überprüft und notfalls korrigiert
werden kann. Bei korrekter Anwendung über Verwendung der gleichen Werkzeugdaten
wie an der realen Maschine wird so der zeitaufwendige Einfahrprozess an der realen Maschine, also die manuell überwachte erste Fertigung, im Grunde überflüssig. Hinzu kommt,

dass die Simulation typischerweise deutlich schneller als die reale Bearbeitung stattfindet. Da bei komplexen Werkstücken und schwer zerspanbaren Materialien die Bearbeitungszeit durchaus etliche Stunden betragen kann, ist es höchst unangenehm, wenn Programmierfehler an der realen Maschine erst nach Stunden auftreten und dann ggf. für irreparable Schäden an der Maschine oder dem Rohteil führen.

Darüber hinaus kann eine präzise virtuelle Abbildung des Maschinen-Arbeitsraums bereits im Vorfeld des CAM-Prozesses dazu dienen, die Auswahl möglicher Produktionsmaschinen einzuschränken. Auch wenn das Rohteil eines Werkstücks innerhalb einer Maschine fixiert werden kann, so können die geometrischen Abhängigkeiten und mechanischen Aufbauten der Maschine trotzdem verhindern, dass alle relevanten Positionen mit der passenden Orientierung des Werkzeugs auch tatsächlich erreicht werden.

Bei korrekter Verwendung der virtuellen Werkzeugmaschine ist also eine Verifikation des Produktionsprozesses durch eine detaillierte Simulation mit Kollisionsprüfung bereits im Vorfeld der Bearbeitung möglich, die den zeitaufwendigen Ersteinrichtungsprozess erleichtert. Darüber hinaus lassen sich durch die detaillierte Abbildung der Steuerung auch diverse Spezifika der Maschine im Vorfeld genau analysieren. Das genaue Beschleunigungsverhalten einzelner Achsen sowie detaillierte Steuerungsaspekte, wie etwa die Kantenverrundung und das Interpolationsverhalten, lassen sich durch die simulierte NC-Steuerung exakt wie an der realen Maschine abbilden. Das macht es zumindest prinzipiell möglich durch mehrfache Simulation versteckte Optimierungspotenziale zu identifizieren, beispielsweise die Ausnutzung unterschiedlicher Achsgeschwindigkeiten und -beschleunigungen zur Erhöhung der Bearbeitungsgeschwindigkeit.

Ein weiterer wichtiger Aspekt hierbei ist allerdings der durchaus nicht zu vernachlässigende Zeitfaktor durch die Simulation. Während eine einzelne, laufende Simulation, je nach Performance des eingesetzten Computers, eine Beschleunigung relativ zur realen Produktion bis ca. Faktor 20 erreichen kann, so benötigt, je nach Komplexität und Bearbeitungsdauer des Werkstücks, eine komplette Simulation immer noch mehrere Minuten bis hin zu Stunden. Dabei ist zudem zu beachten, dass sich die Simulationen nicht beliebig beschleunigen lassen. Ein NC-Programm, welche die Bewegungen der Maschinenachsen und damit der Werkzeuge beschreibt, encodiert letztlich die Historie der Bearbeitung, wobei nachfolgende Abtragsprozesse naturgegeben stark abhängig von vorangehenden Vorgängen sind. Durch diese inhärent sequenzielle Natur einer NC-Simulation ist eine Parallelisierung der Simulation nur bedingt möglich, sodass man nur in geringem Umfang von moderner Hardware profitieren kann. Heutige Computerchips zeigen in der Regel keine allzu großen Geschwindigkeitszuwächse für den einzelnen Programmstrang mehr. Stattdessen findet eine Entwicklung in Richtung einer parallelen Bearbeitung statt, sodass selbst im Konsumenten-Sektor und in mobilen Endgeräten Prozessoren mit mehreren Rechenkernen zur parallelen Berechnung zu finden sind. Dieser Fortschritt lässt sich aber nur teilweise für die Erhöhung der Simulationsgeschwindigkeit nutzen. Somit können einzelne Simulationen durch den Fortschritt der eingesetzten Hardware nur wenig in Ihrer Geschwindigkeit beeinflusst werden, sodass der Beschleunigungsfaktor zwischen Simulation und realer Bearbeitung auch bei deutlichen Fortschritten der Computertechnologie variiert.

1.1.5 Produktionsplanung und digitale Fabrik

Abgesehen von der Optimierung der Produktion auf einer einzelnen Werkzeugmaschine durch den Einsatz von Simulationen gibt es einen ebenso großen Handlungsbedarf bei einer makroskopischeren Betrachtung des gesamten CNC-Maschinenparks und der Auftragsplanung. Wie im Vorfeld erwähnt fällt ein erheblicher Anteil der Produktionsaufwände auf die Arbeitsvorbereitung wie Rüst- und Einrichtungsvorgänge ab. Diverse Werkzeuge sind vorzubereiten, müssen vermessen werden und in das Maschinenmagazin eingepflegt werden. Spannmittel und Rohteile sind auf dem Maschinentisch bzw. in der Drehspindel zu fixieren. Nullpunkte und ggf. weitere Referenzpunkte sind manuell über Messtaster oder andere Techniken zu bestimmen und in der Steuerung einzupflegen. Alle diese Vorgänge fallen prinzipiell für jede einzelne Bearbeitung auf der Maschine an und können je nach Umfang zu erheblichen Stillstandzeiten führen. Angesichts des eingangs erwähnten besonderen Anteils der Personalkosten gerade bei Kleinstserien und Individual-Produktionsvorgängen, aber auch die allgemeinen Maschinenkosten, sollte es entsprechend das Ziel sein, diese Nebenzeiten und Maschinenstillstände soweit möglich zu minimieren.

Ein Ansatz ist es beispielsweise die Einplanung verschiedener Aufträge unter dem Aspekt zu optimieren, sodass die notwendigen Veränderungen an der Maschine soweit wie möglich minimiert werden. Da etwa die Werkzeugmagazin-Bestückung auf Basis eines vorangehenden Auftrags bekannt ist, können Aufträge so unter dem zusätzlichen Optimierungskriterium eingeplant werden, dass die notwendigen Werkzeugwechsel im Magazin minimiert werden. Derartige Optimierungsstrategien gehören bereits heute in vielen kleineren Betrieben zur üblichen Arbeitsweise, in dem gerade bei Maschinen mit größeren Werkzeugmagazinen einige sehr häufig verwendete Werkzeuge zur Dauerbestückung vorgesehen werden und feste Magazinplätze erhalten. Nichtsdestotrotz kann gerade bei komplexen Bauteilen oder Kleinstserienfertigung eine Optimierung bzgl. dieser Rüstaufwände einen erheblichen Zeitvorteil hervorbringen.

Ein weiterer Optimierungsaspekt in der Arbeitsplanung ist die möglichst adaptive Reaktion auf spontane Einflüsse, also beispielsweise den plötzlichen Ausfall einer Maschine. In Abhängigkeit der zur Verfügung stehenden weiteren CNC-Fertigungskapazitäten taucht sofort die Problemstellung auf, welche alternativen Maschinen potenziell überhaupt in der Lage wären die Fertigung der für die ausgefallene Maschine eingeplanten Teile zur übernehmen. An dieser Stelle kann erneut der breite Einsatz von Simulationen weiterhelfen, mit dem diese Frage im Vorfeld bereits beantwortet werden kann. Die Berücksichtigung von terminlichen Abhängigkeiten der Aufträge und eine Minimierung etwaiger Folgekosten sind hierbei ein weiterer Teilaspekt, den es zu beachten gilt.

An dieser Stelle wird die zukünftige Korrespondenz cyber-physischer Systeme erneut deutlich. Die Möglichkeit, die einzelnen Bearbeitungsstationen, in diesem Fall also CNC-gesteuerte Werkzeugmaschinen, detailliert digital abbilden zu können, kann in Verbindung mit der Auftragsplanungs- bzw. Fertigungssteuerungs-Ebene zu signifikanten Vorteilen für die Optimierung einer Produktion sorgen. Die bereits erwähnte Möglichkeit zur parallelisierten Simulation von einzelnen Bearbeitungen führt dann zu einer digitalen Fabrik, die es ermöglicht umfassend zukünftige Produktionsvorgänge im Vorfeld abzubilden und zu analysieren.

1.2   Zielsetzung

1.2.1   Handlungsbedarf

Durch eine intelligente Verbindung der Auftragsplanungs- bzw. Fertigungssteuerungs-Ebene und der Maschinenebene durch detaillierte 1.1-Simulationen ist ein deutliches Potenzial vorhanden, um die Effizienz der Produktion zu steigern. Die trifft insbesondere für Kleinstserien und Einzelteilfertigungen mit einem hohen Anteil an manueller Auftragsverteilung zu. Hier ergeben sich folgende Herausforderungen auf Basis der vorherigen Ausführungen:

- Im Rahmen der Auftragsplanung müssen Rüstaufwände zwischen den verschiedenen Aufträgen für die Einplanung berücksichtigt werden.
- Beim Auftreten von Störfällen muss schnellstmöglich eine alternative Auftragsverteilung gefunden werden, die sicherstellt, dass terminierte Aufträge und Zielvorgaben soweit möglich erfüllt werden.
- Entsprechende Umplanungen sollten intelligent auf Basis der vorliegenden Konfiguration die Rüst- und Einrichtungsaufwände berücksichtigen und in die Neuplanung mit einbeziehen.
- Langfristige Planungen sollten nicht durch kurzfristige Lösungen beeinflusst oder gefährdet werden.

Um diesen Herausforderungen gerecht zu werden ist eine Integration der Planungs- und Maschinenebene notwendig, was eine Virtualisierung der kompletten Fertigung notwendig macht. Der zentrale Handlungsbedarf besteht also letztlich darin, die Zeiten für Einrichtungs- und Bearbeitungsvorgänge zuverlässig und möglichst frühzeitig zu ermitteln, damit diese bei kurzfristigen Änderungen innerhalb der laufenden Fertigung adaptiv mit einbezogen werden können. Hierzu ist es notwendig eine neue Form der Planungsumgebung zu schaffen, in der alle Informationen sowohl von der klassischen Planungs- bzw. Fertigungssteuerungs-Ebene als auch die für die Bearbeitung notwendigen Maschinenparameter zusammenlaufen, um so dem Wechselspiel zwischen der Arbeitsplanung und der Fertigungssteuerung Rechnung zu tragen.

Je nach eingesetzter Werkzeugmaschine, verfügbaren Werkzeugen und Spannvorrichtungen und dem letztlich zu fertigenden Werkstück ergeben sich zahlreiche Möglichkeiten für die Bearbeitung. Diese Auswahl wird bislang ausschließlich durch den Erfahrungsschatz des CAD/CAM-Programmierers und des Maschinenbedieners getätigt.

Um die bestmögliche Maschinenkonfiguration automatisch zu ermitteln, sind zahlreiche detaillierte Testläufe nötig mit jeweils einer entsprechenden Bewertung der getroffenen Einstellungen. Diese können durch massiven parallelen Einsatz der DMG MORI Virtual Machine als 1:1-Simulation ermittelt werden, wobei das Planungssystem automatisch die unterschiedlichen Varianten für die Simulation erstellen und parametrieren muss. Da es sich hier um eine prinzipiell beliebig detaillierte und entsprechend beliebig aufwändige Simulationsaufgabe handelt, liegt eine der zentralen Fragestellungen darin, durch eine intelligente Vorauswahl an Parametern und unter Berücksichtigung vorangehender Ergebnisse die Anzahl der tatsächlich benötigten Simulationsläufe und eingebundenen Rechnerressourcen auf intelligente Weise möglichst gering zu halten.

Zudem sollte durch ein integriertes Planungssystem bereits möglichst frühzeitig eine Vorauswahl der für die Produktion in Frage kommenden Werkzeugmaschinen getroffen werden. Als Vorstufe einer umfassenden Optimierung der Maschinenparameter tritt also zunächst eine Vorauswahl und die anschließende Verifikation dieser Vorauswahl in den Vordergrund. Ein weiterer Aspekt ist die Einbeziehung der über die Zeit gesammelten Informationen. In einem integrierten Planungssystem lassen sich im Laufe der Zeit durch die gesammelten Informationen zudem nutzen, um intelligente Vorauswahlen zu treffen und somit Assistenten zur Unterstützung der laufenden Produktion zu trainieren.

1.2.2 Zielsetzung des Projekts

Das im Rahmen des Spitzenclusters it's OWL durchgeführte Verbundprojekt „InVorMa" – „Intelligente Arbeitsvorbereitung auf Basis von virtuellen Werkzeugmaschinen" zielt darauf ab, eine Dienstleistungsplattform zu schaffen, welche die im Vorfeld genannten Aspekte der Arbeitsvorbereitung unterstützt.

Dazu wird auf Basis der DMG MORI Virtual Machine eine virtuelle Fertigungssimulation der eingesetzten CNC-Werkzeugmaschinen erstellt. Zudem soll diese Plattform dem Kunden im Sinne von Software-as-a-Service als eine in der Cloud lokalisierte Dienstleistungsplattform zur Verfügung gestellt werden. Die Rechnerkapazitäten, die für eine massiv parallelisierte Simulation im Rahmen der virtuellen Fertigung notwendig sind, werden für den Kunden also als Dienst bereitgestellt. Für viele Kunden im produzierenden Gewerbe ist dies ein überaus radikaler Schritt, sodass im Rahmen des Projekts zudem entsprechende Sicherheitskonzepte entwickelt und eine adäquate Isolation der auf der Dienstleistungsplattform verwendeten Kundendaten untereinander zugesichert werden müssen. Zudem ist es notwendig, dem Kunden optional die Möglichkeit zu geben, dass er das Gesamtsystem – so gewünscht – letztlich auch komplett im eigenen Hause lokalisiert einsetzen kann, was entsprechend die Bereitstellung der notwendigen Ressourcen komplett durch den Kunden erfordert.

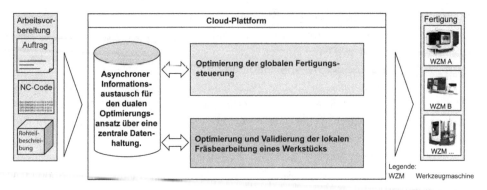

Abb. 1.1 Die zwei Optimierungsebenen der Cloud-Dienstleistungsplattform

Auf Basis der virtuellen Fertigung wird die im System integrierte Auftragsplanung dann durch automatisch ermittelte Daten zu notwendigen manuellen Rüstarbeiten ergänzt, die wiederum in die Auftragsplanung mit einbezogen werden, um unnötige Doppelarbeiten an den Maschinen zu minimieren. So können automatisch die für den Auftrag bzw. das Werkstück in Frage kommenden Werkzeugmaschinen ausgewählt werden und durch eine Simulation die jeweils optimalen Parameter ermittelt werden. Zudem ermöglicht es, die detaillierte Simulation bereits im Vorfeld den Einrichtungsprozess virtuell durchlaufen zu lassen, sodass innerhalb Produktion bei adäquater Umsetzung der ermittelten Parameter auf zeitaufwendige manuelle Einrichtungsläufe verzichtet werden kann.

Letztlich wird die Produktion durch den Einsatz der Cloud-Dienstleistungsplattform also auf zwei Ebenen optimiert: Einerseits auf der Ebene der Arbeitsplanung, die über die virtuelle Fertigung mit Zusatzinformationen zu Rüstabhängigkeiten aufbereitet wird und andererseits auf der Fertigungssteuerung, wo durch eine Simulation im Vorfeld zeitintensive manuelle Arbeiten geprüft und optimiert vorweggenommen werden können. Die Abb. 1.1 visualisiert das Konzept der Cloud-Plattform mit den zwei Optimierungsebenen, die durch eine zentrale Datenhaltung miteinder verbunden werden. Für diese beiden Optimierungsebenen sind im integrierten Gesamtsystem die Software-Module „Production Optimizer" und „Setup Optimizer" vorgesehen, die über eine zentrale Schnittstelle miteinander kommunizieren und die virtuelle Fertigung ansteuern. Zudem wird über dieses System auch die Möglichkeit bereitgestellt, schnell und effektiv auf kurzfristige Ausfälle zu reagieren, da durch den integrierten Ansatz bereits die notwendigen Informationen für eine schnelle Vorauswahl und Prüfung alternativer Fertigungskapazitäten bereitstehen.

Der Kunde und Nutzer der Cloud-Dienstleistungsplattform erhält somit über das System einen auch im Hinblick auf Rüst- und Nebenzeiten optimierten Fertigungsplan sowie die optimalen Produktions- und Einrichtungsparameter, die über die virtuelle Fertigung in Form von parallelen Simulationen und einer im Laufe der Benutzungsdauer angehäuften Wissensdatenbank zur Verfügung stehen.

1.3   Planung und Ablauf des Projekts

Das Verbundprojekt wird in Zusammenarbeit mit den akademischen Partnern des Heinz Nixdorf Instituts der Universität Paderborn und der FH Bielefeld entwickelt und durch die industriellen Prototyp-Endanwender Phoenix Contact GmbH und Strothmann Machines & Handling GmbH evaluiert.

1.3.1   Projektstrukturierung

Die Umsetzung der beschriebenen Cloud-Dienstleistungsplattform erfolgt in drei sogenannten Pilotprojekten, die zentralen Komponenten des Gesamtsystems zugeordnet sind.

1.3.1.1 Virtuelle Fertigung

Die virtuelle Fertigung als zentrales Innovationselement des Projekts repräsentiert die Einbindung der DMG MORI Virtual Machine in die InVorMa-Dienstleistungsplattform. Durch die Erweiterung der heute als Einzelplatz-Werkzeug einsetzbaren Simulationssoftware um entsprechende Automatisierungs-Schnittstellen wird ein System geschaffen, dass die massiv parallelisierte Bearbeitung zahlreicher Simulationsjobs auf den zur Verfügung stehenden Rechnerressourcen ermöglicht. Hierzu ist entsprechend auch die Entwicklung adäquater Verteilalgorithmen erforderlich, die für eine passende Lastverteilung zwischen höher priorisierten Jobs zur Prüfung auf Kollisionsfreiheit und niedriger priorisierten Jobs zur Optimierung der Einrichtungsparameter sorgen. Darüber hinaus muss das System gewährleisten, dass die Gesamtheit der Simulationsjobs aller auf der Dienstleistungsplattform arbeitenden Kunden eine ausgeglichene Kapazitätsverteilung berücksichtigt und dass die zur Simulation notwendigen digitalen Fertigungsdaten sicher voneinander isoliert bleiben.

Durch die Umsetzung als Cloud-Plattform, in der die Simulationen im Hintergrund ohne Eingriff des Benutzers stattfindet, entfallen die zum Teil aufwendigen Anpassungen und Installationsaufwände der Simulationssoftware auf die Hardware des Kunden. Ebenso werden Vor-Ort-Support-Vorgänge überflüssig, da der Kunde über eine herstellerseitig zu wartenden Weboberfläche mit dem System kommuniziert und so indirekt die virtuelle Fertigung, d. h. die Simulationen auf Basis der DMG MORI Virtual Machine, steuert.

1.3.1.2 Setup Optimizer

Der bereits erwähnte Setup Optimizer übernimmt aufbauend auf der virtuellen Fertigung die automatische Erzeugung von Konfigurationsvarianten, die zur Optimierung der Einrichtungsparameter dann simuliert werden. Durch die vergleichsweise rechenintensive Simulation ist es notwendig intelligente Optimierungsalgorithmen zu entwickeln, mit denen die Anzahl der notwendigen kompletten Simulationsdurchläufe so gering wie möglich gehalten wird. Der Lösungsraum umfasst primär unterschiedliche Aufspannlagen oder verschiedene Konfigurationen des Werkzeugmagazins. Auch kann die Bearbeitungsreihenfolge spezieller Werkstücke variiert werden. Zur Reduktion des Lösungsraums auf einige wenige Simulationen wird daher ein Wissensmanagement-System entwickelt, dass aufbauend auf vorhergehenden Durchläufen bereits im Vorfeld intelligente Vorschläge tätigen kann. Zudem wird ein System zu schnellen Vorabprüfung rudimentärer Maschinenparameter geschaffen, um so den möglichen Lösungsraum bereits durch einen neuartigen, hybriden Optimierungs-Ansatz zu reduzieren.

Letztlich ist das Ziel des Setup Optimizers ein Optimierungswerkzeug für die Dienstleistungsplattform bereitzustellen, dass aufbauend auf der virtuellen Fertigung, also der Werkzeugmaschinen-Simulation, in kürzester Zeit problematische Aufspannlagen mit Kollisionen erkennen und entsprechend entfernen kann, die Werkzeugwechselzeiten optimiert und somit eine per Simulation verifizierte günstige Werkstück-Aufspannung liefert. Als Ergebnis werden dem Maschinenbediener Informationen das verifizierte und optimierte NC-Programm sowie die Parameter zur Einrichtung der Maschine zurückgeliefert.

1.3.1.3 Production Optimizer

Der dritte Teil des Lösungskonzepts umfasst die Optimierung der Gesamtfertigung, womit durch die Separation des Setup Optimizers, die Auftragsplanung unter Berücksichtigung von Rüstaufwänden gemeint ist. Der Production Optimizer ermittelt durch Interaktion mit Ontologie-basiertes Entscheidungssystem zunächst welche Werkzeugmaschinen für die zu fertigenden Teile überhaupt in Frage kommen. Für diese Auswahl alternativer Maschinen wird dann über die virtuelle Fertigung eine Verifikation der Ausgangs-Einrichtungsparameter durchgeführt, welche die Basis für die anschließende Optimierung durch den Setup Optimizer darstellt. Unter Berücksichtigung von Maschinenkosten, Personalkapazitäten, Auslastung des Maschinenparks und den berechneten Rüstaufwänden wird dann ein mathematisches Modell aufgestellt, dessen Lösung zum gewünschten optimierten Fertigungsplan führt.

Praktische Überlegungen und Input der industriellen Prototypanwender in der Frühphase haben gezeigt, dass der naive mathematische Ansatz nur teilweise hilfreich ist, wenn man intelligent auf Störungen reagieren möchte. Der Production Optimizer friert daher ein durch den Kunden festzulegendes Zeitfenster soweit möglich ein, welches typischerweise die bereits geplante Produktion der nächsten Stunden oder Tage enthält. Lediglich die mittel- und langfristige Auftragsplanung kann durch das Optimierungssystem gänzlich dem mathematischen Modell folgend geändert werden. Somit stellt der Production Optimizer ein Produktionsoptimierungssystem dar, dass mit zwei unterschiedlichen Optimierungsansätzen für unterschiedliche zeitliche Horizonte den praktischen Gegebenheiten in einer realen Produktion Rechnung trägt.

Zur Umsetzung der notwendigen Forschungs- und Entwicklungsarbeit für die primären Pilotprojekte wurden mehrere Querschnittsprojekte definiert, primär an die akademischen Partner gerichtet, die Schnittstelle zwischen den Pilotprojekten darstellen.

1.4 Kontext zum it's OWL-Spitzencluster

Ausgehend von der „Industrie 4.0"-Initiative, die im Jahre 2011 ins Leben gerufen wurde, entstand im darauffolgenden Jahr der regionale it's OWL-Spitzenforschungs-Cluster für „intelligente technische Systeme (in) Ostwestfalen-Lippe". Die stark von zahlreichen Weltmarktführern und Herstellern diverser mechatronischer Komponenten sowie Maschinenbauern geprägte Region wurde zur Förderung von speziell auf Industrie 4.0-Anwendungen orientierte und industrienahe Forschungsprojekte ausgewählt. Ressourceneffizienz, einfache Bedienbarkeit und Verlässlichkeit sind dabei die drei überordneten Ziele, nach denen sich neue und intelligente technische System in Zukunft entwickeln müssen. Die frühzeitige Einbindung moderner Software-Technologien, Methoden zur Selbstoptimierung und neue Ansätze für die Mensch-Maschine-Interaktion sowie ein vorausschauendes Energie-Management sind einige der Ansatzpunkte, die im Rahmen des it's OWL-Spitzenclusters für die Gestaltung der Produktion von morgen betrachtet werden.

Im Bereich der zerspanenden Fertigung sind CNC-gesteuerte Werkzeugmaschinen oft mehr als 15 Jahre hinweg im Einsatz. Wie bereits erwähnt finden neue Technologien und die Vorteile neuer Maschinen somit erst mit einem großen zeitlichen Versatz Einzug in die Fertigung. Die im InVorMa-Projekt angestrebte Cloud-Dienstleistungsplattform zur intelligenten und simulationsgestützten Arbeitsvorbereitung schafft somit die Voraussetzungen, die Technologiekonzeption des Spitzenclusters auf bestehende und neue Werkzeugmaschinen zu übertragen und so einem führenden Hersteller von Werkzeugmaschinen zu einem Innovationssprung zu verhelfen.

Durch das System werden die heute notwendigen zeitintensiven Einrichtungsarbeiten an der realen Werkzeugmaschine in die virtuelle Fertigung verlagert und somit unabhängig von der laufenden, realen Produktion durchgeführt. Dies primär die Optimierung der Bearbeitung auf der Maschine mit vollständiger Kollisionsprüfung, was bisher durch langsames, vorsichtiges Einfahren eines neuen NC-Programms an der Maschine erfolgte. Selbstoptimierende Verfahren zur Einrichtung eines neuen Werkstücks werden parallel zur laufenden Bearbeitung in der Arbeitsvorbereitung durchgeführt. Beim Wechsel auf ein anderes Produkt liegen dann bereits die fertig optimierten Maschinenparameter vor und die Maschine kann entsprechend ohne Zeitverlust eingerichtet werden. Somit werden Ressourcen, Zeit und letztlich Kosten eingespart. Außerdem können kritische Situationen bereits im Vorfeld beobachtet und analysiert werden. Schäden, etwa durch Kollisionen, werden vermieden und die damit verbundenen Reparaturmaßnahmen verringert bzw. vollständig verhindert. Entsprechend folgen daraus eine höhere Verfügbarkeit der Werkzeugmaschinen und eine insgesamt zuverlässigere Fertigung.

Das geplante Dienstleistungssystem zur intelligenten Arbeitssteuerung steigert die Ressourceneffizienz und die Zuverlässigkeit der Fertigung noch weiter. Die Einbeziehung technologischer und wirtschaftlicher Faktoren im Production Optimizer erlaubt eine optimierte Auslastung der Maschinen. Vorhandene Ressourcen werden optimal eingesetzt, um die Aufträge abzuarbeiten. Durch die Kombination mit der virtuellen Werkzeugmaschine und virtuellen Fertigung kann automatisch für jeden Auftrag die ideale Maschine ermittelt werden. Notwendige Wartungsarbeiten können eingeplant werden und durch Berücksichtigung von Rüstzeiten die Stillstandzeiten reduziert werden. Somit werden Unternehmen und Kunden in die Lage versetzt die Abläufe ihrer Fertigung signifikant zu verbessern und dieses unter der Prämisse der Weiterverwendung des bestehenden Parks an Werkzeugmaschinen.

Zur Überprüfung der Ziele sind die erreichten Ergebnisse mit Erfahrungen aus der Praxis abgeglichen. Dies erfolgte in Zusammenarbeit mit den beiden Pilotanwenderunternehmen Phoenix Contact und Strothmann. Während bei Phoenix Contact die betrachtete Produktion eine klassische Werkzeugherstellung für Spritzgussverfahren abbildet, werden bei Strothmann verschiedenste Kleinstserien-Komponenten für den individualisierten Maschinenbau gefertigt. Im Rahmen der Industriearbeitskreise und diversen Veranstaltungen des it's OWL-Spitzenclusters wurde ein reger Erfahrungsaustausch zwischen den regional am Cluster beteiligten Partnerunternehmen erreicht. Langfristig sind die innovativen Entwicklungen des Projekts und darauf resultierende Produkte ein weiterer Beitrag um die hohe Innovationskraft der deutschen Industrie und somit die Produktion in einem Hochlohnland zu sichern. Das Projekt kann dementsprechend auch als Beitrag zur Sicherung von Arbeitsplätzen betrachtet werden.

Gesamtarchitektur

2

Eine Cloud-Simulationsplattform mit Nebenzeiten-optimierender Fertigungssteuerung

Benjamin Jurke

Zusammenfassung

Im zweiten Kapitel wird die gewählte Gesamtarchitektur der Dienstleistungsplattform diskutiert, die verschiedensten technischen Anforderungen zwischen der Simulationsschicht und der Fertigungsplanungsebene gerecht werden muss. Darüber hinaus verlangen die Kunden der Branche nach wie vor nach der Flexibilität sich nicht unbedingt in die technische Abhängigkeit eines externen Partners begeben zu müssen.

2.1 Anforderungen und Bedingungen

2.1.1 Kundensicht

Wie bei vielen anderen Fragestellungen zum Wandel in Unternehmen lässt sich auch im Falle des hier diskutierten Projekts letztlich der zentrale rote Faden entlang der Frage „Wie können wir mehr Geld verdienen?" ziehen. Innerhalb der bereits im letzten Kapitel diskutierten Rahmenbedingungen finden sich die Kunden heute in der Situation wieder, dass zahlreiche technische Aspekte Ihrer Produktionsanlagen und auch der Fertigungsplanung bereits weit vorangetrieben sind. Mögliche Potenziale lassen sich also weitestgehend nur noch aus den noch offenen Synergien zwischen heutzutage nicht miteinander verbundenen Ebenen der Wertschöpfungskette heben. Während in vielen Betrieben heute Auftragsplanungs-Systeme weit verbreitet sind, so sind diese doch technisch von tiefergehenden technischen

B. Jurke (✉)
Competence Center, DMG MORI Software Solutions GmbH, Pfronten, Deutschland

R&D Machine Learning, Beckhoff Automation GmbH & Co. KG, Verl, Deutschland
E-Mail: b.jurke@beckhoff.com

© Springer-Verlag GmbH Deutschland, ein Teil von Springer Nature 2019
W. Dangelmaier, J. Gausemeier (Hrsg.), *Intelligente Arbeitsvorbereitung auf Basis virtueller Werkzeugmaschinen*, Intelligente Technische Systeme – Lösungen aus dem Spitzencluster it's OWL, https://doi.org/10.1007/978-3-662-58020-2_2

Simulationsplattformen, die das Geschehen an den realen Produktionsmaschinen sehr detailliert abbilden können, isoliert. Mangels dieser Integration bleiben die Optimierungspotenziale durch eine Verbindung von Simulation und Planung heute in vielen Bereichen ungenutzt.

Im vorliegenden Fall der Simulation von CNC-gesteuerten Fräsmaschinen ist dies allerdings auch oftmals den deutlich anderen Anforderungen zur Bedienung der entsprechenden Software geschuldet. Zur Bedienung einer virtuellen Werkzeugmaschine, wie der im Projekt zentral verwendeten DMG MORI Virtual Machine, ist auf Anwender-Seite ein nicht zu verachtendes Detailwissen vonnöten, dass oftmals der Fähigkeit zur Bedienung einer realen Maschine nicht zu weit nachsteht. Um also eine aus Kundensicht weitestgehend aufwandsfreie Unterstützung der Planungsebene durch Simulation zu erreichen, muss entsprechend die Bedienbarkeit der Simulationsebene deutlich verbessert werden oder komplett in den Hintergrund treten.

Dies spiegelt sich auch in der heute typischen Benutzung der Simulationssoftware wieder. Während die Bedienung der DMG MORI Virtual Machine-Simulationssoftware weitestgehend analog zur Bedienung der realen Maschine abläuft und daher auch kleineren CNC-Anbietern recht aufwandsfrei zur Verfügung steht, so ist die umgekehrt damit assoziierte Belegung einer kritischen Know-how-Ressource, also des Maschinenbedieners, einer der Gründe weshalb derartige komplexe Simulationswerkzeuge nur sehr selten von kleineren Kunden genutzt werden. In der Regel findet der Einsatz detaillierter Simulationen eher genau am anderen Ende des Spektrums statt: Also bei Kunden, die extrem komplexe Bauteile herstellen, über größtes Know-how verfügen und in der Regel auch vergleichsweise großen Firmen angehören, bei denen eine größere Kapazität an verfügbaren Know-how-Trägern vorhanden ist.

Eine zentrale Anforderung ist daher die Bedienbarkeit der Simulationsebene signifikant zu vereinfachen und für eine nahtlose Integration in die Auftragsplanungsebene weitestgehend aufwandsfrei zu gestalten. Letztlich ist der Kunde nicht direkt selbst an der Simulation interessiert, sondern an der Beantwortung der für die Produktionsplanung wichtigen Fragen: Der Kollisionsfreiheit der Bearbeitung, der Abschätzung der Bearbeitungsdauer – also der Validierung der planten Vorgänge.

Um eine derartige detaillierte Simulation nun überhaupt durchführen zu können ist eine digitale Abbildung sämtlicher relevanter Aspekte notwendig. Neben der eigentlichen CNC-gesteuerten Werkzeugmaschine kommen die Betriebsmittel wie Werkzeug und Spannmittel hinzu, ebenso wie die Geometriedaten zu Rohteilen und den herzustellenden Werkstücken. Alle diese virtuellen Betriebsmittel sind im Kontext einer hochdetaillierten 1:1-Simulation der Abläufe notwendigerweise von entsprechender Komplexität. Insbesondere aber erfordert die 1:1-Simulation somit, dass sämtliche für die reale Bearbeitung notwendigen Bearbeitungsschritte, die in ihrer Gesamtheit selbst einen großen Teil des eigentlichen Know-hows ausmachen, digital zur Verfügung stehen. Soll nun eine derartige Simulation wie in der Projekt-Vision einer Dienstleistungsplattform durch externe Computer-Ressourcen bearbeitet werden, so ist damit effektiv eine Herausgabe kritischen Know-hows des jeweiligen Unternehmens vonnöten.

Dies stellt für viele Kunden ein sehr signifikantes Risiko dar, da letztlich das Bearbeitungs-Know-how der kritische Differenziator zu Konkurrenzunternehmen darstellt. Hierbei lässt sich – umgekehrt zur vorherigen Beobachtung feststellen – dass kleinere Firmen tendenziell eher geringere Bedenken gegenüber derartigen Datenherausgaben hegen, bei großen Konzernen dagegen die potenziellen Sicherheitsrisiken vollständig die Entscheidungen dominieren. So würde mit größter Wahrscheinlichkeit ein großer Automobilhersteller alles Notwendige unternehmen, um die Produktions- und Bearbeitungsdaten für kritische Motor-Komponenten sicher im eigenen Haus zu behalten.

Entsprechenden Sicherheitsbedenken kann man auf mehreren Ebenen begegnen. Zum einen gibt es natürlich eine große Auswahl an modernen Sicherheitstechniken und kryptographischen Methoden, mit denen entsprechende Zugriffsbeschränkungen und der Schutz geistigen Eigentums technisch abgebildet werden können. In letzter Instanz aber ist allen diesen Techniken gemein, dass für eine inhaltliche Bearbeitung der Daten, also beispielsweise durch eine hier im Kontext fokussierte 1:1-CNC-Simulation, die Daten letztlich unverschlüsselt vorliegen müssen. Während man Daten also „einbruchssicher" geschützt durch Einsatz kryptografische Methoden auf externen Speicherressourcen hinterlegen kann, so ist spätestens für die Bearbeitung die Herausgabe des Schlüssels vonnöten.

Der Vollständigkeit halber sei an dieser Stelle auf homomorphe Verschlüsselungsverfahren verwiesen, die exakt diese Problematik eines Tages umgehen sollen. Hierbei ist es möglich, dass man mathematische und logische Operationen auf verschlüsselten Daten durchführen kann, aber ohne diese vorher entschlüsseln zu müssen. Die Ergebnisse sind dann nach wie vor verschlüsselt und nur der ursprüngliche Besitzer hat die Möglichkeit, die Ergebnisse zu lesen. Leider stecken derartige Techniken, die als der „heilige Gral des Cloud-Computings" betrachtet werden, noch in den frühen Phasen der Informatik-Forschung und sind in absehbarer Zeit noch nicht für den Einsatz in realen System verwendbar.

Eine weitere zentrale Anforderung aus Kundensicht ist somit, dass das System einen – im Rahmen der technischen Möglichkeiten – entsprechend hohen Sicherheitsstandard erfüllt und ein versehentlicher oder absichtlicher unberechtigter Zugriff auf kritische Firmendaten so schwierig wie möglich ist.

Unter der Annahme, dass der typische Kunde sein eigenes Intranet (und somit seine eigene Firma) in der Regel als einzig sicheren Standort für kritische Firmendaten betrachtet – technisch nicht unbedingt immer zurecht – wird somit die Vision einer Dienstleistungsplattform in erhebliche Bedrängnis gebracht. Im Projektkonsortium wurde daher früh die Entscheidung getroffen, dass die Infrastruktur der Dienstleistungsplattform hinreichend flexibel gestaltet sein muss, um auf Kundenwunsch auch rein lokal operieren zu können. Im Rahmen des Gesamtsystems wurde daher bereits sehr früh auf einen extrem modularen Ansatz gebaut, wobei sämtliche Module im Gesamtsystem auf etablierte, sichere und insbesondere netzwerkfähige Kommunikationskanäle aufsetzen. Dies ermöglicht eine sehr flexible Gesamtarchitektur, bei der kritische Teile des Systems – oder im Extremfall auch das Gesamtsystem – beim Kunden lokalisiert werden können.

Als ein konkretes Beispiel sei an dieser Stelle der hypothetische Wunsch eines Kunden formuliert, der zwar seine Fertigungsplanung als Dienstleistung optimiert haben möchte, aber die Simulations-relevanten Daten als firmenkritisches Know-how unbedingt innerhalb der einen Firma behalten will. Mit vergleichsweise wenigen Änderungen sollte das System in der Lage sein, die Simulationsebene – zwar zu einem tendenziell erheblichen Kostennachteil – komplett beim Kunden zu lokalisieren, und nur die Fertigungsplanungsebene in einer klassischen Cloud-Computing-Infrastruktur abzubilden. Dieses konkrete Beispiel erfordert allerdings notgedrungen, dass der Kunde selbst entsprechende Hardware-Investitionen für die erforderlichen Simulationen tätigt und somit nicht von den typischen Kostenvorteilen geteilter Hardware profitieren kann. Je nach durchschnittlicher Auslastung des Systems kann es aber durchaus einen größeren Kundenkreis geben, bei dem derartige Lösungen sinnvoll sind und auch kostendeckend abgebildet werden können. Auch führt eine partielle Lokalisierung zu weiteren Einschränkungen, die sich in langfristigen Weiterentwicklungs-Perspektiven einer Dienstleistungsplattform ergeben würden. So ist etwa ein zukünftiges Ökosystem denkbar, in dem abseits des Kernanbieters der Plattform sekundäre Anbieter optionale Dienstleistungen anbieten, die auf dem ohnehin vorhandenen Datenbestand aufbauen. Ein kanonisches Beispiel wären hier Optimierungsdienstleistungen am NC-Code genannt, die bislang nur in gewissen Einschränkungen automatisch vorgenommen werden können. Sind die Simulationsdaten aber aufgrund von Sicherheitsbedenken beim Kunden lokalisiert, so werden entsprechende Weiterentwicklungen einer zunächst auf einen Anbieter fokussierten Dienstleistungsplattform hin zu einem kompletten Marktplatz sekundärer Anbieter entsprechend behindert.

Zuletzt stellt sich für den Kunden als weitere zentrale Anforderung natürlich die Frage, in welchem Verhältnis der notwendige Mehraufwand zur Pflege und Verwaltung der benötigten Datenbestände relativ zum erbrachten Nutzen stehen. In letzter Instanz liefert eine Dienstleistungsplattform, welche die sich ergebenden Produktionssynergien zwischen aufeinander folgenden Bearbeitungsvorgänge intelligent nutzt und durch Simulation im Vorfeld komplexe Vorgänge validiert, ausschließlich den Mehrwert die unökonomischen Nebenzeiten des Produktionsalltags zu minimieren. Mit anderen Worten liegt die Wertschöpfung der Plattform im Projekt also ausschließlich in einer Effizienzsteigerung relativ zum gegenwärtigen Ist-Zustand. Entsprechend ist das zu schaffende System in seiner Komplexität auch objektiv daran zu messen, welche Produktivitäts-Vorteile es letztlich für den Kunden bzw. Endanwender generiert.

2.1.2   Technische Randbedingungen

Während beim Kunden klar Überlegungen zur Bedienbarkeit und Sicherheit des Systems im Vordergrund stehen, sind aus Sicht des Plattformanbieters – in diesem Fall also DMG MORI – vielmehr technische Randbedingungen vordergründig. Da die Plattform auf bestehender Software aufbaut und deren Vorteile nutzen und weiter ausbauen möchte, stellen sich zahlreiche Randbedingungen von vornherein heraus.

So ist beispielsweise die beliebige Beschleunigung eines einzelnen Simulationsdurchlaufs nur in gewissen Grenzen möglich. Während in den 1990er und frühen 2000er-Jahren die Computer-Industrie gigantische Fortschritte im Bereich der Prozessor-Taktfrequenzen gemacht hat, so stehen die Zuwächse in der Frequenz neuer Prozessoren seit rund einem Jahrzehnt still. Da die immer kleineren Strukturen der Transistoren in modernen Computerchips eine weitere Erhöhung der Taktraten nur zu höchst unökonomischen Stromverbrauchswerten erlauben, entstehen die nichtsdestotrotz und ungebremst ansteigenden Performance-Zuwächse der letzten Jahre aus der „Breite" heraus. Moderne Computer-Prozessoren verfügen heute nicht mehr über einen einzelnen Rechenkern, sondern selbst im einfachen Konsumenten-Markt bereits über zwei oder vier Recheneinheiten. Im Server-Segment trifft man dagegen auf Prozessoren, die inzwischen über 20 vollwertige Rechenkerne in einem einzigen Chip vereinigen. Selbst im überaus auf Verbrauchseffizienz getrimmten Markt für Mobilprozessoren (etwa in Smartphones) dominieren derartige Multi-Core-Prozessoren bereits seit vielen Jahren den Fortschritt der Entwicklung. Diese hinzukommenden Ressourcen lassen allerdings nur dann nutzen, wenn die darauf auszuführende Software entsprechend parallelisierbar ist. Das berühmte Mooresche Gesetz der Computer-Industrie, welches eine Verdoppelung der Transistoren in Mikrochips etwa alle zwei Jahre beschreibt, lebt also nach wie vor unverändert weiter – allerdings lassen sich die aus diesen Zuwächsen hinzukommenden Ressourcen nicht mehr in derartig einfacher Weise nutzen, wie dies einst mal möglich war.

Die potenziellen Geschwindigkeitszuwächse, die ein Computerprogramm oder Algorithmus durch Parallelisierung theoretisch erfahren kann, sind in Amdahls Gesetz beschrieben. Da jedes Computer-Programm letztlich aus Teilen besteht, die die zu verrichtende Arbeit zunächst einmal verteilen muss und hinterher auch wieder zusammenfügt, hilft einem selbst der modernste Mehrkernprozessor wenig, wenn die zugrunde liegende Aufgabenstellung hierfür ungeeignet ist. Die großen Fortschritte, die man in den letzten Jahren gerade im Multimedia-Bereich erleben konnte, sind letztlich darin ursächlich zu begründen, dass sich viele Algorithmen und Problemstellungen aus dem Grafikbereich oftmals sehr gut parallelisieren lassen. Besteht die Aufgabe darin ein großes und hochaufgelöstes Bild zu verarbeiten, so kann dieses oftmals einfach in mehrere Teile zerlegt werden, und jeder Rechenkern erledigt unabhängig der anderen seine Aufgaben für den ihm zugewiesenen Teil des Ganzen.

Für die Simulation einer CNC-Bearbeitung ist diese Herangehensweise dagegen leider kaum zu übertragen. Formal betrachtet entspricht eine CNC-Bearbeitung der Beschreibung einer linearen Historie. Im NC-Programm, welches von der Steuerung der realen oder virtuellen Werkzeugmaschine abgearbeitet wird, entspricht jeder einzelne Befehl letztlich der Beschreibung, in welcher Weise das Material entfernt (oder im Kontext von additiven Technologien auch aufgetragen) werden soll. Spätere Programmschritte lassen sich daher ohne Kenntnis der vorangehenden Schritte nicht sinnvoll evaluieren, da jeder einzelne Programmschritt auf dem vorigen aufbaut. Dementsprechend ist aus algorithmischer Betrachtung das Grundproblem einer CNC-Bearbeitung (ähnlich wie bei den meisten Simulationen) nicht-parallelisierbar. Zwar können moderne Mehrkernprozessoren

verwendet werden um sekundäre Berechnungsschritte, wie etwa den simulierten Materialabtrag oder die Kollisionsprüfung, zu beschleunigen, aber die ständig notwendige Synchronisation zwischen diesen einzelnen Software-Komponenten nach jedem kleinen Bearbeitungsschritt setzt vergleichsweise enge Grenzen bezüglich des Zeitersparnis für eine
komplette Simulation. Hinzu kommt, dass viele der Software-Komponenten, die für eine
1:1-Simulation eingesetzt werden, letztlich herstellerseitig geschlossene Module darstellen, auf deren innere Struktur keinen Einfluss möglich ist.

Die Quintessenz dieser Überlegungen ist letztlich, dass die Beschleunigung einer einzelnen Bearbeitungssimulation nur geringfügig möglich ist und umgekehrt sehr großen Aufwand erfordert. Trotzdem lassen sich aber die Rechenkapazitäten moderner Computer-
system durch naive Parallelisierung ausnutzen, sprich durch gleichzeitige Simulation
entsprechend vieler voneinander unabhängiger Bearbeitungen. Auf Basis dieser technischen Feststellung ist es entsprechend sinnvoll, die Entwicklungskapazitäten nicht in eine
hochaufwendige Optimierung der einzelnen Simulationen aufzuwenden, sondern stattdessen durch Virtualisierung des Simulationssystems – in diesem Falle also der DMG MORI
Virtual Machine – und intelligente Planung der Simulationen diese nebeneinander ablaufen
zu lassen.

Somit bleibt festzustellen, dass Abläufe in der Simulationsebene potenziell sehr zeitaufwendig sein können. Wenn sich ein einzelner Durchlauf einer 1:1-Simulation nur wenig beschleunigen lässt, so kann man die bisherigen typischen Erfahrungswerte der DMG
MORI Virtual Machine ansetzen, die je nach Hardware-Ausstattung, Prozessorgeschwin-
digkeit (relativ unabhängig von der Anzahl der Rechenkerne) und Komplexität des zu si-
mulierenden Ablaufs einen Geschwindigkeitsfaktor von ca. 1x bis 20x gegenüber der realen Bearbeitung hat. Selbst im besten Falle impliziert dies aber, dass ein einzelner
Simulationsdurchlauf durchaus etliche Minuten oder sogar Stunden in Anspruch nehmen
kann. Architekturseitig ist somit eine asynchrone Entkopplung der Abarbeitung der Simulationsdurchläufe vom Restsystem erforderlich.

Diese technische Randbedingung steht in einem deutlichen Kontrast zu den impliziten Anforderungen an eine adaptive Fertigungsplanung. Während die Erstellung eines
Fertigungsplans im Normalfall durchaus einige Minuten in Anspruch nehmen kann, so
sollte im Falle eines registrierten Maschinenausfalls das System durchaus in der Lage
sein, innerhalb weniger Sekunden eine adäquate Alternative zu den ursprünglich geplanten Produktionsabläufen präsentieren zu können. Dabei ist aus algorithmischer
Sicht eine Fertigungsplanung ebenfalls ein durchaus anspruchsvolles Problem, bei dem
diskrete Lösungen eines hochkomplexen Gleichungssystems bestimmt werden müssen. Wenn das mathematisch sauber definierte absolute Minimum eines solchen Gleichungssystems bestimmt werden soll kann es schnell zu der Situation kommen, dass
auch die Fertigungsplanung – trotz direkter Ausnutzung mehrere Prozessorkerne – über
Stunden die Rechner-Ressource vollständig auslastet. An dieser Stelle ist insbesondere
die zusätzliche Komplexitätsebene der Rüstzeitoptimierung zu nennen, die zusätzlich
zu den ohnehin schon aufwendigen Berechnungen für die reine Fertigungsplanung

auch noch versucht die Rüstaufwände aufeinander folgender Bearbeitungsschritte auf der gleichen Produktionsmaschine zu minimieren.

Deutlich besser fährt man daher auf der Ebene der Fertigungsplanung mit approximativen Methoden, die eine nahe dem Optimum liegende Lösung auf deutlich schnellerem Wege ermitteln können. Zwar hat man in diesem Falle keine Garantie, dass das gefundene Ergebnis tatsächlich eine optimale Lösung des theoretischen Gleichungssystems bildet, umgekehrt hat man so aber die Möglichkeit eine pragmatische Lösung für das grundlegende Problem zu finden – nämlich möglichst schnell einen neuen Fertigungsplan zu generieren.

Die beiden Optimierungsebenen, die im Projekt fusioniert werden sollen, finden also auf völlig unterschiedlichen zeitlichen Horizonten statt: Zeitaufwendige, aber nicht zeitkritische, Bearbeitungssimulationen auf der einen Seite und potenziell zeitaufwendige und ebenso zeitkritische Fertigungsplanungsoptimierungen auf der anderen Seite. Somit ist ein entscheidender Aspekt im Projekt durch entsprechende Modularisierung der einzelnen Software-Komponenten die völlig asynchrone Bearbeitung der Aufgaben letztlich in sinnvoller Weise harmonisch zu orchestrieren.

Die vergleichsweise langwierigen Simulationszeiten einer einzelnen Bearbeitung stellen darüber hinaus noch ein weiteres Problem dar: Neben einer Validierung der Bearbeitung, also der 1:1-Simulation einer im Vorfeld geplanten Bearbeitung, ist eines der erklärten Projektziele die Aufspannungssituation innerhalb der Werkzeugmaschine zu optimieren. Aufgrund der vielfältigen indirekt beteiligten Parameter führt bei einer fünfachsigen Bearbeitung bereits eine kleine Änderung der Aufspannungssituation zu großen Änderungen in den Bewegungen, die die Achsen der Werkzeugmaschine vollführen müssen. Zudem lassen sich manche Bauteile in unterschiedlicher Weise spannen, sodass mehrere Varianten zu prüfen sind. Da sich derartige Probleme in der Praxis typischerweise nicht analytisch lösen lassen, kommen an dieser Stelle iterative Methoden zum Einsatz, die gemäß einem Trial&Error-Ansatz sich einem Optimum annähern. Durch die langen Simulationszeiten ist aber auch dieser Ansatz – zumindest in seiner naiven Form – zum Scheitern verurteilt, sodass ein weiterer kritischer Aspekt für die Aufspannungsoptimierung im Projekt die Identifikation eines Aufspannungsoptimums mit vergleichsweise wenigen aufeinanderfolgenden Simulationsdurchläufen darstellt.

Darüber hinaus soll im Kontext einer adaptiven Fertigungsplanung im Projekt auch automatisiert geprüft werden, auf welchen potenziellen Alternativ-Werkzeugmaschinen ein Werkstück zu fertigen ist. Fällt eine Werkzeugmaschine durch unvorhergesehene Einflüsse oder Schäden aus, so muss das Fertigungsplanungssystem innerhalb kürzester Zeit eine sinnvolle Alternative anbieten können mit der die wirtschaftlichen Schäden durch Terminverzug für das Unternehmen minimiert werden. Da sich alternative Simulationen aber aufgrund der beschriebenen Einschränkungen für die Steigerung der Simulationsgeschwindigkeit einzelner Durchläufe nicht ad-hoc anstoßen lassen, müssen bereits im Vorfeld sinnvolle Alternativen zur ursprünglich designierten Fertigungsmaschine geprüft werden. Um diese Auswahl an Alternativ-Werkzeugmaschinen weitestgehend zu automatisieren, ist eine vergleichsweise detaillierte Abbildung der Fähigkeiten der Maschinen notwendig. Vergleichsweise einfach zu prüfende Eigenschaften sind etwa die Anzahl der benötigten Achsen oder die erforderlichen Verfahrwege innerhalb des MaschinenArbeitsraums. Während eine dreiachsig programmierte Werkstück-Bearbeitung relativ aufwandsfrei in eine typische fünfachsige Werkzeugmaschine übertragen werden kann, ist der umgekehrte Weg ausgeschlossen. In ähnlicher Weise lassen sich mögliche Alternativmaschinen ausschließen, deren maximale Achsverfahrpositionen kleiner als die im NC-Programm enthaltenen Bahnen ausfallen. Prinzipiell lassen sich diese Attribute durch brachiale Massen-Simulation beispielsweise mittels der DMG MORI Virtual Machine überprüfen, aufgrund der im Vorfeld beschriebenen Effizienzüberlegungen und des erheblichen Zeit- und Rechnerressourcenbedarfs ist hiervon in der Praxis aber abzusehen.

2.1.3 Übersicht

Zusammenfassend lassen sich also folgende Anforderungen an die Gesamtarchitektur des Systems aus den vorigen Überlegungen herauskristallisieren:

- Das System muss sowohl auf den Kommunikationskanälen als auch bei der Datenablage entsprechend hohen Sicherheitsstandards genügen.
- Die Gesamtarchitektur des Systems muss modular aufgebaut sein und netzwerkfähige Kommunikationsmodule verwenden, um flexibel die Möglichkeit zu einer partiellen oder vollständigen Lokalisierung beim Kunden zu ermöglichen.
- Die Architektur muss die Asynchronität der Abläufe zwischen den einzelnen Modulen adäquat abbilden.
- Die Skalierbarkeit des Systems muss auf der Simulationsseite durch intelligente Vorauswahl möglicher alternativen Maschinen und Aufspannungskonfigurationen gewährleistet werden.
- Die Effizienz der simulationsbasierten Aufspannungsoptimierung muss durch intelligente Algorithmen zur Minimierung notwendiger sequenzieller Iterationsschritte gewahrt werden.
- Die Reaktivität des Systems muss auf der Fertigungsplanungsseite trotz erhöhter formaler Komplexität durch die zusätzliche Berücksichtigung der Nebenzeitenoptimierung aufrechterhalten werden.
- Durch moderne Bedienkonzepte muss die Komplexität des Gesamtsystems möglichst transparent für den Anwender dargestellt werden.

Letztlich stellen die Anforderungen nur den primären Teil der vielfältigen Aspekte dar, die bei der Konzeption der Gesamtarchitektur berücksichtigt werden müssen. Auf weitere Details wird in den folgenden Kapiteln bei der tiefergehenden Beschreibung der einzelnen im Gesamtsystem verwendeten Module eingegangen.

2.2 Gesamtarchitektur des InVorMa-Prototypen

2.2.1 Workflow aus Anwendersicht

Unter Berücksichtigung der zuvor genannten technischen Rahmenbedingungen und Anforderungen speziell an die Sicherheit und Bedienbarkeit des Gesamtsystems, wurde für den Entwurf der Gesamtarchitektur letztlich der Input der industriellen Endanwender zum entscheidenden Leitprinzip. Beide industrielle Endanwender brachten umfängliche Erfahrung im Umgang mit bestehenden Fertigungsplanungssystemen und Abläufen in ihren jeweiligen Unternehmen mit, sodass sich die Anfangsphase des Projekts primär auf eine Abbildung der Ist-Situation konzentrierte. Hieraus wurde im Folgenden dann ein Workflow extrahiert, der den notwendigen Zusatzinformationen der geplanten Nebenzeiten-optimierten und Simulations-gestützten Fertigungsplanungs-Dienstleistungsplattform ebenfalls gerecht werden würde.

Um die Einstieghürden so niedrig wie möglich zu halten und einen vergleichsweise nahtlosen Übergang von bestehenden, simulationsfreien Planungssystemen zu ermöglichen, muss zunächst einmal die Möglichkeit vorgesehen werden, dass eine ebenso simulationsfreie Planung innerhalb der InVorMa-Plattform abgebildet werden kann. Um der Modularität des Gesamtsystems gerecht zu werden, wurde für das System als Interface eine reine Weboberfläche gewählt, sodass der Anwender aus seiner Sicht einen gewöhnlichen Webbrowser verwendet, um Eingaben zu machen. Ein derartiger Ansatz bietet darüber hinaus größtmögliche Freiheiten, um verschiedenste Zugriffsszenarios auf das Gesamtsystem abzubilden. Denkbar sind hier Hallenmonitore im Produktionsbereich, auf denen der aktuelle Fertigungsplan dargestellt wird, während die Aktualisierung der Daten und Abbildung des Produktionsfortschritts nur durch ausgewählte Benutzerterminals stattfindet. Durch den vergleichsweise hohen Grad an Standardisierung moderner Webtechnologien und die nahezu allgegenwärtige Verbreitung von Webbrowsern ist so eine Vielzahl von Anwendungsszenarien denkbar.

Nachdem sich der Kunde über eine klassische Log-in-Maske, wie man es von heutigen Webanwendungen gewohnt ist, eingeloggt hat, erhält er direkten Zugriff auf seinen aktuellen Fertigungsplan. Ein zentraler Input der industriellen Endanwender war die praktische Feststellung, dass eine Teilung des Zeithorizonts für die Fertigungsplanung sinnvoll ist. Viele gängige Planungssysteme, die ebenfalls durch Lösung entsprechender diskreter Optimierungsprobleme automatische Fertigungsplanungen erstellen, zeigen den signifikanten Nachteil, dass kleinere Änderungen der Rahmenbedingungen zu unerwartet großen Änderungen der Produktionsplanung führen. Im praktischen Einsatz und unter Berücksichtigung der realen Abläufe in einem Unternehmen ist es aber für die Mitarbeiter kaum umsetzbar, wenn minimale Änderungen am Morgen des laufenden Tages im Rahmen einer schnellen Neuberechnung des Fertigungsplans sofort die gesamte Tagesplanung revidieren. Im Kontext der schon erwähnten technischen Problematik, dass die zusätzliche Berücksichtigung von Rüstzeiten bei der Fertigungsplanung den algorithmischen Rechenaufwand noch weiter erhöht, lässt sich durch diese Zweiteilung in einen kurzfristigen und einen langfristigen

Planungshorizont somit auch die Reichweite der detaillierteren und Nebenzeiten-optimierten Fertigungsplanung vornehmen.

Der als Feinplanung bezeichnete kurzfristige Zeithorizont stellt somit die Planung des laufenden Tages sowie gegebenenfalls der nächsten Tage dar, wobei der Trennungszeitpunkt in den Optionen des Systems festgelegt werden kann. Innerhalb der kurzfristigen Feinplanung bleiben die Planungen nach Möglichkeit weitestgehend unverändert, sodass der Kunde auch im Falle kurzfristiger Änderungen nur mit kleinen oder gar keinen Veränderungen in seiner Feinplanung rechnen muss. Optimierungskriterium ist hierbei eine Minimierung der Veränderungen. Im Falle von akuten Maschinenausfällen, wo eine möglichst schnelle Umplanung vom System vorgenommen werden soll, ist das System bemüht die Änderungen weitestgehend in der flexibleren Langzeitplanung jenseits der Feinplanung vorzunehmen, solange beispielsweise entsprechende Strafkosten durch Terminverzug vermieden werden können. Für die entsprechenden Details sei auf das spätere Kapitel verwiesen.

Über die Weboberfläche, auf der standardmäßig die Fein- oder Grobplanung der Fertigung zu sehen ist, kann der Anwender dann neue Aufträge einpflegen. Hierzu müssen einmalig im System der Maschinenpark bzw. die Arbeitsstationen innerhalb der Fertigung sowie der Schicht- bzw. Kapazitätsplan hinterlegt werden. Beim Einpflegen eines neuen Auftrags erhält der Kunde dann die Möglichkeit die relevanten Informationen zu benötigten Rohteilen, Betriebsmitteln, Zielterminen, Strafzahlungen, etc. zu hinterlegen. Im Fall einer simulationslosen Abbildung der reinen Fertigungsplanung muss der Zeitaufwand für die einzelnen Bearbeitungsschritte dabei vom Anwender abgeschätzt werden sowie eine komplett manuelle Auswahl der Bearbeitungsstationen erfolgen. Werden dagegen auch NC-Programme für einzelne Bearbeitungsschritte hinterlegt, dann kann das System durch eine schnelle Analyse dieser Bearbeitungsprogramme bereits eine Vorauswahl der potenziell möglichen Bearbeitungsmaschinen tätigen und auch die Bearbeitungszeiten mit guter Präzision abschätzen. Auf Basis dieser Eingabedaten können beispielsweise bereits automatisch die eingesetzten Werkzeuge des Programms ermittelt werden, die wiederum Basis für eine Nebenzeiten-optimierte Fertigungsplanung sind.

Zudem kann der Anwender auf optionalen weiteren Eingabemasken zur Einpflege eines neuen Auftrags dann eine vollständige Zuordnung zwischen automatisch ermittelten Betriebsmitteln im NC-Programm (wie etwa den Werkzeugen) und simulationsbereiten Betriebsmitteln aus der einmalig im Vorfeld einzupflegenden Datenbank (die zumindest Werkzeuge und Spannmittel umfassen muss) vornehmen. In diesem Fall wird somit ein 1:1-simulationsbereites Gesamtszenario indirekt hinterlegt.

Nach Bestätigung und Hinzufügen eines neuen Auftrags landet der Anwender wieder auf dem Hauptbildschirm mit der Fertigungsplanung. Um der asynchronen Kommunikation der einzelnen Module gerecht zu werden, befindet sich im Hauptbildschirm darüber hinaus ein Bereich, in dem Systemnachrichten ausgegeben werden können. Nachdem der neue Auftrag angelegt wurde, beginnt transparent für den Benutzer im Hintergrund das Fertigungsplanungsmodul mit einem neuen Durchlauf, der den neuen Auftrag berücksichtigt. Nachdem dieser Optimierungsvorgang abgeschlossen ist – typischerweise bereits nach wenigen Sekunden – meldet sich dieses Modul über eine Nachricht im Hauptmenü, dass ein neuer Fertigungsplan zur Verfügung steht. Der Anwender gelangt nun nach einem Klick auf diese Nachricht in eine Vergleichsmaske, in dem er den gegenwärtig aktiven Fertigungsplan sowie den neu berechneten Fertigungsplan mit entsprechend farblich hervorgehobenen Änderungen direkt vergleichen kann. In dieser Maske hat der Anwender die Möglichkeit, den neuen Fertigungsplan entweder zu übernehmen und somit zum neuen aktiven Fertigungsplan zu definieren, oder aber den bestehenden Fertigungsplan beizubehalten. Letztere Option kann durchaus sinnvoll sein, wenn etwa mehrere Aufträge eingepflegt werden sollen und die Berechnung eines neuen Fertigungsplans bereits vor dem Abschluss dieser Änderungen fertiggestellt ist. Auch kann es manchmal sinnvoll sein, einen bestehenden Fertigungsplan beizubehalten, da gewisse Randbedingungen der realen Produktion nicht im System abgebildet werden können und somit die aktuelle Planung zunächst beibehalten werden soll. Eine Neuberechnung des Fertigungsplans kann später jederzeit noch manuell erfolgen, wodurch in analoger Weise das Fertigungsplanungsmodul angestoßen wird, seine Optimierungsalgorithmen durchläuft und das Ergebnis über das Nachrichtenfenster an den Anwender übermittelt. Der Workflow unterscheidet sich an dieser Stelle nicht allzu signifikant von den Abläufen, die in ähnlicher Weise auch in vielen anderen Fertigungsplanungswerkzeugen abgebildet sind.

Sind nun zusätzlich beim Einpflegen des Auftrags auch die notwendigen Zusatzinformationen angegeben, die für eine 1:1-Simulation notwendig sind, dann findet parallel zum oben beschriebenen Vorgang der Fertigungsneuplanung ebenso Abläufe auf der Simulationsebene statt. Wie im Vorfeld beschrieben, sind einzelne Simulationsdurchläufe potenziell sehr zeitaufwendig. Um einen möglichst reibungslosen Start der Fertigung auf Basis der zunächst im System selektierten Standard-Bearbeitungsmaschine für die einzelnen Fertigungsschritte zu gewährleisten, findet daher zunächst ein sogenannter Validierungs-Durchlauf statt, der prüft ob die gewählte Konfiguration aus NC-Programm, Werkzeugmaschine, Werkzeugen und Spannmittel auch tatsächlich fehlerfrei durchlaufen kann. Hierzu setzt das System auf Basis der eingepflegten Informationen ein Szenario für die DMG MORI Virtual Machine zusammen, und fügt dieses als Validierungs-Job einer internen Warteschleife für Simulationsdurchläufe hinzu. Parallel zu dieser Validierung der Standardsituation bereitet das Modul zur Optimierung der Aufspannung eine erste Sammlung von möglichen Alternativ-Varianten vor, die als Optimierungs-Jobs in die Simulationswarteschleife hinzugefügt werden. Für den Benutzer finden alle diese Vorgänge unsichtbar im Hintergrund statt.

Sobald ein Validierungs-Job erfolgreich abgeschlossen wurde, meldet das Modul dies über das interne Nachrichtensystem an die Fertigungsplanung, worauf der nun per 1:1-Simulation validierte Auftrag dann im Planungs-Hauptbildschirm entsprechend optisch hervorgehoben wird. Wurden dagegen Probleme festgestellt, so wird über eine Nachricht an den Benutzer darauf hingewiesen, dass der Auftrag in der gewählten Standard-Konfiguration vorrausichtlich nicht einwandfrei durchlaufen kann. Der Anwendet hat dann die Möglichkeit entweder die Simulationsdaten des Auftrags bzw.Bearbeitungsschrittes anzupassen, oder aber auf die Ergebnisse der parallel laufenden Optimierungsschritte zu warten, von den potenziell einer oder mehrere das Problem automatisch lösen können – letzteres stellt allerdings einen eher unüblichen Ablauf dar. Stattdessen ist im Ablauf eher vorgesehen, dass nach einem erfolgreichen Validierungs-Durchlauf die im Hintergrund ebenfalls ablaufenden Optimierungs-Simulationen einerseits intern als mögliche Alternativ-Bearbeitungen für den Fall eines kurzfristigen Maschinen-Ausfalls abgelegt werden – oder aber eine derartige Zeit- oder Kostenersparnis mit sich bringen, dass der Anwender über die bereits beschriebene Vergleichsmaske die Möglichkeit hat, von seiner ursprünglich gewählten Standardkonfiguration auf die automatisch ermittelte, optimierte Variante zu wechseln.

Zusammengefasst pflegt der Kunde somit über eine Webinterface neue Aufträge in das System ein, kann die zu Bearbeitungsschritten gehörenden NC-Programme automatisch analysieren lassen und hat dann die Möglichkeit diese Informationen zu einem für 1:1-Simulationen notwendigen Umfang zu ergänzen. Das Fertigungsplanungssystem sowie das Validierungs- und Optimierungssystem der Bearbeitung laufen modular und unabhängig voneinander und werden für den Anwender nur in Form von Nachrichten sichtbar. In jedem Schritt hat der Anwender dabei die Möglichkeit, die vom System ermittelten Vorschläge zu ignorieren und seinen aktuellen Fertigungsplan beizubehalten.

Da selbst im Idealfall eine Diskrepanz zwischen der geplanten Fertigung und der realen Produktion nahezu unvermeidlich ist, bietet das System darüber hinaus Eingabemasken, mit denen – beispielsweise am Ende einer Schicht oder des Produktionstages, aber auch während des laufenden Produktionsablaufs – eine Nachpflege der Daten komfortabel vorgenommen werden kann. Einerseits werden diese Informationen verwendet, um die automatische Berechnung der Nebenzeiten im Laufe der Zeit zu verbessern, andererseits wird so aber auch die Datenbasis für noch anstehende Aufträge aktuell gehalten. Die zahlreichen Optionen und Varianten, die das System mit sich bringt lassen sich allesamt in einem Optionsmenü parametrieren und auf die Kundenbedürfnisse anpassen.

Das beschriebene System ermöglicht somit einen fließenden Übergang zwischen einer klassischen Fertigungsplanung, bei der benötigte Betriebsmittel und Kapazitäten rein manuell eingepflegt werden und somit die Dienstleistungsplattform nur eine alternative Eingabemaske bietet. Darüber hinaus kann durch automatische Analyse der für einzelne Bearbeitungsschritte hinterlegten NC-Programme aber bereits eine (teilweise) Nebenzeiten-optimierte Planung stattfinden, bei der etwa Rüstaufwände zwischen aufeinander folgenden Aufträgen berücksichtigt werden. Werden dem System zusätzlich auch noch die notwendigen Informationen für eine 1:1-Simulation des Auftrags bereitgestellt, dann kann eine automatische Validierung und Optimierung der Bearbeitung stattfinden.

Im Kontext einer Dienstleistungsplattform ermöglicht es das System somit, dass sich ein Kunde schrittweise an die neuen Möglichkeiten herantastet. Da die umfassende Versorgung mit simulationsfähigen digitalen Betriebsmitteln – also beispielsweise digitale Werkzeug-Modelle, die über die notwendigen Meta-Informationen für eine 1:1-Simulation verfügen – nach wie vor einen kritischen Aspekt innerhalb der Branche darstellt, kann so ein sanfter Übergang stattfinden. Darüber hinaus kann der Kunde so selbst steuern, für

welche Werkstücke und Bauteile ihm der Mehraufwand der Dateneingabe gerechtfertigt
erscheint, und für welche Aufträge eine klassische, reine Fertigungsplanung genügt.

2.2.2 Technische Umsetzung

Eine modulare Software-Gesamtarchitektur aus mehreren weitestgehend voneinander unabhängigen Komponenten mit asynchroner Kommunikationsinfrastruktur und variabler
Datenlokalisierung lässt sich auf zahlreiche Arten umsetzen. An dieser Stelle soll zunächst
noch einmal daran erinnert werden, dass im Rahmen dieses Forschungsprojekt primär eine
Machbarkeitsstudie mit prototypischer Implementierung des Gesamtsystems im Vordergrund stand, bei der grundlegende Probleme bezüglich der intelligenten Verteilung von
Simulations-Aufträgen, die Entwicklung eines Fertigungsplanungs-Systems mit Berücksichtigung von Nebenzeiten und eine automatisierte Auswahl von Alternativ-Maschinen
Aufspannungsszenarien im Vordergrund stand. In diesem Kontext ist daher ausdrück-
lich zu betonen, dass eine Umsetzung in Form eines in direkter Weise als Produktivsystem
verwendbaren Demonstrators nicht angestrebt wurde. Die Erfahrung vorangehender
Forschungs- und Entwicklungsprojekte hat stets gezeigt, dass diese sehr gut zur Analyse
und Studie fundamentaler Probleme geeignet sind, allerdings für eine skalierbare und
langfristig wartungsfähige Umsetzung mit anderen Entwicklungs- und Dokumentations-
standards gearbeitet wird und auch andere Technologien für den B2B-Einsatz zur Anwendung kommen.

Im Folgenden wird daher bei der Beschreibung der Gesamtarchitektur jeweils neben
der Beschreibung der gewählten Technologie auch auf mögliche Alternativen und Pers-
pektiven für einen Produktiveinsatz hingewiesen.

2.2.2.1 Datenspeicherung und Sicherheitsüberlegungen

Das zentrale Element der Dienstleistungsplattform stellt neben der Kommunikations-
Infrastruktur zwischen den einzelnen Modulen die Datenhaltung da. Für die effiziente Ablage und Abfrage von Daten stehen heute zahlreiche unterschiedliche DatenbankTechnologien
zur Verfügung, die allesamt über Vor- und Nachteile verfügen. Während große IT-Anbieter
im Konsumenten-Bereich ihre jeweilige Infrastruktur für hunderte Millionen bis Milliarden
von Nutzern ausrichten müssen, befinden wir uns Bereich einer industriellen Simulati-
ons-Plattform noch bei vergleichsweise überschaubaren Größenordnungen. Um bei derartigen Nutzerzahlen und dem permanenten Ansturm von hunderttausenden gleichzeitigen verbundenen Anwendern gerecht zu werden, wählen viele Anbieter das Datenmodell der
eventuellen Konsistenz. Änderungen in der Datenbasis stehen also nicht sofort global der
gesamten Nutzerbasis zur Verfügung, sondern verbreiten sich erst nach und nach in den
Datenbeständen. Anders ausgedrückt sieht somit jeder Nutzer eine andere Datenbasis, da
sich durch die kontinuierliche Änderung der Daten nie ein global synchronisierter Zustand
einstellen kann, ohne drastische Performance-Einbußen in Kauf zu nehmen. Die seit den
50er-Jahren hergestellten und – mit moderner Technologie – auch heute noch produzierten

Mainframe-Rechner stellen den komplementären Gegentrend hierzu dar: unter massivem Aufwand und hoch spezialisierter Hardware werden hier bei vergleichsweise großen Transaktionszahlen global konsistente Datenbank-Systeme geschaffen, da diese in manchen Bereichen (primär beispielsweise für Transaktionen zwischen Banken) unerlässlich sind. Die Abkehr von globaler Konsistenz für hyperskalierbare Datenbank-Systeme ist dabei in gewisser Hinsicht analog zu dem zuvor schon erwähnten Amdahl'schen Gesetz zur Beschleunigung der Rechenleistung durch Parallelisierung zu sehen.

Im Kontext dieser Entwicklungen unterscheidet man darüber hinaus zwischen sogenannten SQL- und No-SQL-Datenbanksystemen. SQL steht für „Standard Query Language", eine Datenbank-Ahfrage-Programmiersprache die Mitte der 70er-Jahre entwickelt wurde und für den Einsatz in relationalen Datenbanksystemen konzipiert ist. Aufgrund der im Vergleich zu heute starken Hardware-seitigen Einschränkungen der damaligen Zeit war die Ablage größerer Datenmengen (auch wenn diese aus heutiger Sicht in keiner Weise mehr als „groß" bezeichnet werden kann) lediglich in strukturierter und tabellarischer Form möglich. Entsprechend wurde SQL mit dem Blick auf derartig tabellarisch strukturierte Daten entwickelt, wobei Relationen zwischen einzelnen Zellen dieser Tabellen vorliegen können. Damit sind allerdings von vornherein Datenformate und Strukturen zu fixieren, was bei vielen Anwendungen stark einschränkt. Flexible Systeme, bei denen die genaue Struktur der abzulegenden Daten nicht komplett im Vorfeld definiert werden kann, die aber trotzdem hoch performanter Abfragesysteme bedürfen, führten daher zur Entwicklung von No-SQL-Datenbanksystemen. Dementsprechend dominieren im hyperskalierbaren Bereich heutzutage oftmals eventuell konsistente Datenbanksysteme, die darüber hinaus die klassische SQL-Struktur aufgeben – wobei jeweils der spezielle Anwendungsfall betrachtet werden muss.

Nach dieser allgemeinen Diskussion der modernen Datenbank-Landschaft bleibt die Feststellung zu ziehen, dass ein großer Vorteil des Projekts dadurch gegeben ist, das selbst bei einer Abdeckung von 100 % des potenziellen Marktes für Werkzeugmaschinen eine entsprechende Multi-User-Architektur lediglich fünf- bis maximal sechsstellige Zahlen an Benutzern verkraften muss. Darüber hinaus ist die notwendige Anzahl an Datenänderungen und Transaktionen pro Nutzer vergleichsweise überschaubar, wie in den späteren Kapiteln noch dargestellt wird. Für heutige IT-Systeme und die verfügbaren Hardware-Plattformen stellen diese Anforderungen somit keinen großen Aufwand mehr dar, sodass von vornherein die Auswahl der Datenbank-Architekturen auf global konsistente Datenbank-Systeme eingeschränkt werden kann.

Bezüglich der Datenmodellierung wurde dagegen ein hybrides Modell gewählt: während ein großer Teil der Daten etwa für die Auftragsverwaltung und Fertigungsplanung in vergleichbar kanonischer Weise in ein starres Datenmodell passt und sich somit für einen klassischen SQL-Ansatz eignet, sind für die automatisierte Auswahl von Werkzeugmaschinen und die Simulations-relevanten Meta-Informationen umfänglich hochvariable Daten vonnöten. Die Beschreibung von Maschinenfähigkeiten ist aufgrund der großen Variabilität der Maschinen kaum in starre Muster zu bringen. Aus diesem Grund wurden die entsprechenden Informationen zunächst in ein nicht näher definiertes, XML-basiertes,

generisches Datenformat abgelegt, welches wiederum in einen der starren Tabellenein-
träge abgelegt wird. Diese Informationen werden von einem im Folgenden noch beschriebenen Ontologie-System auf Basis einer SPARQL-Datenbank verarbeitet. SPARQL steht
hierbei als Abkürzung für „SPARQL Protocol and RDF Query Language", d. h. eine spezielle Abfragesprache für Daten, die in Form von RDF-Tripel vorliegen. Dieser Ansatz
ermöglicht größtmögliche Flexibilität im Vorfeld, kommt allerdings durchaus mit erheblichen Performance-Einbußen daher. Da letztlich aber pro Auftrag die prinzipielle Berechnung und Abfrage möglicher Alternativmaschinen nur einmalig erfolgen muss und die
gefundenen Alternativen danach wieder effizient in der SQL-Datenbank gespeichert werden können, ist durchaus ein analoger Ansatz für den produktiven Einsatz denkbar.

Die im Vorfeld bereits erwähnte Multi-User-Architektur setzt des Weiteren voraus,
dass die abgelegten Daten einzelner Kunden streng voneinander getrennt werden müssen. Zusammen mit der Anforderung, dass darüber hinaus auch eine Lokalisierung der
Datenbestände beim Kunden vor Ort möglich sein muss, wurde daher die Entscheidung
getroffen, für jeden Kunden eine separate Kopie einer analog strukturierten Datenbank
anzulegen. Praktisch alle gängigen Datenbank-Systeme stellen als Kommunikationskanal nach außen eine TCP/IP-Netzwerk-basierte her, sodass die einzige Anforderung letztlich darin besteht, dass die Datenbank von den entsprechenden System-Modulen erreichbar ist. Darüber hinaus bieten gängige Datenbanken auch die Möglichkeit, dass die
enthaltenen Daten auf den nichtflüchtigen Speichermedien (also der Festplatte oder SSD)
verschlüsselt abgelegt werden. Die zugehörigen Zugriffsschlüssel sind dabei an die
Log-in-Informationen der jeweiligen Datenbank gekoppelt. Somit bieten gängige Daten-
bank-System bereits von Haus aus die Möglichkeit eine sichere Isolation der einzelnen
Kundendaten auf das Problem der Absicherung der jeweiligen Datenbank-Log-in-Infor-
mationen zu reduzieren.

Um nun die zugehörigen individuellen Log-in-Informationen der einzelnen Datenbanken zu hinterlegen, sind vielfältige Möglichkeiten denkbar. Wie schon im Vorfeld beschrieben lässt sich in Abwesenheit homomorpher Verschlüsselungsverfahren keine absolute
Sicherheit garantieren, sofern die Daten extern bearbeitet werden müssen. Im InVor-
Ma-Prototyp-Demonstrator wurden die Log-in-Informationen zu den einzelnen Kunden-
datenbanken wiederum verschlüsselt abgespeichert, wobei der Schlüssel wiederum aus
dem Log-in-Passwort des Benutzers der InVorMa-Plattform über kryptographische
Hash-Verfahren abgeleitet wurde. Für den Fall, dass die von den Kundendaten separate
Log-in-Datenbank entwendet wird, kann ein Angreifer somit diese Daten somit nicht lesen. Ebenfalls kann somit auch kein legitimer Benutzer die Log-in-Daten anderer Kunden
entschlüsseln, sofern er in den Besitz der Datenbank geraten sollte. Die reine Ablage der
Log-in-Informationen und Isolation der Kundendaten untereinander ist somit vergleichsweise einfach lösbar.

Anders sieht es dagegen auf Seite der Daten-bearbeitenden Module aus: da die jeweiligen Module etwa zur Fertigungsplanung oder Aufspannungsoptimierung auf die Kundendaten zugreifen müssen, ist es notwendig ebenfalls einen Kommunikationskanal zur
Datenbank aufzubauen. Hier wurde im Rahmen des Demonstrators der vergleichsweise

unsichere Weg gewählt, dass die Log-in-Informationen über zugehörige Session-IDs im Arbeitsspeicher des zugehörigen Moduls abgelegt werden. Dieses Verfahren stellt sicher, dass die kritischen Zugangsdaten nur in flüchtigen Speichern hinterlegt sind. Sollten allerdings die Server, auf denen die Daten-manipulierenden Module arbeiten, kompromittiert sein und ein Angreifer die Möglichkeit haben Abbilder des Speichers anzufertigen, so kann er auf diesem Wege Zugang zu den Log-in-Informationen gelangen – zumindest derjenigen Datenbanken, die gerade bearbeitet werden.

Für ein besser abgesichertes Produktivsystem wäre die Einführung einer Middleware-Kommunikationsschicht dagegen eher anzuraten. In diesem Falle würden die letztlich auf den Daten operierenden Module nicht in direkter Weise eine Kommunikation zu den Datenbanken herstellen, sondern mit der Middleware kommunizieren, welche wiederum die dann die Daten-Anfragen an die einzelnen Kunden-Datenbanken weiterleitet. Die berechnenden Module hätten somit keinerlei direkte Kommunikation zu den Datenbanken und gelangen auch niemals in den Besitz der kritischen Log-in-Informationen. Die Middleware arbeitet in diesem Fall gewissermaßen als Treuhänder bzw. Vermittler. In letzter Instanz allerdings verlagert dieser Ansatz lediglich das Sicherheits-Problem: zwar sind die berechnenden Module nun bei adäquater Umsetzung weitestgehend gegen Kompromittierung gehärtet, dafür wird die Middleware zum kritischen Element der Kette. Hat ein potenzieller Angreifer die Möglichkeit die Middleware zu kompromittieren, so erhält er wiederum Zugriff auf die kritischen Log-in-Informationen und somit die Kundendaten. Vorteil dieses Ansatzes ist allerdings, dass hierbei nur eine einzelne zentrale Instanz abgesichert werden muss und die Sicherheit der Implementierung primär auf Seite der Middleware geschoben wird. Anders ausgedrückt: statt für jedes Daten-manipulierende Modul separat die Sicherheit zu gewährleisten, muss nur noch eine einzelne Komponente abgesichert werden. Noch einmal sei an dieser Stelle aber darauf hingewiesen, dass dieser Ansatz zwar auf Seiten einer langfristigen und fortlaufenden Entwicklung Vorteile mit sich bringt, aus rein sicherheits-theoretischen Überlegungen aber ebenso kompromittierbar ist, wie der eingangs erläuterte Direkt-Kommunikationsweg.

Um die erhebliche zusätzliche Komplexität der Entwicklung einer solchen Middleware zu vermeiden wurde daher im InVorMa-Prototypen hiervon abgesehen und der Direkt-Kommunikationsansatz der einzelnen Module mit den Kundendaten auf Basis von Log-in-Informationen im flüchtigen Speicher angewandt. Hier konnte erfolgreich gezeigt werden, wie von der zentralisierten InVorMa-Benutzeroberfläche auf Kundendatenbanken mit unterschiedlichsten Standorten transparent zugegriffen wurde. Abschließend sei noch erwähnt, dass die eigentliche Übermittlung von Daten bzw. die Kommunikation zwischen Datenbank und Daten-manipulierendem Modul keine (relevante) Sicherheitslücke darstellt. Für den Transportkanal gibt es auf Basis von SSL-Verbindungen seit vielen Jahren sichere Kommunikationsmethoden. Wie im Vorfeld erläutert entstehen die Sicherheitslücken an den Endpunkten der Kommunikation, also dort wo die Daten abgelegt werden oder bearbeitet werden müssen – der Weg dazwischen ist mit gängigen und weit verbreiteten Methoden dagegen sehr einfach abzusichern.

2.2.2.2 Asynchrone Kommunikationsinfrastruktur

Neben der Datenhaltung ist der zweite kritische Aspekt die asynchrone Kommunikations-infrastruktur, über welche die einzelnen Module des Systems miteinander Daten austauschen können. Asynchronität in der Kommunikation ist einerseits für eine adäquate Modularisierung notwendig, ergibt sich aber auch durch die sehr unterschiedlichen zeitlichen Anforderungen für Fertigungsplanungsoptimierungen und 1:1-Simulationsdurchläufe.

Im Kontext der hier beschriebenen Kommunikation ist hervorzuheben, dass wir bei den einzelnen Modulen softwareseitig nicht von strukturell separat entwickelten, aber letztlich monolithisch zusammengefügten Teilen reden, sondern von separaten Services bzw. Prozesses, die sich lediglich eine gemeinsame Datenbasis teilen. Einerseits bietet dieser Service-orientierte Ansatz die größte Flexibilität, zum anderen vereinfacht er die verteilte Entwicklung im Projekt, da der Abstimmungsbedarf für die zwangsläufig notwendigen Schnittstellen minimiert wird. Ein Service-orientierter Ansatz eignet sich bei Verwendung der passenden Kommunikations-Architektur darüber hinaus auch sehr gut zur Skalierung auf größere Systeme. Für extreme Anforderungen können hierzu beispielsweise Service Broker als Lastverteilungs-Zwischenschicht zwischen mehrere Instanzen der gleichen Services eingezogen werden, die zusammen mit der im vorigen Abschnitt diskutierten Middleware ein überaus sicheres und performantes System bieten können. Zusammen mit dynamisch auf Basis der Momentanlast hinzugefügten oder abgemeldeten Instanzen kann auf diese Weise ein hyperskalierendes und trotzdem kosteneffizientes Cloud-Dienstleis-tungssystem gestaltet werden. Diese Überlegungen gehen aber deutlich über die im Rahmen des hier besprochenen Prototyps diskutierten Anforderungen hinaus.

Für die asynchrone Kommunikation zwischen den Modulen wurde im Rahmen des InVorMa-Prototyps dagegen ein vergleichsweise einfaches System auf Basis der ohnehin benötigten Datenbanken gewählt. Zusätzlich zu den Kunden-Datenbanken und der Zugriffsverwaltungs-Datenbank existiert (mindestens) eine weitere Datenbank, die für die internen Abläufe der einzelnen Module zuständig ist. In dieser wurde eine vergleichsweise rudimentär strukturierte Nachrichten-Tabelle spezifiziert, über die sämtliche einzelnen Module über zentral zu definierende Nachrichten miteinander kommunizieren. Durch die global konsistente Datenbank-Architektur und automatisch beim Anlegen neuer Nach-richten erzeugte Zeitstempel kann so eine zentrale Synchronisation stattfinden. Zu diesem Ansatz existieren zahlreiche Alternativen und für hochfrequente Kommunikationskanäle mit geringen Latenzanforderungen ist er auch gänzlich ungeeignet. Da allerdings sämtli-che Services im Projekt vergleichsweise umfangreiche Aufgaben übernehmen und ent-sprechend vergleichsweise selten Nachrichten ausgetauscht werden müssen, genügt er zur Umsetzung des Demonstrators in Gänze.

Um umgekehrt nun Nachrichten zu empfangen muss nach dem Hinzufügen einer Nachricht auch zumindest das zuständige Modul über deren Eintreffen benachrichtigt werden. Manche Datenbanken erlauben die Einrichtung externer Trigger, über die dann eine sogenannte Callback-Funktion aufgerufen werden kann. Im Projekt wurde der über-aus simple Ansatz des sogenannten Long Pollings gewählt. Die laufenden, Daten-manipulierenden Services stellen also in zyklischer Taktung (etwa einmal pro Sekunde) eine Anfrage an die Nachrichten-Tabelle der Datenbank, ob eine neue Nachricht für sie eingetroffen ist. Ist dies der Fall, so wird die Nachricht als bearbeitet markiert. Durch Verwendung von Datenbank-Indizes bleibt dieser Ansatz vergleichsweise lange performant und kann daher sehr gut für die Entwicklung von einem Prototyp wie im InVorMa-Projekt verwendet werden. Da allerdings mit jedem gestarteten Service die Last auf die Datenbank zunimmt, ist dieses Vorgehen nicht wirklich skalierbar. Auch hier ist der Einsatz einer Middleware-Schicht anzuraten, die ohne den Umweg von Datenbanken eine direkte Registratur von Triggern erlauben würde.

Zusammenfassend wurde im Projekt für die asynchrone Kommunikation der einzelnen Services untereinander und mit dem Gesamtsystem aufgrund der sehr geringen Latenz-Anforderungen somit ein naiver Messaging/Long Polling-Ansatz gewählt. Entsprechend gering fallen somit die Anforderungen an die Datenbank aus, sodass im Projekt letztlich eine klassische MySQL-Datenbank verwendet werden konnte. Der offen verfügbare MariaSQL-Entwicklungszweig dieser Datenbank trägt darüber hinaus keine Lizenzkosten und wird für alle gängigen Plattformen zum unkomplizierten Einsatz angeboten. Durch den alternativen Einsatz der Microsoft SQL-Datenbank, welche verbesserte Trigger-Funktionalitäten unterstützt, ließen sich die erwähnten Performance- und Skalierungs-Einschränkungen, die sich durch den Long Polling-Ansatz ergeben bereits deutlich reduzieren. Diese Lösung ist allerdings mit nicht unerheblichen Lizenzkosten für die Software verbunden, die im Rahmen des Projekts vermieden werden sollten.

2.2.2.3 Grafische Benutzeroberfläche

Der Einsatz einer bekannten und offen verfügbaren SQL-Datenbank wie der im Projekt verwendeten MySQL-Datenbank hat darüber hinaus den Vorteil, dass diverse Server-seitig verwendete Programmiersprachen bereits über die notwendigen Treiber und Module für den Zugriff auf die Datenbank verfügen.

Wie eingangs schon aufgeführt findet die Bedienung des Gesamtsystems über einen Webbrowser statt. Auf Seite des Servers kommt hier der weit verbreitete und ebenfalls offene Apache-Webserver zum Einsatz, der wiederum Server-seitige Programmiersprachen wie etwa PHP zur Erzeugung dynamischer Webseiten zur Verfügung stellt. Mittels PHP kann dann sehr leicht ein Zugriff auf die MySQL-Datenbank erfolgen, worüber einerseits die Daten der Kunden-Datenbanken editiert werden können oder neue Nachrichten in das Messaging-System eingebracht werden. Um eine modern zu bedienende Oberfläche auf Kundenseite zu präsentieren kommen darüber hinaus gängige Web-Entwicklungstechniken auf Basis von JavaScript zum Einsatz, einer Programmiersprache die im Browser des Kunden ausgeführt wird. Über das Zusammenspiel zwischen Client-seitiger Programmierung über JavaScript/jQuery mit Server-seitiger PHP-Programmierung mit Zugriff auf die Datenbanken und das Messaging-System entsteht somit eine moderne Browser-Applikation, die sich in der Benutzbarkeit nicht weit von klassischen Desktop-Anwendungen unterscheidet. Allgemein ist dieser Trend zur Verschiebung von ehemals klassisch in Form von eigenständigen Anwendungen gelösten Aufgaben hin zum Webbrowser zu beobachten.

Nach der Log-in-Maske der Multi-User-Dienstleistungsplattform landet der Anwender im Hauptmenü der Webanwendung. Hier präsentiert ein sogenannter Gantt-Chart wahlweise die aktuelle Feinplanung der anstehenden Aufträge mit Nebenzeiten-optimierter Reihenfolge oder die Grobplanung mit längerfristigem Zeithorizont. Außerdem sieht der Anwender in einem Nachrichtenfenster die seitens der Daten-bearbeitenden Services erstellten Nachrichten, beispielsweise die Rückmeldung über die Fertigstellung einer neuen Auftragsplanung. Über ein Hauptmenü hat der Anwender die Möglichkeit den zur Verfügung stehenden Maschinenpark bzw. die Arbeitsplätze anzupassen, neue Simulationsfähige Betriebsmittel einzupflegen oder den Schichtplan für die Kapazitätsplanung an den Arbeitsplätzen zu editieren. Ebenso besteht jederzeit die Möglichkeit eine manuelle Neuberechnung der Auftragsplanung anzustoßen, bei der das System effektiv eine entsprechende Nachricht an den zugehörigen Service zur Optimierung der Fertigungsplanung versendet, oder aber eine Nachpflege des aktuellen Ist-Stands der Fertigung vorzunehmen, um so mögliche Ausfälle oder erheblichen Verzug in der Abarbeitung der Planung einzutragen.

Über eine weitere Schaltfläche gelangt der Benutzer in eine Eingabemaske zum Hinzufügen eines neuen Auftrags, welches in mehreren Schritten die Eingabe der notwendigen Daten für die Fertigungsplanung und ggf. die 1:1-Simulation des Auftrags unterstützt. Im letzten Schritt wird dann nach Hinzufügen des neuen Auftrags in der entsprechenden Kunden-Datenbank über das Nachrichtensystem der Service zur Fertigungsplanungs-Optimierung sowie zur Simulations-basierten Bearbeitungsverifikation und Optimierung angestoßen.

2.2.2.4 Preprocessing und Ontologie-basiertes Entscheidungssystem

Zur Dienstleistungsplattform gehört insbesondere im Kontext der Fertigungsplanungs-Optimierung die automatische Identifikation alternativer Werkzeugmaschinen, auf denen das gewünschte Werkstück ebenfalls gefertigt werden kann. Hierbei sind natürlich durch die gegebenen Umstände enge Grenzen gesetzt. Typischerweise entscheidet sich bereits im Vorfeld der NC-Programmerstellung der CAD/CAM-Programmierer für eine entsprechende Maschine, definiert bzw. selektiert ein zum Werkstück und Rohteil passendes Spannmittel (so dieses keine Individualanfertigung darstellt), wählt die zugehörigen Werkzeuge aus und programmiert dann die Bahn, mit denen die Maschine den notwendigen Materialabtrag am Rohteil vornimmt. Wenn an dieser Stelle davon ausgegangen wird, dass beim Ausfall einer Maschine möglichst schnell reagiert werden soll, also keine zeitaufwändige Neuprogrammierung des Werkstücks für eine komplett andere Maschine vorgenommen werden soll, dann sind somit Rohteil, Spannmittel, Werkzeugauswahl und NC-Programm bereits vorgegeben. Entsprechend reduziert sich die Fragestellung zur Auswahl einer alternativen Werkzeugmaschine bei naiver Betrachtung im Grunde auf einen entsprechenden Fähigkeitsvergleich zwischen der ursprünglich vorgesehenen Maschine und den übrigen Maschinen des Maschinenparks. Durch die hohe Vielfalt an Varianten und technischen Details, die eine Werkzeugmaschine beschreiben – wobei insbesondere auf den hohen Grad der Individualisierung für den Kunden hingewiesen sei – ist eine Umsetzung in der Praxis trotzdem vergleichsweise komplex.

Während die für eine derartige Auswahl notwendigen Meta-Informationen sich innerhalb eines professionellen CAD/CAM-Programmes durch entsprechende Export-Funktionalitäten relativ leicht beschaffen oder ausmessen lassen, ist dies im Allgemeinen bzw. in der ShopFloor-Programmierung von Kleinstserien nicht immer der Fall. Oftmals werden bei Firmen auch NC-Programme aus einem Altbestand herangezogen, die seit Jahren oder Jahrzehnten mit den immer gleichen Abläufen produziert werden. Für einen möglichst breitflächigen Einsatz der Alternativ-Werkzeugmaschinen-Suche innerhalb der InVorMa-Dienstleistungsplattform sollte daher die zusätzliche manuelle Hinterlegung von Meta-Informationen zur Beschreibung der vorgesehenen Maschine möglichst zu vermieden bzw. automatisiert werden. Aus diesem Grund wurde der technisch anspruchsvollere Weg gewählt, die notwendigen Informationen aus den ohnehin für eine 1:1-Simulation erforderlichen Daten wieder zu extrahieren.

Da eine 1:1-Simulation allerdings, wie mehrfach erwähnt, einen durchaus recht zeitaufwändigen und in diesem Kontext unnötig detaillierten Vorgang darstellt, wurde im Rahmen des Projekts ein hoch performanter NC-Interpreter entwickelt. Durch einmalige Hinterlegung der Maschinen-Kinematik, die sich wiederum aus der Steuerung der virtuellen Maschine abfragen lässt, werden die im Maschinenachsen-Koordinatensystem in der G-Code-Programmiersprache definierten Werkzeugbewegungen durch die Software berechnet und somit die Bewegung des Werkzeugs gemäß Programm nachvollzogen. Somit lassen sich automatisiert aus dem NC-Programm eine ganze Reihe an Informationen zurückgewinnen: die einzelnen Werkzeugnummern, die Schnittzeiten die ein Werkzeug vollführt sowie die Werkzeugwechsel im Programmablauf. Im Wesentlichen stellt der NC-Interpreter somit eine Ultra-Light-Version der eigentlichen NC-Steuerung der Werkzeugmaschine dar, die durch diverse software-seitige Vereinfachungen aber innerhalb von Sekundenbruchteilen die erwähnten Informationen extrahieren kann. Detaillierte Fragestellungen wie die insbesondere wichtige Kollisionsfreiheit bleiben aber mangels einer Materialabtragssimulation vom NC-Interpreter unbeantwortet und bedürfen weiterhin der 1:1-Simulation durch die DMG MORI Virtual Machine.

Durch den Einsatz des NC-Interpreters können somit noch während des Einpflegens eines neuen Auftrags innerhalb von Sekundenbruchteilen die kritischen Informationen aus dem zum Auftrag bzw. Bearbeitungsschritt selektierten NC-Programm völlig automatisch extrahiert werden. Mit diesen Informationen kann eine Anfrage an die Ontologie-basierte Fähigkeitsbeschreibung der Werkzeugmaschinen formuliert werden. Diese SPARQL-Datenbank zur Beschreibung der Maschinen-Fähigkeiten wird beim ersten Einsatz der Dienstleistungsplattform aus diversen XML-Fragmenten, die zu den einzelnen Maschinen in der regulären Kundendatenbank hinterlegt sind, zusammengesetzt.

Unter anderem werden mittels des NC-Interpreters die benötigten Verfahrwege der einzelnen Achsen abgefragt, womit sich einerseits die tatsächlich benötigte Anzahl an Achsen für das Programm ergibt, sowie Einschränkungen für die Arbeitsraumgröße möglicher alternativer Maschinen. Da sich gerade in Fünf-Achs-Maschinen durch den Einsatz vergleichsweise standardisierter Winkel die Einspannung des Rohteils um 90° drehen lässt, werden darüber hinaus von dem Ontologie-basiertes Entscheidungssystem auch mögliche Alternativ-Ausrichtungen der Bearbeitungsspannung ermittelt. Die genauen Details zu diesem Auswahlsystem für mögliche alternative Werkzeugmaschinen für die Bearbeitung bzw. Alternativen für die Spannungsausrichtung des Werkstücks werden in den folgenden Kapiteln detaillierter beschrieben.

Die möglichen alternativen Maschinen werden dabei seitens des Ontologie-basiertes Entscheidungssystem nicht anders behandelt, als dies bei der eigentlich vorgesehenen Maschine der Fall ist. Somit dient diese Suche nach möglichen Alternativen gleichzeitig auch als eine erste, schnelle Vorabprüfung, ob die ursprünglich vorgesehen Maschine überhaupt den Anforderungen des Programms genügt.

Darüber hinaus extrahiert der NC-Interpreter neben den kinematischen bzw. geometrischen Anforderungen des Bauteils auch Informationen zu den referenzierten Werkzeugnummern. Da in den meisten Betrieben – entweder durch Einsatz professioneller Werkzeugverwaltungs-Lösungen oder durch einfache Verwendung von Aufklebern auf den Werkzeugen – die Zuordnung zwischen Werkzeug-IDs innerhalb des Programms und den tatsächlichen Werkzeugen feststehend bleibt, entspricht diese Information somit den benötigten Werkzeugen. Durch die intern durchgeführte Bahninterpolation der einzelnen Werkzeuge erhält man somit für jedes Werkzeug die programmierte Schnittzeit sowie die Anzahl bzw. Abfolge der Werkzeugwechsel.

Alle diese extrahierten Meta-Informationen und mögliche Alternativ-Konfigurationen werden zusammen mit dem Auftrag in der Kundendatenbank abgelegt und den nachfolgenden Services zur Verfügung zu stehen. Das Ontologie-basiertes Entscheidungssystem dient also als operativer Wegbereiter und schränkt den notwendigen Aufwand an Optimierungsmöglichkeiten auf ein vertretbares Maß ein.

Die Abb. 2.1 zeigt die Systemarchitektur mit allen Modulen auf vereinfachte Weise dar. Die Darstellung zeigt alle entwickelten Module und deren Zusammenwirken sowie die Weboberfläche als Benutzerschnittstelle und die zentralen Datenhaltung zur Realisierung der asynchronen Kommunikation. In diesem Abschnitt wurde nur das erste Modul für das Pre-Processing erläutert, die weiteren Module werden in den Beiträgen der weiteren Autoren noch ausführlich beschrieben.

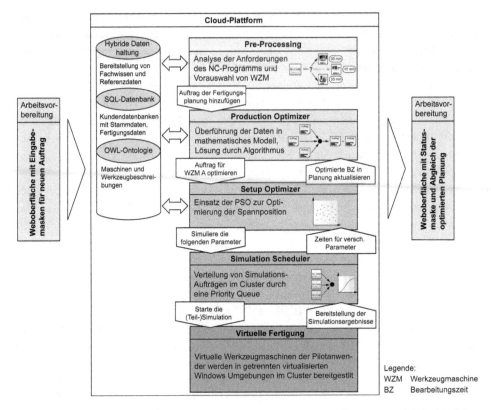

Abb. 2.1 Vereinfachte Darstellung der Softwarearchitektur und dem Zusammenspiel der Module

Ontologie-basiertes WBS für die Arbeitsplanung

Intelligente Wissensverwaltung und Maschinenauswahl

Gerald Rehage

Zusammenfassung

In diesem Beitrag wird eine Ontologie-basiertes Entscheidungssystem vorgestellt, welches die Auswahl von geeigneten Werkzeugmaschinen durch die Dienstleistungsplattform unterstützt. Die Wissensverwaltung nutzt das Semantic Web zur dynamischen Bereitstellung einer stets aktuellen lokalen Wissensbasis. Die Wissensbasis enthält die Beschreibung aller verfügbaren Maschinen und deren Eigenschaften. Die Informationen über neue verfügbare Ressourcen wie Werkzeugmaschinen und deren Werkzeuge werden bei Bedarf von der Wissensverwaltung aus verfügbaren Linked Data Quellen abgerufen und in der Wissensbasis ergänzt – oder entfernt, wenn Ressourcen nicht verfügbar sind. Die Auswahl der geeigneten Maschinen für ein zu fertigendes Werkstück ist die Aufgabe der Problemlösungskomponente des WBS. Diese nutzt die Informationen der Wissensbasis um aus den Maschinenbeschreibungen die jeweiligen Bearbeitungsfähigkeiten abzuleiten. Die Bearbeitungsfähigkeiten werden anschließend mit den Fertigungsanforderungen des Werkstücks abgeglichen die zuvor vom NC-Interpreter (siehe Abschn. 2.2.2.4) ermittelt wurden. Vor der Freigabe einer alternativen Maschine wird die Bearbeitung zunächst mit einer Software simuliert (Die Simulation erfolgt auf einem Cluster mit virtuellen Werkzeugmaschinen der ebenfalls ein Bestandteil der Dienstleistungsplattform ist, siehe Kap. 6.).

G. Rehage (✉)
Heinz Nixdorf Institut Paderborn, Paderborn, Deutschland
E-Mail: publications@geraldrehage.de

© Springer-Verlag GmbH Deutschland, ein Teil von Springer Nature 2019
W. Dangelmaier, J. Gausemeier (Hrsg.), *Intelligente Arbeitsvorbereitung auf Basis virtueller Werkzeugmaschinen*, Intelligente Technische Systeme – Lösungen aus dem Spitzencluster it's OWL, https://doi.org/10.1007/978-3-662-58020-2_3

3.1   Einleitung

Der interne und externe Austausch von Informationen ist für Unternehmen ein erfolgsent-
scheidender Faktor geworden. Dies umfasst die Bereitstellung sowie die Nutzung von Informationen. Die Art der Informationen reichen von Produktbeschreibungen in unterschiedlichen Detaillierungsgraden bis hin zur Beschreibung von Fertigungskapazitäten
und vorhandener Betriebsmittel (Lin und Harding 2007, S. 429). Der Austausch von Informationen und Wissen wird in Zukunft für viele Geschäftsprozesse noch wichtiger. Dies
betrifft alle Aktivitäten und Funktionen im Unternehmen die durch eine Form von Informationsverarbeitung geprägt sind und damit die meisten Geschäftsprozesse. Dabei spielt
es keine Rolle ob diese Aktivitäten und Funktionen automatisiert von einer Software oder
softwareunterstützt von Mitarbeitern ausgeführt werden. Immer mehr Unternehmen gehen
kurzfristige Entwicklungs-, Produktions- oder Projektkooperationen mit anderen Unternehmen ein; Auch hierdurch steigt der Bedarf von einem Informationsaustausch zwischen
mehreren Unternehmen (Lin und Harding 2007, S. 429)

Die klassische softwarebasierte Informationsverarbeitung unter unmittelbarer Kontrolle des Anwenders erlaubt eine einfache, schnelle und fehlerfreie Verarbeitung großer
Datenmengen. Diese bleibt jedoch beschränkt darauf was der Anwender noch überblicken
kann und auf seine Fähigkeiten im Umgang mit der Software. Heutzutage wird Software
zur Informationsverarbeitung zunehmend intelligenter; Der Begriff intelligente Software
wird für viele unterschiedliche Ausprägungen von Software mit neuartigen Funktionen
verwendet. Das Ziel intelligenter Software ist eine bestmögliche Unterstützung des Menschen mit seinen Fähigkeiten bis hin zu einem kooperativen Verhältnis zwischen Menschen und Software, das auf den jeweiligen Stärken aufbaut.

Eine dieser Funktionen ist die (semantische) Modellierung und die Nutzung von Wissen zur Problemlösung. Die Software übernimmt damit Aufgaben die lange Zeit dem
Menschen vorbehalten waren, wie den gezielten Einsatz von einzelnen Softwarefunktio-
nen zur Problemlösung. Als Beispiel genannt sei eine einfache Datenbankanwendung mit
einer Verarbeitungslogik zur Reorganisation der Daten. Die Anwendung selbst kennt weder die eigenen Fähigkeiten noch „versteht" sie die Daten welche verarbeitet werden.
Dies ändert sich jetzt. Intelligente Software kann Inhalte verstehen, mittels Schlussfolgerung implizites Wissen herleiten oder Entscheidungen treffen. Die Anwendungsmöglich-
keiten sind nicht auf Geschäftsprozesse in Unternehmen beschränkt, sondern finden auch
im Alltag Anwendung. Assistent-Funktionen die das gesprochene Wort „verstehen" und
konkrete Antworten geben gibt es mittlerweile auf verschiedenen Enduser-Plattformen.
Dies wird durch den Einsatz verschiedener Technologien realisiert. Eine exemplarische
Frage an einen Assistenten lautet „Welche Filme laufen im Kino in Paderborn?". Dieses
Beispiel erfordert mindestens das Zusammenspiel von semantischer Spracherkennung
(Übersetzen von Sprache in eine textuelle semantische Anfrage), die Schlussfolgerung
mit prozeduralem Wissen („Der Nutzer ist i. d. R. auch an Kinos im Umkreis von 15km
interessiert"), sowie die Nutzung von Linked Data aus dem Semantic Web (Geodaten,
Kinos, Kinoprogramm). Weitere eingesetzte Technologien von Assistent-Funktionen

sind Mustererkennung, Lernfähigkeit und Auswertung großer Datenmengen (Baier). Für den normalen Anwender unbemerkt haben auch die führenden Suchmaschinenbetreiber damit begonnen Informationen aus dem Semantic Web in die Ergebnisse zu integrieren (Heath und Bizer 2011, S. 90) Mit den Informationen aus öffentlichen und kommerziellen Quellen können zusätzliche „Treffer" generiert werden: Beispielsweise direkte Antworten auf einfache Fragestellungen oder verwandte Inhalte die Synonyme als Schlagworte enthalten. Die Suchmaschine wirkt intelligenter, weil nicht nur Schlagworte und Seitenrankings berücksichtigt werden sondern auch die Bedeutung von Suchbegriffen und den tatsächlich auf Webseiten enthaltenen Informationen.

Ungeachtet des Trends zu intelligenter Software wird der Mensch mit seinen Fähigkeiten trotz allen Fortschritten nicht ersetzt werden können (Heimler 2014). Für den Menschen wird es jedoch leichter seine eigenen Fähigkeiten und die Fähigkeiten von intelligenter Software zu kombinieren. Dies bedeutet: Der Mensch muss sich zur Nutzung einer Software nicht mehr auf deren Ablauf- und Funktionslogik einstellen. Das Konzept der Mensch-Computer-Kooperation greift diese Entwicklung auf und postuliert folgende Sichtweise: Menschen und Software haben unterschiedliche Stärken und Schwächen. Die Kombination der jeweiligen Stärken bietet die beste Möglichkeit zur kooperativen Lösung von Aufgaben (Heimler 2014). Beispielsweise sind Menschen bei der Auswertung großer Datenmengen und Informationen schnell überfordert; Sie müssen durch Software unterstützt werden (Schnurr 2006). Dafür verfügt der Anwender über die besser entwickelte Problemlösungskompetenz, insbesondere bei neuen oder stark variierenden Aufgabenstellungen.

Eine effiziente Kooperation zwischen intelligenter Software und Menschen erfordert ein gemeinsames Verständnis über die semantische Kommunikationsebene. Hierfür wird eine semantische Wissensrepräsentation verwendet. Eine Wissensrepräsentation dient der formalen Beschreibung von Wissen und Daten sowie den zulässigen Kalkülen zur Ableitung von Schlussfolgerungen (John und Drescher 2006, S. 246). Die wichtigsten Inhalte einer Wissensrepräsentation sind die von allen Kommunikationspartnern verwendeten Begriffe und deren Bedeutung. Das Wissen des Menschen und der Software muss in diese gemeinsame Wissensrepräsentation übersetzt werden können, damit ein Wissensaustausch möglich ist und die Kooperation gelingt. Ein wichtiger Teil dieser Kooperation ist die Bereitstellung von Wissen von einem Experten für die Software; Denn der Einsatz selbstlernender Software ist i. d. R. sehr aufwendig und auf enge Wissensgebiete begrenzt. Die Externalisierung von Expertenwissen bleibt eine wichtige Wissensquelle für intelligente Software die ein breites Wissensspektrum erfordert. Die Erfahrung mit Expertensystemen hat jedoch gezeigt, dass der Modellierungsaufwand von Expertenwissen für eine einzige Anwendung gewaltig ist. Dieser große Kostentreiber hat die Verbreitung von Expertensystemen bis heute stark gebremst (Chan 2004, S. 603). Gleichzeitig hat die heutige Web-Technologie unabhängige Plattformen geschaffen mit denen die Nutzer die unterschiedlichsten Daten, Informationen und Wissen veröffentlichen und weltweit darauf zugreifen können. Diese Plattformen bieten vermutlich die bisher größte zugängliche Sammlung von Informationen in der Menschheitsgeschichte. Eine automatisierte Nutzung dieser Informationen erfordert mehr als die Zugänglichkeit und Verfügbarkeit; die Informationen müssen zusätzlich von einer Software auch „verstanden" werden; im Sinne einer eigenständigen Nutzung der Inhalte zur Generierung von handlungsbezogenem Wissen (Wache et al. 2001, S. 108). Der größte Teil der verfügbaren Informationen ist jedoch unstrukturiert und kann von einer Software nicht maschinell verarbeitet und interpretiert werden; Der Anwender muss die Inhalte zunächst in ein für die Software verständliches Format transformieren. Außerdem stellt ein überwiegender Teil der Plattformen die Informationen nur in einer Sprache bereit wodurch die Verbreitung und Wiederverwendung der Informationen stark eingeschränkt wird.

Mithilfe der Ansätze des Semantic Web sollen diese Barrieren überwunden werden. (Lin und Harding 2007, S. 429). Seit einigen Jahren unterliegt das World Wide Web einer Veränderung die von vielen nicht wahrgenommen wird: Das ausschließlich auf Menschen ausgerichtete „Web of Documents" wird transformiert bzw. erweitert zu einem „Web of Data" auch bekannt als Web 3.0. Dieses erweitert das bestehende Word Wide Web und ermöglicht den Informations- und Wissensaustausch auf Basis einer semantischen Kommunikationsebene. Die stetig steigenden Informationen im Web 3.0 wird damit für Software und jedermann einfach und direkt nutzbar (Schnurr 2006; Bizer et al. 2009a). Ein Beispiel hierfür sind die unter dem Begriff Corporate Semantic Web entwickelten Ansätze für das Wissensmanagement in Unternehmen. Die entsprechenden Softwaresysteme ersetzten die bisherigen statischen Informationssysteme, die auf zuvor definierte Informationen und externalisiertes Wissen in zuvor definierter Form beschränkt sind. Das Corporate Semantic Web nutzt semantischen Technologien, beispielweise Ontologien zur Repräsentation von Wissen und trägt gleichzeitig den besonderen Anforderungen an Sicherheit, Langlebigkeit und etablierter Softwareschnittstellen Rechnung. (Heese et al. 2010, S. 74)

3.1.1 Web of Data

Das traditionelle Word Wide Web besteht aus Millionen von verlinkten Hypertext-Dokumenten, daher wird es heute auch als „Web of Documents" bezeichnet. Das „Web of Data" ist ein relativ neuer Teil des World Wide Web. Dieses besteht ebenfalls aus Dokumenten; Von Bedeutung ist jedoch mehr deren Inhalt: Einzelne Aussagen über Dinge oder abstrakte Konzepte die mittels URIs einzeln adressiert und verlinkt sind. Diese Links können beliebige Arten von Beziehungen zwischen den einzelnen Elementen der Aussagen beschreiben. Beispielsweise kann die Einheit „Grad Celsius" auf einer Wetter-Webseite zur Definition dieser physikalischen Maßeinheit auf eine andere Aussage verweisen. Dieser Verweis ist nicht nur für den Anwender, sondern auch für Software verständlich. Diese kann die Temperatur bei Bedarf automatisch in „Grad Fahrenheit" umrechnen. Zusätzlich kann die Temperaturangabe einen Verweis auf eine Zeitangabe enthalten, eine Software kann somit schlussfolgern ob es sich um einen Messwert oder eine Prognose handelt. Im „Web of Documents" gibt es hingegen nur den allgemeinen Verweis „Hyperlink" als Beziehung zwischen Dokumente und keine Beziehungen zwischen einzelnen Elementen.

(Pellegrini et al. 2014, S. 38). In welcher Beziehung diese beiden Dokumente stehen er-schließt sich hier nur dem Anwender aus dem jeweiligen Kontext.

Ursprung des „Web of Data" ist die Forschung um das Semantic Web. In diesem Rahmen wurde vom W3C das „Linking Open Data" (LOD) Projekt gestartet, dass als Anstoß für die Entwicklung und Verbreitung des „Web of Data" durch verschiedenste Initiativen angesehen wird. Ziel des Projektes war die Identifikation frei verfügbarer Datensätze und deren Transformation in Semantic Web Standards sowie die Publikation im World Wide Web (Pellegrini et al. 2014, S. 51). Entsprechend bilden verschiedene Ansätze die unter dem Label „semantische Technologien" subsummiert werden die Grundlage des „Web of Data". Softwaresysteme und Anwendungen basierend auf dem Semantic Web nutzen die strukturierten Informationen im „Web of Data"; ausschließ-lich oder in Kombination mit lokalen Informationsspeichern. Das potenziell verfügbare Wissen steigt demnach mit jedem neu veröffentlichten Dokument im „Web of Data". Die Einschränkung „potenziell" ist dem Umstand geschuldet, dass neu verfügbare In-formationen für eine Anwendung bzw. Problemstellung nicht zwingend auch relevant ist (Bizer et al. 2009a).

Eine wesentliche Voraussetzung für die Nutzung von Informationen und Wissen aus dem „Web of Data" ist ein einfacherer Daten-Integrationsprozess als bei den derzeit weit verbreiteten Informationsspeichern wie beispielsweise relationalen Datenbanken. Denn in aller Regel verwenden zwei unabhängige Datenbanken jeweils individuelle Datenmo-delle, auch wenn sich deren Inhalte stark ähneln. Bei einem klassischen Szenario zur Datenintegration wird für jede benötigte Informationsquelle ein spezifischer Integrati-onsprozess definiert und in Form einer Schnittstelle implementiert. Diesen Aufwand muss jeder Softwareentwickler eines Softwaresystems leisten, wenn er auf eine Informa-tionsquelle zugreifen muss. Sobald ein Teil des Datenmodels verändert wird, müssen alle bereits Implementierten Schnittstellen in allen Softwaresystemen für die Datenintegra-tion angepasst werden (Heath und Bizer 2011, S. 106). Die Informationsanbieter (Insti-tutionen die Informationen bereitstellen) im „Web of Data" haben die Möglichkeit die Integration ihrer Wissensquellen für die Nutzer zu vereinfachen: Hierfür muss einmalig mehr Aufwand in die semantische Aufbereitung und Beschreibung der Informationen in-vestiert werden; Dafür profitieren alle Nutzer resp. Informationsnachfrager (bspw. Soft-wareentwickler) von einer einfacheren Integration in das jeweilige Softwaresystem. Nach (Heath und Bizer 2011) gibt es einen klaren Zusammenhang zwischen dem Integrations-aufwand für Informationsanbieter und -nachfrager: Je besser die Informationen von An-bieter beschrieben sind, desto einfacher wird die Integration für alle Nutzer (Heath und Bizer 2011, S. 106). Die Fragen nach wirtschaftlichen Gesichtspunkten für den Anbieter wie den Nutzer bleiben hierbei zunächst unberücksichtigt. Als wichtiger Unterschied zwischen dem „Web of Data" und anderen Formen der Datenhaltung und Integration kann Folgendes festgehalten werden: Das „Web of Data" stellt nicht nur die Informatio-nen bzw. Wissen bereit, sondern auch eine semantische Beschreibung. Es wird zusam-mengehalten durch die Verknüpfung mit gemeinsamen Terminologien, Vokabulare und Ontologien (Heath und Bizer 2011, S. 106).

Die semantische Beschreibung muss nicht vom Informationsanbieter stammen und im gleichen Dokument enthalten sein. Mittels semantischer Beziehungen kann für die Beschreibung auch auf eine andere Informationsquelle wie eine Ontologie verwiesen werden. Liefert der Informationsanbieter keine ausreichende Beschreibung können auch Dritte eine bessere Beschreibung und Verknüpfung mit dem „Web of Data" ergänzen, sofern die Quelle eine semantische Grundstruktur besitzt. Die ergänzende Beschreibung umfasst Zuordnungen zu weit verbreiteten Vokabularen sowie Links auf ähnliche oder verwandte Informationen. Die Funktion Wissen und Informationen in anderen Quellen miteinander zu verknüpfen wird als Mediator bezeichnet. Von diesem Mediator profitieren ebenfalls alle potenziellen Nutzer resp. Informationsnachfrager der jeweiligen Informationsquelle.

Heute umfasst das „Web of Data" über 149 Milliarden RDF Triple und 2900 Datenquellen die allein in der Statistik des LOD2 Projektes erfasst sind.[1] Das „Web of Data" umfasst damit bereits eine sehr umfangreiche Sammlung maschinenlesbaren Wissens. Diese ist im Vergleich zum menschenlesbaren Wissen im World Wide Web jedoch vergleichsweise gering. Die Verfügbarkeit einer frei zugänglichen und breiten Wissensbasis machen das „Web of Data" besonders für wissensbasierte Systeme interessant; Deren Schwäche war über Jahrzehnte der hohe Aufwand für die Externalisierung und Modellierung des benötigten Wissens sowie die kontinuierliche Pflege der Wissensbasis (Corsar und Sleeman 2008).

Wissensbasierte Systeme (WBS) sind eine besondere Art von Software; Diese zeichnen sich durch die Trennung von anwendungs- bzw. problemspezifischem Wissen und davon unabhängigen Lösungsmethoden wie dem logischen Schließen aus. Hierfür wird das Verfügungswissen des Experten rechnerverständlich in einer Wissensbasis modelliert; Mittels der Deduktion von Schlussfolgerungen aus den Lösungsmethoden und der Wissensbasis kann ein WBS fallabhängig Entscheidungen treffen oder Empfehlungen geben (Blumberg 1991). Die Möglichkeit mithilfe des „Web of Data" externe und verteilte Informations- und Wissensquellen zu nutzen befähigt ein WBS dazu benötigte Informationen dynamisch einzubinden. Es müssen damit nicht mehr alle benötigten Informationen in der Wissensbasis modelliert, permanent bereitgestellt und aktuell gehalten werden (Lastra und Delamer 2006, S. 5). Auch Wissen aus anderen Bereichen, dass bei der Entwicklung des WBS noch nicht berücksichtigt wurde, kann auf eine Weise später einfach integriert werden. Der offenkundige Nachteil bei der Nutzung des „Web of Data" ist, dass jeder Informationen publizieren kann. Wie im „Web of Documents" ist die Qualität von unbekannten Informationsanbieter nicht einfach zu überprüfen. Bei einem automatisierten Import in ein WBS fehlt außerdem eine Plausibilitätskontrolle wie sie der Mensch unterbewusst i. d. R. durchführt bevor er Informationen weiterverwendet. Es bleibt zunächst die Aufgabe des Anwenders zu entscheiden ob und wie weit er den verfügbaren Informationsanbietern und darauf basierenden Ergebnissen oder Entscheidungen vertraut (Heath und Bizer 2011, S. 106). Hierbei helfen verschiedene Ansätze die unter dem Schlagwort Data-Provenance

---

[1] http://stats.lod2.eu.

eingeordnet werden können. Diese nutzen die semantischen Technologien zur Beschreibung von ergänzenden Meta-Informationen über die Herkunft und die Verarbeitung von Informationen im „Web of Data".

3.1.2 Erfolgsfaktoren und Potenziale für die zukünftige Arbeitsvorbereitung

Wie kann das Web of Data gewinnbringend in der Arbeitsvorbereitung einer werkstatt-orientierten Fertigung eingesetzt werden? Hierfür gilt es die Erfolgsfaktoren für die Arbeitsvorbereitung zu analysieren. Dieser werden aus den Einflussfaktoren des Umfeldes sowie dem Potenzial wissensbasierter Planungswerkzeuge abgeleitet.

3.1.2.1 Einflussfaktoren des Umfeldes der Arbeitsvorbereitung

Die zunehmende Nachfrage nach dynamischen Produkt- und Dienstleistungskonfigurationen erfordert ein hohes Maß an Agilität innerhalb eines Unternehmens und den unternehmensübergreifenden Wertschöpfungsnetzwerken (Pellegrini und Blumauer 2006, S. 5). Dieser Einfluss erreicht alle Unternehmensbereiche – insbesondere auch die Fertigung. Agilität bedeutet hier: Hohe Flexibilität und Dynamik bei allen Fertigungsprozessen zur Herstellung individualisierter Produkte resp. Werkstücke zu geringen Kosten. (Brecher et al. 2011) Verantwortlich für Erfüllung dieser Anforderungen ist die Arbeitsvorbereitung mit den Teilaufgaben Arbeitsplanung und -steuerung (Beach et al. 2000).

Die spanende Bearbeitung auf CNC-gesteuerten Werkzeugmaschinen gilt als eine der Schlüsseltechnologien um eine Vielzahl unterschiedlicher Werkstücke mit nur einem Betriebsmittel herzustellen (Tanaka et al. 2008). CNC-Werkzeugmaschinen verfügen über unterschiedliche Ausprägungen je nach typischem Werkstücksspektrum. Bei den Grundfunktionen überdecken sich jedoch die Parameter in weiten Teilen; Werkstücke können dadurch bei einem Maschinenausfall auf einer anderen Werkzeugmaschine gefertigt werden. Die Flexibilität durch den Einsatz alternativer Betriebsmittel kann auch eine gleichmäßige Auslastung fördern. In der Praxis ist ein Wechsel zwischen Werkzeugmaschinen jedoch nicht ganz einfach: Hierfür müssen die Fähigkeiten einer Maschine und die erforderliche Werkstückbearbeitung in einem einheitlichen Format und maschinenunabhängig beschrieben werden. Basierend auf dem STEP Datenmodell, versucht STEP-NC diese Anforderungen zu erfüllen und als zeitgemäße Alternative den „G-Code" abzulösen (Um et al. 2016).

Die Planung mit alternativen Betriebsmittel ist ein Erfolgsfaktor für die Arbeitsvorbereitung. Neben der Prozessfähigkeit ein Werkstück herzustellen, ist auch eine schnelle und einfache Maschineneinrichtung entscheidend für die wirtschaftliche Herstellung individualisierte Produkte (Abele und Reinhart 2011). Für Werkstücke aus Kunststoff und in zunehmendem Maße auch für metallische Werkstücke gewinnt der „3D-Druck" mit additiven Fertigungstechnologien an Bedeutung. Die additiven Fertigungstechnologien benötigen kein Magazin mit unterschiedlichen Werkzeugen. Daher beschränkt sich die physikalische Einrichtung der „3D-Drucker" auf die Bereitstellung des passenden Materials als Granulat, alle weiteren Schritte zur Einrichtung des Betriebsmittels wie die Programmierung und die Vorgabe von Verfahrensparametern erfolgen im Vorfeld mit einer Software. Der Bauraum und das einzusetzende Material sind daher die wichtigsten Auswahlkriterien eines sog. „3D Druckers". Voraussetzung ist selbstredend die grundsätzliche Eignung des Werkstücks zur additiven Fertigung. Das Herstellverfahren ist heute i. d. R. durch die Fertigungsanforderungen des Werkstücks vorgegeben. In Zukunft ist es erforderlich stets das wirtschaftlichste Herstellverfahren in Kombination mit verfügbaren Betriebsmitteln zu wählen um marktfähig Preise anbieten zu können.

Die Flexibilität und Dynamik in der Fertigung hängt in großem Maße auch von den physischen Gegebenheiten und damit von den Betriebsmitteln selbst ab, denn diese determinieren die möglichen Fertigungsprozesse und Prozessreihenfolgen (ElMaraghy 2005). Eine besondere Rolle spielen Betriebsmittel die mehrere Herstellverfahren in einer Maschine vereinigen. Solche Betriebsmittel können lokale Kapazitätsengpässe in der Fertigung minimieren, denn Sie können Aufträge anstelle von anderen Betriebsmitteln übernehmen. Zusätzlich müssen weniger Überkapazitäten bei Standard-Betriebsmitteln vorgehalten werden um auf stark schwankende Nachfragen vorbereitet zu sein. Als Beispiel dienen sog. Bearbeitungszentren die ähnliche Verfahren in einer physikalischen Maschine vereinen. Die Ausführung mehrerer Herstellprozesse auf denselben Betriebsmitteln reduziert die Zwangsfolgen für die Reihenfolgeplanung der Arbeitsvorbereitung. Besonders kombinierte Dreh-und Fräsmaschinen sind in der Fertigung weit verbreitet (Um et al. 2016). Seid kurzen gibt es auch Bearbeitungszentren, die additive Fertigungstechnik mit klassischen spanenden Verfahren kombinieren. Die reduzierte Anzahl von Maschinen die eingerichtet werden müssen führt über den gesamten Herstellprozess zu verminderten Nebenzeiten und steigern die produktiven Hauptzeiten der Betriebsmittel.

Ein weiterer Erfolgsfaktor für die Arbeitsvorbereitung ist die Berücksichtigung aller Fähigkeiten eines Betriebsmittels bei der Zuordnung zu einem oder mehreren Herstellprozessen. Ein Nebeneffekt von erhöhter Flexibilität und Dynamik sind steigende Nebenzeiten; Dies sind die Zeiten für die Umrüstung eines Betriebsmittels für ein anderes Werkstück. Die Nebenzeiten sind abhängig vom Herstellprozess und vom Umfang der Rüstarbeiten. Beispielsweise dauert das Wechseln eines Spritzgusswerkzeugs viel länger als das Austauschen eines Fräswerkzeugs einer Werkzeugmaschine. Im letzteren Fall kann dafür der Austausch mehrere Werkzeuge erforderlich sein sowie zusätzliche Rüstzeiten für den Tausch des Spannmittel. Eine Möglichkeit dem zu begegnen ist die Nutzung von Bearbeitungszentren; dies ist jedoch nicht für alle Herstellprozesse möglich oder wirtschaftlich. Eine weitere Möglichkeit ist die pauschale Einschränkung der Flexibilität beispielsweise durch die Beschränkung auf Standardwerkzeuge bei Werkzeugmaschinen; Dem steht jedoch die Nachfrage des Marktes entgegen. Es gilt demnach die Nebenzeiten durch intelligente Planung zu reduzieren ohne die Flexibilität und Dynamik der Fertigung stark zu verringern. Hierzu muss eine ganzheitliche Planung immer auch die individuellen Rüstaufwände berücksichtigen die mit der Auswahl eines Betriebsmittels, mit der Festlegung der Reihenfolge und mit der Auswahl des Herstellverfahrens verbunden sind.

Die Minimierung der Rüstaufwände für Betriebsmittel durch ganzheitliche Planung ist ein Erfolgsfaktor für die Arbeitsvorbereitung. Die Flexibilität und Dynamik in der Fertigung hilft Kapazitätsengpässe und Überkapazitäten zu vermeiden. Je nach Auftragslage kann das gleiche Werkstück mit verschiedenen Betriebsmitteln hergestellt werden oder viele Kleinserien werden gleichzeitig effizient durch die Fertigung geschleust.

Die Gesamtkapazität der Fertigung kann mit den oben genannten Erfolgsfaktoren jedoch kaum beeinflusst werden. Schwankt die Nachfrage bei einem Unternehmen insgesamt so treten weiterhin Unter- und Überkapazitäten auf. Insbesondere KMU im Maschinenbau und Projektgeschäft sind mit diesen Herausforderungen konfrontiert. Bei Engpässen werden Fertigungskapazitäten in der Unternehmensgruppe oder bei Lohnfertigern genutzt. Der manuelle Planungsaufwand, Unsicherheiten und fehlende Schnittstellen sorgen dafür, dass dieses Potenzial nur in Ausnahmefällen genutzt wird. Gleichzeitig steigen die Anforderungen und damit der Bedarf für moderne Betriebsmittel. Die hohen Investitionskosten drücken die Wirtschaftlichkeit, wenn im Nachhinein die Auslastung geringer ist als prognostiziert (Tao et al. 2008, S. 1022). Einen Ansatz das Paradoxon von Kapazitätsengpässe und Überkapazitäten zu lösen beschreiben Wu et al. und Tao et al. mit dem Schlagwort Cloud Manufacturing. Der Ansatz entspring dem Paradigma Sharing Economy; Das Ziel ist die gemeinsame Nutzung von Betriebsmitteln zur Reduzierung der Kosten (Tao et al. 2008, S. 1023; Wu et al. 2013, S. 577). Internetplattformen sind nicht nur Vermittler zwischen Anbieter und Kunde, sondern übernehmen die gesamte Steuerung und Abrechnung des Herstellprozesses. Die Begriffsanalogie mit Cloud-Computing soll auf die verteilten (Fertigungs-)ressourcen hinweisen sowie auf die Bereitstellung des Angebotes über das Internet. Fertigungskapazitäten oder auch den Zugriff auf selten benötigte Fertigungstechnologien. Die Umsetzung von Cloud Manufacturing beschränkt sich noch auf die additiven Fertigungstechniken, die für Kleinstserien und Prototypen genutzt werden. Die gemeinsame Nutzung von klassischen Betriebsmitteln wie Bearbeitungszentren, Werkzeugmaschinen oder anderen Standardmaschinen existiert bisher nur als Idee (Wu et al. 2013, S. 577). Nach den Autoren Tao, Hu and Zhou können in Zukunft die TQCSEF Ziele (short Time to market, highest Quality, lowest Cost, best Service, cleanest Environment and greatest Flexibility) nur durch den Einsatz von Cloud Manufacturing vollumfänglich erreicht werden (Tao et al. 2008, S. 1023).

Ein Erfolgsfaktor für die Arbeitsvorbereitung ist die Einplanung externer Betriebsmittel resp. Fertigungskapazitäten. Hierzu zählen auch die Kapazitäten von Cloud Manufacturing Anbietern oder neue Geschäftsmodelle wie der Betrieb einer gemeinsamen Fertigung durch mehrere Unternehmen.

3.1.2.2 Das Potenzial wissensbasierter Planungswerkzeuge für die Arbeitsvorbereitung

Planungswerkzeuge nehmen eine zentrale Rolle in der Arbeitsvorbereitung ein; Die heute erforderliche Dynamik und Flexibilität bei der Planung wird maßgeblich durch die bereitgestellten Funktionen der Planungswerkzeuge determiniert.

Mit der Flexibilität der Fertigungssysteme und der einzelnen Betriebsmittel steigt die Komplexität der Arbeitsvorbereitung. Die Planung mit alternativen Betriebsmitteln, Fertigungsschritten sowie unterschiedliche Abfolgen der Fertigungsschritte vergrößert die Anzahl an Entscheidungsgrößen und die geltenden Restriktionen (Stecke 1983). Neue Paradigmen wie Cloud Manufacturing führen zu weiteren Entscheidungsgrößen die in den Planungswerkzeugen abgebildet werden müssen; Hierzu zählen alternative Herstellverfahren, externe Kapazitäten, etc. die wiederum weitere Aspekte wie zusätzliche Logistikkosten nach sich ziehen. Ein weiteres Kriterium zur Verbesserung der Dynamik in der Planung, ist eine schnelle und im Idealfall vollständig automatische Reaktion der Planungswerkzeuge auf Maschinenausfälle, Kapazitätsengpässe und weitere Faktoren. Die Planungswerkzeuge sollten jedoch nicht auf die wenigen von Mitarbeitern im Vorfeld definierten alternativen Herstellprozesse, Betriebsmittel und Fertigungsstrategien beschränkt sein, sondern Alternativen selbstständig ermitteln und prüfen.[2]

Ein Erfolgsfaktor für die Arbeitsvorbereitung ist der Einsatz von wissensbasierten Planungssystemen, deren Funktionen über die reine mathematische Lösung der Planungsaufgabe hinausgeht: Sie beschaffen Informationen und stellen diese dem Benutzer bereit, sie nutzen Problemlösungsmethoden um dem Benutzer Lösungsalternativen bereitzustellen und treffen bei Bedarf auch selbstständig Entscheidungen.

Wissensbasierte Planungswerkzeuge benötigen hierfür eine Vielzahl von Informationen um alle relevanten Entscheidungsgrößen und Restriktionen bei der Planung zu Berücksichtigen. Für die Identifizierung geeigneter Alternativen als automatische Reaktion der Planungswerkzeuge auf Störungen wird zusätzliches Fertigungswissen resp. externalisiertes Expertenwissen benötigt. Die Qualität von wissensbasierten Planungssystemen korrespondiert mit der Aktualität und Genauigkeit der verfügbaren Eingangsinformationen.

3.1.3   Problematik

3.1.3.1   Die Aufgaben der Arbeitsvorbereitung

Die Arbeitsvorbereitung umfasst die Auswahl von Herstellprozessen, Betriebsmitteln und ggf. auch Parametern die geeignet sind ein Rohteil in das gewünschte Produkt oder Halbzeug zu transformieren (Yusof und Latif 2014, S. 77). Hierfür wird das Produkt sowie die einzelnen Bauteile unter der Berücksichtigung der Baustruktur[3] in eine geeignete Fertigungsreihenfolge gebracht. Für jedes Bauteil gilt es eine Fertigungsprozesskette zu

---

[2] Ein flexibles Fertigungssytem ist ein automatisierter Verbund von Werkzeugmaschinen der durch ein Materialflusssystem verknüpft ist sowie über automatisierte Spannvorrichtungen verfügt (Stecke 1983).

[3] Als Baustruktur wird die Gliederung/Strukturierung technischer Produkte in Baugruppen und Bauteile bezeichnet. Maßgeblich ist hierbei die mechanische Verbindung der Baugruppen und Bauteile (Lindemann 2007).

bestimmen mit der das Bauteil hergestellt werden kann. Baugruppen entstehen aus Bauteilen die anhand von Montageprozessketten zusammengefügt werden. Fertigungs- und Montageprozessketten bestehen aus einer definierten Abfolge von mehreren verschiedenen Fertigungs- und Montageprozessen; Die Abfolge ist i. d. R. eine Mischung aus sequenziellen und parallelen Elementen. Anschließend wird jedem Fertigungsprozess eine Fertigungsressource zugeordnet, sowie ggf. weitere Hilfsmittel und technische Parameter ergänzt (Nordsiek 2012). Der Umfang und die Detaillierung der Arbeitsvorbereitung hängen von der Fertigungsstätte und deren Organisation ab. In einer werkstattorientierten Fertigung wird die Fertigungs- und Montageprozesskette nur durch einen kompakten Arbeitsplan beschrieben. Die Ausführung erfordert erfahrene Mitarbeiter die beispielsweise anhand von Zeichnungen selbst über die exakte Montagereihenfolge entscheiden. Bei der Arbeitsvorbereitung gilt es jedoch nicht nur die – naheliegenden – technologischen Restriktionen zu berücksichtigen, sondern auch die geforderte Flexibilität, Dynamik in der Fertigung bei geringen Stückkosten zu gewährleisten.

3.1.3.2 Die derzeitige Situation der Arbeitsvorbereitung

Die Beschreibung der Situation, der Abläufe und der eingesetzten Software in der Arbeitsvorbereitung ist die Grundlage zur Ermittlung von Voraussetzungen, die geschaffen werden müssen um die genannten Erfolgsfaktoren zu erfüllen.

Bei der Auswahl einer geeigneten Ressource für jeden Fertigungsschritt nutzen die Mitarbeiter ihr Fach- und Erfahrungswissen. Dies erfolgt für gewöhnlich einige Tage oder sogar Wochen vor dem geplanten Fertigungsbeginn. Der genaue Fertigungsbeginn steht oft noch nicht fest, denn für eine Terminierung müssen die benötigten Ressourcen bekannt sein. Daher werden die Ressourcen zunächst unter idealisierte Bedingungen ausgewählt, d. h. alle Ressourcenkapazitäten stehen uneingeschränkt zur Verfügung, weitere geplante Aufträge werden nicht berücksichtigt, personelle Engpässe ebenfalls nicht. Die Trennung der Arbeitsvorbereitung in die Aufgaben Arbeitsplanung und Arbeitssteuerung verhindert eine optimale Planung (Bensmaine et al. 2014; Phanden et al. 2011). Diese Unsicherheit führt dazu, dass zunächst eine grobe Vorausplanung und später eine sukzessive Feinplanung durchgeführt werden. Die Situation in der Fertigung ändert sich jedoch täglich. Untersuchungen haben gezeigt, dass 20–30 % der Arbeitspläne noch vor Fertigungsbeginn geändert wurden (Saygin und Kilic 1999, S. 271). Eine Studie des IWF geht sogar davon aus, dass bis zu 50 % der Arbeitspläne noch mal geändert werden. (Denkena et al. 2011, S. 55–56) Gründe hierfür sind nicht vorhersehbare Konflikte im Produktionsablauf, nicht berücksichtigte Zwangsfolgen, Änderungen der Auftragsprioritäten, Verspätete Materialbereitstellung, Kapazitätsengpässe, Qualitätsprobleme defekte Maschinen oder Werkzeuge, Änderungen in den Schichtplänen der Mitarbeiter (Deshayes et al. 2005; Wang 2013, S. 264; Denkena et al. 2011, S. 55). Hierbei sind nur die Fälle berücksichtigt bei denen Änderungen in der Feinplanung unumgänglich sind. Die momentane Situation in der Fertigung kann dazu führen, dass die ursprüngliche Ressource nicht mehr die wirtschaftlichste ist. Den potenziellen Einsparungen bei einem Wechsel der Ressource steht jedoch der manuelle Mehraufwand für

Änderungen entgegen. Dies gilt auch für die frühzeitige Betrachtung von alternativen Ressourcen im Arbeitsplan oder vollständig alternativen Arbeitsplänen.

Besonders schwierig ist der Wechsel von Ressourcen, wenn im Vorfeld der Fertigung maschinenspezifische Bearbeitungsprogramme erstellt werden müssen. Dies ist beispielsweise bei der gängigen Bearbeitung mit Werkzeugmaschinen erforderlich. Das Bearbeitungsprogramm resp. NC-Programm beschreibt jede einzelne Maschinenoperation die benötigt wird um die zur Herstellung der gewünschten Werkstückgeometrie benötigt wird (Denkena und Ammermann 2009). Die Maschinenoperationen werden im G&M Code beschrieben, diese „Programmiersprache" entstand kurz nach der Einführung der numerischen Maschinensteuerung und ist für heutige Verhältnisse sehr primitiv gehalten. Die Maschinenoperationen sind daher abhängig von der Maschinensteuerung, den -achsen, der Aufspannung auf dem Maschinentisch, den Spannmitteln, den Werkzeugen und weiteren Eigenschaften. Das Ergebnis ist ein maschinenspezifisches NC-Programm, welches nur an der vorgesehenen Maschine korrekt ausgeführt wird (Chi 2010). Damit stehen kurzfristig nur identische Maschinen als Alternativen zur Verfügung. Für die Arbeitsvorbereitung bedeutet dies eine große Einschränkung hinsichtlich der geforderten Dynamik und Flexibilität.

Die Erstellung von Arbeitsplänen sowie die Auswahl geeigneter Betriebsmittel kann durch CAPP-Software-Werkzeuge (computer-aided process planning) unterstützt werden. CAPP- Software-Werkzeuge unterstützen die Mitarbeiter bei der Wiederholplanung, Varianten- bzw. Ähnlichkeitsplanung, Anpassungsplanung oder der Neuplanung von Arbeitsplänen. Bei einer Wiederholplanung werden zur Generierung eines auftragsspezifischen Arbeitsplans Standardarbeitspläne herangezogen und durch Mengen- und Terminangaben ergänzt. Im Rahmen einer Variantenplanung wird aus bestehenden Arbeitsplänen eine Gruppe geeigneter Arbeitspläne zu einem neuen Arbeitsplan zusammengefasst. Werden die Arbeitspläne manuell verändert bzw. ergänzt, so spricht man von einer Anpassungsplanung. Werden hingegen Arbeitspläne auftragsindividuell erstellt, so handelt es sich um eine Neuplanung. CAPP-Software-Werkzeuge nutzten hierbei unterschiedliche Technologien wie, Makro-Programmier-Funktionen, Templates zur Wiederverwendung sowie eine Verwaltungs- und Suchkomponente für hinterlegtes Wissen wie Ressourcenbeschreibungen und vorhandene Arbeitspläne (Denkena et al. 2007; Hehenberger 2011, S. 121)

Auf den ersten Blick hat eine softwaregestützte Arbeitsplanerstellung viele Vorteile. (Anderberg 2012, S. 59) Um zu verstehen wieso die Akzeptanz und Verbreitung in der Industrie im Vergleich mit anderen CAx Systemen (insb. CAD und CAM) weitaus geringer ist, muss man die Nachteile und ungelösten Probleme von CAPP-Software-Werkzeuge betrachten (Denkena et al. 2008). Die Software-Werkzeuge müssen zunächst an die unternehmens-spezifische Fertigung angepasst werden, d. h. das Wissen der Mitarbeiter muss externalisiert und in der Software modelliert werden. Es handelt sich demnach um ein wissensbasiertes Planungssystem. CAPP-Software-Werkzeuge unterstützen den Mitarbeiter bei der Wiederverwendung dieses Wissens. Bei Neuplanungen hingehen erhält der Mitarbeiter nur wenig Unterstützung; Die Software kann lediglich zwischen bekannten Lösungen interpolieren und keine vollständig neue Lösung außerhalb des bekannten

Lösungsraumes extrapolieren. Zusätzlich unterliegt die Fertigung einem stetigen Wandel, beispielsweise durch die Einführung neuer Verfahren und Fertigungstechnologien. Dies führt dazu, dass die Lösungsvorschläge resp. Arbeitsschritte, Arbeitspläne im CAPP-Software-Werkzeuge nicht mehr dem aktuellen Stand der Fertigung entsprechen. Damit neue Verfahren, bessere Maschinen, etc. berücksichtigt werden bedarf es einer stetigen Pflege durch Aktualisierung des Wissens im CAPP-Software-Werkzeug (Anderberg 2012). Für kleine und mittele Unternehmen lohnt sich dieser finanzielle Aufwand in der Regel nicht (Denkena et al. 2007). Dies gilt auch für die Einbindung externer Fertigungsressourcen im CAPP-Software-Werkzeug. Die fehlenden Informationen führen dazu, dass externe Ressourcen vom Mitarbeiter und der Software nicht konsequent und frühzeitig als Alternativen ins Kalkül gezogen werden. Hinzu kommt, dass verfügbare CAPP-Software-Werkzeuge noch nicht so flexibel oder adaptiv sind um eigenständig auf neue Situationen reagieren zu können. Dies liegt zum einen an der höheren Komplexität der Entscheidung, der Anzahl an Entscheidungsgrößen und dem benötigten sehr umfangreichen Wissen. Damit drohen weiterhin Stillstände von Ressourcen bis ein Mitarbeiter die Planung entsprechend der neuen Situation angepasst hat. (Wang 2013, S. 263)

Im Bezug zu den in Abschn. 3.1.2.1 genannten Erfolgsfaktoren ist folgendes festzustellen: Der erforderliche zusätzliche Planungsaufwand zur Berücksichtigung von Alternativen müsste derzeit im Wesentlichen manuell und durch die Mitarbeiter geleistet werden; Den potenziellen Ersparnissen stehen damit erhebliche Kosten entgegen, sodass i. d. R. erst nach dem Eintreten einer neuen Situation reagiert wird. (Subramaniam et al. 2000, S. 902) Bei der Planung wird jeder Fertigungsauftrag einzeln betrachtet; In einer ganzheitlichen Sichtweise auf alle Fertigungsaufträge führt dies i. d. R. nicht zu einer optimalen Planung. Die CAPP-Software-Werkzeuge erfüllen derzeit noch keine der in Abschn. 3.1.2.2 genannten Funktionen welche als Erfolgsfaktor für zukünftige Planungssysteme in der Arbeitsvorbereitung angesehen werden. Ein großes Hemmnis beim Einsatz von CAPP-Software-Werkzeugen ist für viele Anwender der hohe Aufwand für die stetige Aktualisierung des Wissens.

3.1.3.3 Lösungsansatz

Der erfolgreiche Einsatz von wissensbasierten Planungswerkzeuge erfordert insbesondere einen einfachen, schnellen und vollständigen Informations- und Wissensaustausch von Auftrags- und Produktinformationen, Fertigungsanforderungen und -kapazitäten(Denkena et al. 2008). Dieses „Hintergrundwissen" ist die Grundlage für eine dynamische und flexible Planung. Die Forschung sucht daher nach Möglichkeiten für einen automatischen Wissensaustausch zwischen Betriebsmitteln und Planungssystemen, damit nicht das gesamte benötigte Hintergrundwissen vom Anwender explizit in das Planungswerkzeug eingegeben und Änderungen gepflegt werden müssen. Nach Ansicht von LASTRA und DELAMER werden intelligente Maschinen (oder virtuelle Repräsentanten) diese Informationen auf Basis von Ontologien mit den wissensbasierten Planungssystemen selbstständig austauschen (Lastra und Delamer 2006, S. 6). Mittels Ontologien können komplexe, nicht standardisierte Maschinen, Prozesse, Erzeugnisse in mehreren natürlichen und technischen Sprachen beschrieben werden. Diese Beschreibung kann durch eine Software für digitale Marktplätze, die Arbeitsvorbereitung oder die Fehlerdiagnose genutzt werden. Der erste Schritt ist die Harmonisierung von Begriffen, Beschreibungen (Attributen) und Kenngröße sowie die Ergänzung von Synonymen und verwandten Begriffen. (Baier) Auch RAMOS sieht das Potenzial dieser Technologie zur Beschreibung von Produkten und Werkstücken auf der Seite der Produktentwicklung sowie der Fertigungsprozesse und Ressourcen auf der Seite der Fertigung. Die Arbeitsvorbereitung, d. h. die Auswahl geeigneter Prozesse und Ressourcen könnte dann weitestgehend automatisiert durch Schlussfolgerungstechniken erfolgen. (Ramos 2015, S. 458) Auch weitere Autoren haben die Bedeutung einer semantischen Beschreibung durch Ontologien im Kontext der Produktion erkannt, beispielsweise zur Vernetzung intelligenter Maschinen (Hardwick et al. 2013, S. 1024), für Cloud Manufacturing und B2B (Business to Business) Plattformen (Cai et al. 2011, S. 574; Ameri und Patil 2012, S. 1823), zur Arbeitsplangenerierung (Kang et al. 2016; Denkena et al. 2008) und die Konfiguration flexibler Fertigungssysteme (Al-Safi und Vyatkin 2007); Zudem gibt es verschiedene Ansätze zur semantischen Beschreibung von Produktionssystemen, deren Komponenten sowie der entsprechenden Organisations- und Planungsaspekte (u. a. Arbeitspläne): P-PSO (Garetti et al. 2015, S. 29), MSE (Lin und Harding 2007, S. 430), ADACOR (Borgo und Leitão 2007), MRO (Usman et al. 2013), MASON (Lemaignan et al. 2006).

Ein Teil des Lösungsansatzes für das angestrebte wissens-basierte System ist die semantische Beschreibung von Informationen und Wissen durch Ontologien. Basierend auf den Erfahrungen ähnlicher Forschungsansätze und den zwischenzeitlich gereiften und erprobten semantischen Beschreibungssprachen soll das deklarative Faktenwissen als auch das prozedurale Handlungswissen der Arbeitsvorbereitung modelliert werden. Den zweiten Teil des Lösungsansatzes liefern die Ansätze und Möglichkeiten des Web of Data. Das Web of Data soll als Informations- und Wissensquelle eines wissens-basierten Systems erschlossen werden um den manuellen Aufwand zur kontinuierlichen Aktualisierung Wissens zu reduzieren.

3.1.3.4 Zielsetzung

Das Ziel ist die Konzipierung eines wissensbasierten Entscheidungssystems zur Unterstützung von Aufgaben der Arbeitsplanung. Als Basis des Systems dient eine „wartungsarme" Wissensbasis, welche Änderungen im abgebildeten Wissensbereich automatisch aktualisiert. Hierfür sollen verschiedene unternehmens-interne als auch externe Wissensquellen genutzt werden. Bei der Erstellung der Wissensbasis werden demnach nicht einzelne Fakten modelliert, sondern lediglich wo potenziell relevante Fakten zu finden sind und wie diese abgerufen werden können. Diese Modellierung zielt auch darauf ab die Lebenszykluskosten eines Entscheidungssystems zu senken; Dem nach wie vor großen initialen Aufwand steht eine längere Nutzungsphase mit nur geringem Modellierungswand gegenüber. Die Modellierung der gesamten Wissensbasis basiert auf Semantischen Technologien wie Ontologien sowie semantischen Beschreibungen von Fakten, Regeln und Anfragen.

Der konkrete Anwendungsfall dieses Entscheidungssystems ist zunächst die automatisierte Auswahl von alternativen Werkzeugmaschinen auf Basis von unterschiedlich konkretisierten Fertigungsanforderungen. In der frühen Planungsphase unterstützt das Entscheidungssystems die Vorauswahl von Werkzeugmaschinen anhand von bekannten Werkstückparametern. Im Rahmen der Arbeitsvorbereitung erfolgt danach die Erstellung des NC-Programms für eine konkrete Maschine aus der Vorauswahl. Anhand der Anforderungen des NC-Programms erfolgt anschließend wieder durch das Entscheidungssystem die Auswahl alternativer Maschinen. Dies erfolgt durch einen Vergleich der Fertigungsanforderungen mit den Fähigkeiten der modellierten Ressourcen. Berücksichtigt werden hierbei auch verschiedene Konfigurationen und Einrichtungsoptionen die erforderlich sind damit ein NC-Programm auf einer anderen Maschine verwendet werden kann. Bei der Auswahl von Alternativen werden auch Maschinen von Partner und Lohnfertigern sowie „anonyme" Cloud Manufacturing Anbieter berücksichtigt. Das wissensbasierte Entscheidungssystem ersetzt natürlich keine Simulation des NC-Programms auf der entsprechenden Werkzeugmaschine oder eine Validierung durch eine virtuelle Werkzeugmaschine. Die Anzahl von Simulationsläufen wird durch das Entscheidungssystem jedoch deutlich reduziert, denn es werden nur Maschinen mit den erforderlichen Fähigkeiten geprüft. Nach dem automatisierten Simulationslauf werden die erfolgreich getesteten Maschinen als Alternativen im Arbeitsplan hinterlegt. Diese frühzeitige Einplanung von alternativen Ressourcen ermöglicht der Arbeitsteuerung kurzfristig auf neue Situationen zu reagieren, beispielsweise durch die Auswahl einer wirtschaftlicheren Maschine oder einer Ersatzmaschine im Störungsfall. Damit wird die Flexibilität und Dynamik der Planung – ohne zusätzlichen manuellen Aufwand – erhöht.

3.2   Grundlagen

Diese Arbeit tangiert verschiedene Forschungsbereiche; Im Folgenden werden zur Einordnung der Arbeit die Grundlagen der drei wichtigsten Gebiete beschrieben: Planungs- und Entscheidungssysteme in der Arbeitsvorbereitung, Wissensbasierten Systeme sowie semantische Technologien. Die relevanten Ansätze aus diesen Bereichen werden anschließend im Stand der Technik kurz vorgestellt.

3.2.1   Der Wissensbegriff

Der Begriff Wissen wird heute im Allgemeinen im Zusammenhang mit Zeichen, Daten, und Information gebraucht, die in einer hierarchischen Abhängigkeit zueinanderstehen. Die Basis von Informationen bilden einzelne Zeichen oder Folgen von Zeichen, die mit Hilfe einer klar definierten Syntax verknüpft sind. Die verknüpften Zeichen werden als Daten bezeichnet. Wenn Daten zweckbezogen und zielorientiert kombiniert werden, d. h. in einem Problemzusammenhang gestellt werden oder zum Erreichen eines Ziels verwendet werden, dann entstehen Informationen. Wissen entsteht im Bewusstsein des Menschen, wenn Informationen „verstanden" wurden und demnach zur Problemlösung verwendet werden können. Softwaresysteme verfügen derzeit über kein vergleichbares Bewusstsein; Sie können jedoch Informationen durch die Vernetzung mit anderen Informationen „verstehen". Beispielsweise kann die Aussage „Eine Werkzeugmaschine bearbeitet ein Werkstück" in einem Wissensbasierten System modelliert werden. Die Aussage kann vom WBS jedoch erst verstanden und richtig verwendet werden, wenn zusätzlich durch eine verknüpfte Information die Begriffe Werkzeugmaschine und Werkstück definiert werden. In Wissensbasierten Systemen wird mit dem Begriff Wissen die Menge aller als wahr oder falsch angenommen Aussagen und Regeln bezeichnet, die über die repräsentierte Welt gemacht werden können (Haun 2002). Aussagen werden durch deklarative resp. deskriptive Formen der Wissensrepräsentation beschrieben; Regeln durch entsprechende prozedurale Formen (Steinmann 1993, S. 14)

3.2.2   Planungs- und Entscheidungssysteme

Planungs- und Entscheidungssysteme im Bereich der Arbeitsvorbereitung werden auch als CAPP (computer-aided process planning) Software bezeichnet. In den letzten 15 Jahren wurden der Einsatz vielversprechender AI (Artificial Intelligence) Techologien im CAPP Bereich untersucht. Hierzu zählen Feature-basierte Technologien, Neuronale Netzte, Genetische Algorithmen (GAs), Fuzzy Set Theorie und Logik, Petri-Netze, Agenten-basierte Technologien, STEP-basierte (standard for the exchange of product data) Ansätze sowie wissensbasierte Systeme. Die betrachteten Problemstellungen reichen von Themen mit sehr lokaler Abgrenzung bis zu globalen und domänenübergreifenden Themenbereichen: Beispielsweise die intelligente Werkzeugpfadgenerierung, die Planung der Maschineneinrichtung, die Maschinen- und Werkzeugauswahl, die Feature-Erkennung, die Lineare – und nicht lineare Fertigungsplanung sowie die Entscheidungsunterstützung und Wissensvermittlung (Xu et al. 2011, S. 78; Wegner 2007).

3.2.3   Wissensbasierte Systeme

Das in dieser Arbeit betrachtete Planungs- und Entscheidungssystem basiert auf der Technologie der wissensbasierten System wie u. a. von (Puppe 1990) und (VDI 3633 – BLATT 12) beschrieben (Rudolf 2006, S. 63). Als wissensbasierte Systeme werden Programme bezeichnet, die mittels einer Wissensbasis und einer Problemlösungskomponente in der Lage sind den Fachleuten durch Entscheidungsvorschläge oder die situative Bereitstellung von Wissen zu unterstützen. (Blumberg 1991, S. 16)

Grundsatz der Entwicklung und Implementierung eines wissensbasierten Systems ist die Trennung von deskriptivem Wissen in der Wissensbasis und der Ablaufsteuerung mit Regeln zur Verarbeitung des Wissens durch die Problemlösungskomponente. Die

Ablaufsteuerung besitzt jedoch keinen festen Ablauf wie der Name vermuten lässt; Stattdessen erfolgt die Abarbeitung der Regeln autonom und situationsabhängig. Situationsabhängig bedeutet hier, dass die Deduktion logischer Schlussfolgerungen (Inferenz) vom deskriptivem Wissen[4] (knowing what), der Anfrage an das System sowie dem Lösungswissen abhängt. Das prozeduralen bzw. algorithmischen Lösungswissen[5] (know how) entspricht dem Verfügungswissen sowie entsprechender Problemlösungsmethodiken welche von einem Experten zur Lösung dieser Problemstellung genutzt wird. Diese gilt es zu externalisieren und rechner-verständlich zu modellieren (Koppitz 1992; Blumberg 1991, S. 16). Allgemeine Problemlösungskomponenten, d. h. Problemlösungskomponenten die auf verschiedenste Probleme angewendet werden können haben sich als nicht zielführend erwiesen (Kupec 1991). Neben der Problemlösungskomponente ist die Wissensbasis die zweite Hauptkomponente eines Wissensbasierten Systems. Diese enthält das benötigte deskriptive Wissen in einer rechner-konformen Repräsentation. Diese Wissensrepräsentation beschreibt einen Teilbereich der realen Welt der für die Problemstellung des Wissensbasierten Systems relevant ist (Koppitz 1992; Blumberg 1991, S. 16). Es existieren verschiedene Wissensrepräsentationsformalismen, wie beispielsweise Frames, semantische Netze, Ontologien, Regel&Constraint-Formalismen und Beschreibungslogiken um unterschiedliche Arten von Wissen repräsentieren zu können (John und Drescher 2006, S. 243). Die unterschiedlichen Wissensrepräsentationsformalismen spiegeln wider, dass menschliches Wissen in unterschiedlichen Formen auftritt. Heutzutage werden im Kontext des Semantic Web Repräsentationsformen wie Ontologien und semantische Netze bevorzugt verwendet. (Kienreich und Strohmaier 2006, S. 359). Der Prozess, der das zur Lösung eines konkreten Problems benötigte Wissen in einer Form expliziert und strukturiert wird als Wissensmodellierung bezeichnet. Hierbei gilt es gleichermaßen die Bedürfnisse der an der Problemlösung partizipierenden Menschen und den technischen Anforderungen der Wissensrepräsentation zu berücksichtigen (Kienreich und Strohmaier 2006). Im letzten Jahrzehnt sind umfassende knowledge-engineering Methoden entstanden, welche die Wissensmodellierung unterstützen sollen. Hierzu zählen beispielsweise der Generic Task Ansatz, die KADS Methodik und das Protege framework. Die letzte Methodik fokussiert die Modellierung von Ontologien als Wissensbasis und basiert auf dem gleichnamigen Modellierungswerkzeug.

3.2.4 Semantische Technologien

Eine der bekanntesten semantischen Technologien sind Ontologien, eine Form der Wissensrepräsentation für Begriffe, deren Definition sowie der Relation zwischen den

---

[4] Deklaratives oder deskriptives Wissen beschreibt Wissen über Sachverhalte, wie z. B. Fakten und Begriffe.

[5] Prozeduralen Wissen beschreibt Fähigkeiten und Wissen über Vorgänge. Darunter fallen Lösungswege und -prozesse oder Lösungen zu den verschiedensten Problemen.

Konzepten. Ontologien stellen zur Beschreibung der genannten Elemente in einem begrenzten Wissensbereich ein wohldefiniertes Vokabular bereit. Dadurch ermöglichen sie eine maschinengestützte Wissensteilung und -wiederverwendung zwischen unterschiedlichen Informationssystemen als auch zwischen Informationssystemen und Menschen (Uschold und Gruninger 1996). Die Bestandteile von Ontologien sind Konzepte, Attribute, Axiome und Individuen. Es existieren verschiedene Wissensrepräsentationssprachen zur Beschreibung von Ontologien; Die bekanntesten sind das RDF-Schema (RDFS) mit einem vordefinierten Vokabular und die Ontology Web Language (OWL) mit erweiterbarem Vokabular. OWL besitzt viele Gemeinsamkeiten mit der Beschreibungslogik. Die wichtigste gemeinsame Eigenschaft ist die „Entscheidbarkeit" die von den meisten OWL Derivaten und beschreibungslogische Sprachen erfüllt wird. Entscheidbarkeit bedeutet durch Inferenz resp. Schlussfolgerung impliziten Wissen aus einer Wissensbasis abzuleiten. OWL wie auch Beschreibungslogiken sind formal aus drei wesentliche Komponenten aufgebaut: Eine standardisierte Sprache welche die grundlegenden Ausdrucksmittel definiert mit denen die weiteren beiden Komponenten beschrieben werden; Diese sind der Terminologische Formalismus (TBox) und der Assertionale Formalismus (ABox). In dem Terminologischen Formalismus wird definiert welche Konzepte in der betrachteten Domäne auftreten. Das Wissen über diese Konzepte umfasst deren Namen, Eigenschaften und Beziehungen zu anderen Konzepten. Die Definition erfolgt auf der gleichen Ebene wie eine Taxonomie oder ein Schema, d. h. es werden nur die verfügbaren Klassen von Maschinen beschrieben, nicht die physikalisch einzigartigen Maschinen. Diese werden als konkrete Instanz eines Konzeptes im Assertionalen Formalismus beschrieben. Die Instanz enthält die konkreten Ausprägungen der Eigenschaften des entsprechenden Konzeptes. Beispielsweise wird in der TBox festgelegt, dass das Konzept „Maschine" immer einer eindeutige „Identifikationsnummer" besitzt, jede Instanz in der ABox dieses Konzeptes enthält die entspreche konkrete Ausprägung wie „WKZ01".

Neben der standardisierten Sprache besitzt OWL auch eine standardisierte Form wie das Wissen über Konzepte und Individuen beschrieben wird. Ein wesentlicher Bestandteil hierbei sind Axiome mit denen Aussagen bzw. Fakten sowohl auf Ebene der TBox als auch auf Ebene der ABox beschrieben werden können. Jedes dieser OWL-Axiome kann durch ein RDF-Triple ausgedrückt werden. Ein solches Tripel besteht aus drei Elementen: Subjekt, Prädikat und Objekt. Die Beziehung ist gerichtet und beschreibt wie in der natürlichen Sprache die Relation vom Subjekt zum Objekt. (Niemann et al., S. 24) Das Subjekt definiert die Ressource über die eine Aussage getroffen wird. Das Objekt repräsentiert eine weitere Ressource die mit der ersten in irgendeiner Verbindung oder Beziehung steht. Das Prädikat beschreibt die Art dieser Verbindung. Alle drei Elemente werden durch einen Uniform Resource Identifier (URI) beschrieben. Ein URI ist eine Zeichenfolge, die eine abstrakte oder physische Ressource eindeutig identifiziert. URIs sind damit eine verallgemeinerte Form der umgangssprachlich als „Internetadresse" bezeichneten Uniform Resource Locators (URL) (Ramos 2015). Das Konzept von Ontologien setzte zunächst keine standardisierte Darstellung voraus. Im Semantic Web hat sich jedoch OWL als de facto Standardsprache und RDF als zugrunde liegende formale Darstellungsmethode etabliert.

Ebenfalls auf RDF basiert die SPARQL Query Language for RDF (SPARQL), eine Abfragesprache für Ontologien. SPARQL ist eine Graf-Matching-Abfragesprache, der

Abfrageteil beschreibt das Muster (Pattern), welches mit dem RDF-Grafen auf Überein-
stimmung abgeglichen wird. Das Muster besteht aus mehreren Tripeln, bei denen Elemente (d. h. Subjekt, Objekt oder Prädikat) mit Variablen ersetzt werden können (Niemann et al., S. 27; Hartig 2013). Die Abfrage liefert als Ergebnis nur die URIs, welche
wenn sie in die Variable eingesetzt werden ein Triple ergeben, dass in der Wissensbasis
vorhanden ist.

Linked Data nutzt die semantischen Technologien zur Bereitstellung von Informationen zu verschiedensten Gebieten; hierbei handelt es sich vorwiegend um deskriptives Wissen (Faktenwissen) das von unterschiedlichen Informationsanbietern bereitgestellt wird.
Linked Data zielt auf eine möglichst große Gruppe von potenziellen Informationsanbietern und Nutzern ab; Hierfür wurde bewusst auf zu hohe Anforderungen an die semantische Annotion der veröffentlichten Informationen verzichtet. Abb. 3.1 zeigt ein Beispiel
zur Veröffentlichung von Werkzeugdaten als Linked Data durch einen Werkzeughersteller.
Die Blöcke in der oberen Reihe zeigen vier Konzepte der TBox aus unterschiedlichen
Hierarchieebenen; die unten beiden Blöcke zeigen zwei Instanzen die jeweils einem Konzept zugeordnet sind. Zunächst gilt es für jedes Werkzeug bzw. Instanz eine eindeutige
URI (Uniform Resource Identifier) zu erstellen. Im Beispiel repräsentiert die URI „http://
tool_producer.org/Tool_XY ein bestimmtes Fräswerkzeug (End mill)" eines Werkzeug-
herstellers. Nach den Prinzipien von Linked Data liefert der Aufruf der genannten http-
URI einen RDF-Grafen mit Informationen über das Werkzeug (Abele und Reinhart 2011;
Aggarwal et al. 2008). Der RDF-Graf beschreibt die entsprechende OWL Instanz des
Konzeptes „Fräswerkzeug". Die Instanz kann nur Attribute mit entsprechenden Parame-
terwerten enthalten, die in einem der übergeordneten Konzepte definiert wurden. Die Relation „Is Type Of" zeigt den Zusammenhang zwischen Instanz und übergeordnetem Konzept. Das vollständige RDF-Triple besteht aus dem Subjekt „Tool XY", dem Prädikat „Is
Type of" und dem Objekt „End mill" (Aggarwal et al. 2008). Die relevanten Konzepte der
TBox zur Beschreibung eines Fräswerkzeuges stammen aus zwei unterschiedlichen Quellen. Die Erste ist eine herstellerspezifischen Linked Data Quelle; Die URI startet mit
„http://tool_producer.org". Die Zweite ist die „DBpedia" Quelle in der Allgemeinwissen –

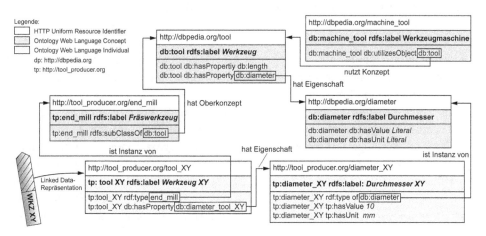

Abb. 3.1 Beispiel einer TBox und ABox zur Repräsentation von Informationen als Linked-Data

wie in einer Enzyklopädie – herstellerneutral definiert werden kann (Bizer et al. 2009b). Im Beispiel enthält das Konzept „End mill" nur eine Information; Diese besagt, das Konzept „End mill" ein Unterkonzept von „Tool"; Vereinfacht ausgedrückt: Ein Fräswerkzeug ist eine Art Werkzeug. Das Konzept „Tool" wird jedoch nicht in der gleichen Linked Data Quelle definiert. Der Verweis auf ein Konzept in einer anderen Quelle wird als RDF-Link bezeichnet. Es ist ein weiteres Linked Data Prinzip, dass Konzepte, Relationen, oder ganze Wissensbereiche nicht in jeder Quelle neu definiert und beschrieben werden, sondern soweit verfügbar aus allgemeinen und verbreiteten Quellen übernommen d. h. verlinkt werden. Neben einem RDF-Link kann auch die standardisierte OWL-Relation „SameAs" genutzt werden um auszudrücken, dass zwei Konzepte das gleiche Objekt beschreiben. Für Konzepte gilt ebenfalls das Vererbungsprinzip, d. h. das Konzept „End mill" erbt die beiden Attribute des Konzeptes „Tool" zur Beschreibung des Durchmessers und der Länge eines Werkzeuges. Das Attribut „has property" verlinkt das Objekt auf ein weiteres Konzept welches definiert, dass der Durchmesser durch einen Wert „hasValue" und eine Einheit „hasUnit" definiert ist. Das Vererbungsprinzip greift bei dieser Relation jedoch nicht, denn das Werkzeug besitzt lediglich ein Attribut und dies drückt nicht aus, dass ein Werkzeug ein Durchmesser ist, sondern nur, dass es mit dem Attribut Durchmesser charakterisiert werden kann – was auch der gebräuchlichen Definition entspricht. Die untere Reihe von Blöcken zeigt die Instanz basierend auf dem Konzept „End Mill" und der entsprechend geerbten Attributen. Eines dieser Attribute definiert den Durchmesser des „Tool XY", hierfür wird auf die individuelle Instanz „Diameter XY" verlinkt. Diese Distanz beschreibt nur den Durchmesser dieses einen Werkzeuges.

Dieses dargestellte Diagramm zum Beispiel enthält Vereinfachungen und zeigt nicht die vollständige OWL-Notation. Es werden nur die wichtigsten Prinzipien vereinfacht dargestellt, die zum Verstehen der nachfolgenden Arbeit unerlässlich sind.

3.3   Stand der Technik

3.3.1   Formalisierung von Wissen in der Produktion

Die Notwenigkeit das vorhandene Wissen der Mitarbeiter in der Produktion oder dessen Bestandteile Informationen, Begriffe, Zeichen zu standardisierten und zu formalisieren besteht bereits seit Jahrzehnten. Ein wesentlicher Treiber war die zunehmende Zusammenarbeit und der Informationsaustausch zwischen Menschen aus unterschiedlichen Organisationseinheiten in einer heterogenen Softwarelandschaft. Die Anforderungen an die Formalisierung von Wissen unterscheiden sich sehr stark je nach Anwendungszweck. Ein Werkzeugmaschinenmodell kann beispielsweise während der Entwicklung beim Hersteller genutzt werden (vgl. den XML-basierten Standard ASME B5.59 zur Spezifikation von Werkzeugmaschinen B5.59-2) oder zur Überprüfung der Herstellbarkeit eines neuen Werkstücks (vgl. den Express-G basierten Standard ISO 14649 Part 201, Jumyung Um et al. 0); Das Werkzeugmaschinenmodell kann auch ein Teil eines

Produktionssystemmodells sein, dass verschiedene Ressourcen, deren Verknüpfung und ggf. die übergeordnete Steuerung umfasst (vgl. die Manufacturing Systems Ontology (MSO) (Garetti et al. 2015, S. 29), sowie die Manufacturing's Semantic ONtology (MASON) Lemaignan et al. 2006). Es existiert eine Vielzahl weiterer Ansätze zur formalen Beschreibung von Wissen in der Produktion. Es gibt keinen allgemeinen de-facto Standard, wenn überhaupt nur in sehr abgegrenzten Anwendungsgebieten.

Für die Formalisierung von Wissen in Form einer Ontologie als Wissensbasis eines WBS für die Arbeitsplanung ergeben sich drei mögliche Ansatzpunkte: Die Adaption von nationalen und internationalen Standards in einer Ontologie. Hierbei sind in der Regel zahlreiche Erweiterungen notwendig die vom Standard nicht abgedeckt werden. Alternativ kann die Formalisierung von Wissen aus Forschungsansätzen mit ähnlichem Ziel übernommen werden. Dies erfordert zwar den geringsten Aufwand, da diese Ansätze jedoch noch nicht in der Breite genutzt werden handelt es sich um eine proprietäre Lösung. Die dritte Möglichkeit ist die Nutzung einer bekannten „Upper Ontology" (auch als „Top-level ontology" bezeichnet) wie beispielsweise MASON oder DBpedia (Lemaignan et al. 2006; Bizer et al. 2009b). Diese Ontologien enthalten Begriffe, Zusammenhänge und Beschreibungen einer Domäne oder des Allgemeinwissens auf recht abstraktem Level. Die Einordnung in die Struktur der Upper Ontology sowie die Wiederverwendung von Begriffen vereinfacht jedoch die Formalisierung von spezifischerem und detaillierterem Wissen wie es für den jeweiligen Anwendungszweck benötigt wird.

3.3.2   Semantische Wissensbasierte Systeme

Mit dem Begriff Semantische Wissensbasierte Systeme werden solche Systeme bezeichnet deren Wissensbasis mit einer semantischen Beschreibungssprache modelliert ist. Hierbei hat sich insbesondere der Einsatz von Ontologien bewährt. CRUBÉZY & MUSEN stellen eine Methodik vor mit der Wissensbasen in Form von Ontologien sowie Problemlösungskomponenten unabhängig voneinander entwickelt und nach Bedarf zu einem WBS kombiniert werden können (Crubézy und Musen 2004). Hierfür muss die betrachtete Domäne unabhängig von der Problemstellung möglichst allgemein und umfassend modelliert werden. Das gleiche gilt für die Problemlösungskomponente: Die Problemlösungsmethode muss unabhängig von einer spezifischen Wissensbasis und allgemeingültig beschrieben werden. Aufgrund der unabhängigen Entwicklung ergibt sich bei der Kombination von Wissensbasis und Problemlösungskomponente häufig eine semantische Lücke zwischen den Informationen wie sie in der domänenspezifischen Wissensbasis beschrieben sind und den Informationen wie sie von der Problemlösungskomponente benötigt werden. CRUBÉZY & MUSEN lösen dieses Problem durch eine zusätzliche manuell erzeugte Mediator-Ontologie; Diese Verknüpft die von der Problemlösungskomponente benötigten Informationen mit den entsprechenden Informationen in der Wissensbasis. Bei der Verknüpfung kann es sich um eine einfache 1:1 Zuordnung oder eine komplexe Zuordnung wie N:1 handeln. Bei der N:1 Zuordnung wird die benötigte Information aus mehreren Informationen der Wissensbasis regelbasiert erzeugt (Crubézy und Musen 2004). CORSAR & SLEEMAN erweitern diese Methodik um einen Ansatz die Mediator-Ontologie mit den Verknüpfungen zwischen den Informationen der Wissensbasis und den benötigten Informationen der Problemlösungskomponente automatisiert zu erzeugen (Corsar und Sleeman 2007, 2008). Die Autoren widmen sich noch einem weiteren Problem das bei der Kombination zu einem Wissensbasierten System auftreten kann: General Problem Solver als Problemlösungsmethode sind nur selten in der Lage ad-hoc zusammen mit einer Wissensbasis eine bestimmte Problemstellung zu lösen. Häufig müssen diese noch durch zusätzliche anwendungs- bzw. problemspezifische Annahmen, Restriktionen und Regeln erweitert werden. Hierfür wird eine Methode zur Wissensaquisition eingeführt die den Experten bei der Externalisierung des zusätzlich benötigten Wissens unterstützt (Corsar und Sleeman 2007, 2008).

Multi-Agenten Systeme können vereinfacht als verteilte Wissensbasierte Systeme aufgefasst werden. Agenten Systeme nutzen ebenfalls Ontologien als Wissensbasis, wobei jeder Agent eine eigene Wissensbasis besitzt; Diese beschreibt zusätzlich zum lokalen Wissen des Agenten auch die Umgebung, ein gemeinsames Vokabular und die Kommunikation mit anderen Agenten. Die Ontologien ermöglichen den Austausch von Wissen zwischen Agenten und die kooperative Lösung von Problemstellungen in Multi-Agenten Systemen. SCHIEMANN war einer der ersten Autoren, der einen automatisierten Mediator-Ansatz basierend auf Ontologien in Multi-Agenten Systemen vorgeschlagen hat, damit auch Agenten die über keine gemeinsame „Common" Ontologie verfügen miteinander kooperieren können (Schiemann 2010). Die gleiche Idee wurde bereits für die Integration von Ontologien mit unterschiedlichen Schemata verfolgt. Einer der Ansätze zur automatisierten Erzeugung einer Mediator-Ontologie ist SMART (Noy und Musen 1999). Die heutigen Ansätze basieren auf der Analyse der Struktur und der Linguistik von zwei unterschiedlichen Ontologien; Diese arbeiten jedoch nur teilautomatisiert, d. h. ein Experte beeinflusst die Mediator-Ontologie.

Die bestehenden Methodiken zur Entwicklung von semantischen Wissensbasierten Systemen und deren Architektur sowie insbesondere die Ansätze zur Wiederverwendung von Ontologien sind die Grundlage für eine Methodik zur Konzipierung eines wissensbasierten Entscheidungssystems zur Unterstützung von Aufgaben der Arbeitsplanung. Die bestehenden Methodiken und Architekturen gilt es für die Nutzung von Linked Data als Wissensquellen zu untersuchen und entsprechend zu erweitern. Im Gegensatz zur Wiederverwendung von Ontologien werden bei Linked Data nur einzelne Informationen aus den externen Wissensquellen abgerufen und in der lokalen Wissensbasis aggregiert.

3.3.3 Linked Data-basierte Empfehlungssysteme

Empfehlungssysteme werden von E-Commerce Anbietern von Büchern, Filmen und Musik zur Generierung von individualisierten Vorschlägen genutzt für die sich ein Nutzer interessieren könnte (Di Noia et al. 2012).

Empfehlungssysteme benötigten drei Hauptkomponenten: Die Wissensbasis, welche die Hintergrundinformationen über Nutzer (Verhaltens ähnlicher Nutzer im Bezug auf gekaufte oder betrachtete Artikel) sowie den gesamten Artikelstamm; Die Eingangsdaten, welche die Informationen über einen einzelnen Nutzer enthalten sowie den Empfehlungsalgorithmus der mit den Eingangsdaten (beispielsweise ein neu gekaufter oder betrachteter Artikel) und anhand der Wissensbasis neue Empfehlungen generiert. Linked Data kann bestehende sog. geschlossene Empfehlungssysteme verbessern, wenn noch unzureichende Hintergrundinformationen („Cold Start Problem") über Nutzer oder neue Artikel vorliegen und demnach nur Empfehlungen von geringer Qualität generiert werden können. HEITMANN AND HAYES beschreiben ein Empfehlungssystem welches Linking Data als zusätzliche Hintergrunddaten nutzt (Heitmann und Hayes 2010). DI NOIA ET AL haben ein vergleichbares Empfehlungssystem implementiert: Dieses nutzt die Informationen über Filme aus verschiedene Linked Data Quellen wie DBpedia, Freebase und LinkedMDB um Empfehlungen für Nutzer zu generieren. Die Empfehlungen basieren auf den Hauptmerkmalen der Filme (z. B. Regisseur, Genre, Darsteller); Je mehr Gemeinsamkeiten zwei Filme besitzen desto höher das Empfehlungsranking. Mit dieser Methode können beispielsweise Empfehlungen für neue Filme generiert werden, für die noch keine Hintergrundinformationen über das Nutzerverhalten in der Wissensbasis vorhanden sind (Heitmann und Hayes 2010). PESKA & VOJTAS beschreiben einen Ansatz um Artikel auf E-Commerce Plattformen mithilfe von Linked Data automatisiert mit Informationen zu ergänzen und bessere Empfehlungen mithilfe von Ähnlichkeitsbasierten Algorithmen zu generieren. Der Anwendungsbereich sind Artikel die nur selten gekauft werden oder Anbieter mit wenigen Kunden, sodass Empfehlungen auf Basis des Verhaltens ähnlicher Nutzer generell nicht möglich sind (Peska und Vojtas 2015, S. 6).

Linked Data-basierte Empfehlungssysteme sind von der Architektur sehr ähnlich; Alle Ansätze erwähnen zusätzliche Komponenten für die Abfrage der Linked Data Quellen und für den Import in ein Lokales Schema. Dies kann sehr wahrscheinlich auf das Linked Data-basiert WBS in der vorliegenden Arbeit übertragen werden. Für die Auswahl von Ressourcen im Rahmen der Arbeitsplanung reichen Empfehlungen und ähnlichkeitsbasierte Algorithmen jedoch nicht aus. Bei der Auswahl von Ressourcen gilt es vielmehr die Eigenschaften des Werkstücks zu berücksichtigen. Die Parameterwerte einer Ressource stellen immer Maximalwerte dar, dennoch kann ein einzelner Parameterwert darüber entscheiden ob ein Werkstück auf einer Ressource gefertigt werden kann oder nicht. Ähnlichkeitsbasierte Algorithmen sind für die Auswahl von alternativen Fertigungsressourcen daher nicht zielführend.

3.3.4 Ansätze zur Auswahl von Fertigungsressourcen

Es existiert in der Literatur eine Vielzahl von Ansätzen zur Auswahl von Fertigungsressourcen. JUMYUNG UM ET AL. geben eine Übersicht von automatisierten Ansätzen zur Auswahl von Werkzeugmaschinen. Die Ansätze basieren auf Fuzzy-AHP, GA oder ANT und Nutzen Informationen über das Werkstück und den Auftrag sowie über die verfügbaren Werkzeugmaschinen. Im Vordergrund dieser Ansätze steht die ganzheitliche Optimierung der Fertigung unter Berücksichtigung zuvor definierter Alternativen von Werkzeugmaschinen für jeden Fertigungsschritt (Um et al. 2016). Im Hinblick auf das Ziel der Arbeit werden im Folgenden werden nur solche Ansätze vorgestellt, die in der Lage sind geeignete Ressourcen eigenständig zu identifizieren. Die Ansätze unterscheiden sich u. a. in der Modellierung von Ressourcen (Betriebsmitteln), den verwendeten Fertigungsanforderungen (des Werkstücks) und dem Matching-Verfahren (Auswahl-Algorithmus). Für geometrisch nicht komplexe Werkstücke wurden viele Ansätze vorgestellt, die eine Auswahl von Ressourcen basierend auf den Fertigungs-Features[6] (Weber et al. 2014) ermöglichen. CHUNG & PENG stellen einen solchen Ansatz für die Drehbearbeitung von Werkstücken vor. Hierbei werden für alle Fertigungsfeature die durch eine Drehbearbeitung erzeugt werden können eine geeignete Drehmaschine und in einem zweiten Schritt die Drehwerkzeuge ermittelt. Bei der Auswahl der Maschine werden jedoch nur wenige Eigenschaften wie Motorleistung, Spindeldrehzahl und maximaler Durchmesser berücksichtigt (Chung und Peng 2004). EUM ET AL. präsentieren einen weiterentwickelten Ansatz für Fräsprozesse. Die Fertigungs-Feature und die Bearbeitungsprozesse mit ihren spezifischen Fähigkeiten werden in einer Ontologie modelliert. Der Abgleich erfolgt durch ein regelbasiertes Verfahren, hierbei werden mittels Regeln die Fähigkeiten der Prozesse mit den Anforderungen der Fertigungsfeature verglichen. Die Anforderungen umfassen beispielsweise die Größe, Toleranz, Rauheit, Sonderflächen, etc. Mit den ermittelten Bearbeitungsprozessen können auf ähnliche Weise die geeigneten Ressourcen ermittelt werden. Hierbei werden dann die Anforderungen der Fertigungsprozeese mit den Fähigkeiten der Ressourcen verglichen (Eum et al. 2013).

Das Paradigma Werkstücke durch Fertigungs-Feature eindeutig zu beschreiben hat auch die Entwicklung der STEP-NC Standards ISO 10303-238 geprägt. STEP-NC ist eine Sprache zur Steuerung numerischer Werkzeugmaschinen und wurde entwickelt um den veralteten G&M Code zu ersetzen. Dahinter steht die Idee das Werkstück maschinenneutral durch Fertigungs-Features zu beschreiben. Jede Maschine mit den benötigten Prozessfähigkeiten soll das gleiche STEP-NC Programm zur Herstellung eines Werkstücks verwenden können. Im Umfeld von STEP-NC entstanden daher auch entsprechende Ansätze zur Auswahl von Werkzeugmaschinen auf Basis der Anforderungen eines STEP-NC Bearbeitungsprogramms. Hierfür wurde zusätzlich ein STEP-NC kompatibles Beschreibungsmodell für die Fähigkeiten Werkzeugmaschinen entwickelt und als ISO 14649-201 standardisiert (Um et al. 2016). Die Ansätze nutzen unterschiedliche Auswahl-Algorithmen und auch mathematische Modelle um zu prüfen ob die Fähigkeiten einer Werkzeugmaschine alle Anforderungen eines STEP-NC Bearbeitungsprogramms erfüllen (Nassehi und Vichare 2008).

---

[6] Fertigungs-Feature repräsentieren eine einen abgegrenzten Teil eines Werkstücks durch die Gestalt und die technologische Eigenschaften die für die Herstellung relevant sind. Die Abgrenzung erfolgt im Hinblick auf die Teile eines Werkstückes die ähnliche Eigenschaften aufweisen und mutmaßlich in einem Fertigungsschritt hergestellt werden können.

Weitere Ansätze zur Auswahl von geeigneten Ressourcen existieren auf der Ebene des Supply-Chain-Managements (SCM). Vordergründig geht es bei SCM nur um die Lieferantenauswahl. Für die Herstellung komplexer Werkstücke müssen jedoch bereits die Fähigkeiten des Maschinenparks und einzelner Maschinen berücksichtigt werden; Zumindest dann, wenn es sich nicht um Aufträge handelt deren Volumen die Anschaffung neuer Betriebsmittel rechtfertigen oder die geforderte Lieferzeit dies nicht zulässt. Für den Einsatz im Bereich SCM haben AMERI ET AL. die Manufacturing Service Description Language (MSDL) entwickelt. Diese ermöglicht eine semantische Beschreibung von Produktionsprozessen, Werkzeugen und Maschinen durch einen Lohnfertiger. Der Fokus der MSDL lag ursprünglich auf der Beschreibung spanender Bearbeitungsprozesse und der entsprechenden Ressourcen sowie einer semantischen Beschreibung der Anfragen (Request for Quote). Die MSDL wurde als TBox in einer OWL-Ontologie umgesetzt, die Anfragen und angebotenen Prozesse werden in der korrespondieren ABox beschrieben. Dies ermöglicht die Ermittlung geeigneter Anbieter für eine Anfrage durch den Einsatz eines Inferenzmechanismus. Später wurde der Fokus der MSDL auf weitere Fertigungsprozesse erweitert und das hehre Ziel war eine automatisierte Lieferantensuche innerhalb eines Digital Manufacturing Markets (Ameri et al. 2011). Um die Suche zu verbessern wurden neben den angebotenen Fertigungsprozessen auch allgemeine Kompetenzen, Branchen und typische Produkte der Anbieter mit in die Beschreibung aufgenommen. Das Wissen von SCM Experten wurde in Form von Regeln externalisiert und fließt in die Suche mit ein (Ameri und McArthur 2013). SHEA nutzt und erweitert die MSDL für den Einsatz in einer intelligenten Fertigung. Die Arbeitsvorbereitung wird durch die Agenten übernommen die Teil der intelligenten Ressourcen sind. Basierend auf MSDL besitzt jede Maschine eine Beschreibung ihrer Fähigkeiten und entscheidet selbst welche Aufträge sie ausführen kann (Shea et al. 2010). CHI beschreibt einen regelbasierten Ansatz zur Lieferantensuche der ebenfalls auf einer Ontologie basiert in der die Fähigkeiten eines Anbieters beschrieben werden. Die Fähigkeiten beschränken sich jedoch auf die typischen Werkstücke und Produkte des Anbieters nicht auf die Beschreibung konkreter Fertigungsprozesse oder vorhandener Ressourcen. Der Ansatz ist demnach für die Suche potenzieller Lieferanten in einer frühen Phase geeignet, wenn nur vagen Anforderungen existieren oder auch ein Teil der Entwicklungsarbeit ausgelagert werden soll (Ming et al. 1998).

3.3.5 Wiederverwendung von NC Programmen

SCHRÖDER und HOFFMANN beschreiben ein prototypisches Werkzeug, dass die Übersetzung von NC-Progammen mit unterschiedlichen NC-Programmiersprachen unterstützt. Bei NC-Programmiersprachen beschreibt jeweils ein NC-Block genau eine primitive Funktion. Anhand einer Übersetzungsbibliothek werden die NC-Blöcke in eine andere NC-Programmiersprache übersetzt. Mithilfe von Regular Expressions werden die NC-Befehle ohne Parameterwerte in der Bibliothek beschrieben und können durch äquivalente Befehle einer anderen NC-Programmiersprache ersetzt werden. Die Parameterwerte werden übernommen und an der entsprechenden Stelle eingefügt (Schroeder und Hoffmann 2006).

GUO ET AL haben einen neuen Typ eines NC-Programm-Interpreters für CNC Steuerungen vorgestellt. Standard Interpreter verarbeiten immer nur einen definierte NC-Programmiersprache resp. eine Variante von G&M code. Das vorgestellte Konzept eines Interpreters kann verschiedene G&M codes verarbeiten. Hierfür wird eine externe Bibliothek verwendet, welche die jeweils zutreffende Spezifikation eines NC-Befehlt enthält, d. h. die Definition welche Funktion durch einen NC-Befehl aufgerufen werden soll (Guo et al. 2012).

3.4 Vorgehen zur Integration von Linked Data in ein Ontologie-basiertes Entscheidungssystem

Eine Vorrausetzung für die erfolgreiche Entwicklung eines wissensbasierten Entscheidungssystem (WBS) basierend auf Linked Data ist ein geeignetes Vorgehensmodel; Dieses muss die spezifischen Anforderungen und Potenziale von Linked Data berücksichtigen. Zwei Phasen des Vorgehensmodells stehen im Fokus der Betrachtung: Der Abgleich der benötigten Informationen mit dem als Linked Data verfügbaren Informationen. Die verbleibende Wissenslücke (Abschn. 3.4.1) wird in einer weiteren Phase durch die Externalisierung und Ergänzung von prozeduralem Wissen minimiert.

3.4.1 Vorgehensmodell zur Entwicklung

Die folgenden fünf Schritte sind essenziell für die Entwicklung eines wissensbasierten Systems basierend auf Linked Data:

1. Auswahl der Problemlösungsmethode: Externalisieren und beschreiben resp. modellieren der Entscheidungs-Logik oder des Matching-Verfahrens um eine Anfrage sinnvoll beantworten zu können: Die Anforderungen an das WBS legen fest welche Anfragen vom System verstanden, verarbeitet und beantwortet werden sollen, welche Umweltparameter berücksichtigt werden müssen und wie die erwartete Antwort aussieht. Basierend auf der gewählten Problemlösungsmethode muss von einem Wissens-Ingenieur das relevante prozedurale Expertenwissen externalisiert und entsprechend formalisiert werden. Wenn noch keine Problemlösungsmethode ausgewählt wurde kann das Wissen zunächst durch Regeln beschrieben werden die von verschiedenen Inferenz-Maschinen ausgewertet werden können.
2. Beschreibung der benötigten Fakten resp. Informationen um eine Entscheidung zu treffen oder die erwartete Antwort zu erzeugen: Die benötigten Fakten in der Wissensbasis werden durch die Problemlösungsmethode determiniert welche genutzt wird um eine Anfrage zu beantworten. Es wird empfohlen die Fakten durch Konzepte

aus weit verbreiteten Fachterminologien zu beschreiben. Dies vereinfacht die nachfolgenden Schritte mit der Suche und dem Zugriff auf relevante Linked Data
Quellen.

3. Suche und Vergleich der benötigten Fakten resp. Informationen die als Linked Data im
Semantic Web verfügbar sind. In diesem Schritt wird nach den benötigten Fakten in
verschiedenen Linked Data Quellen gesucht. Entsprechende Ansätze existieren bereits
im Forschungsgebiert „Information Retrieval"; Außerdem gibt es neue Dienste welche
explizit die Suche nach Linke Data Quellen fokussieren wie SWSE, Sindice, Falcons
und Watson. In der Regel werden nicht alle benötigten Fakten in den Linked Data Quellen gefunden. Abb. 3.2 stellt diese Situation vereinfacht dar: Die linke Box zeigt einen
Matching-Prozess im Bereich der Arbeitsplanung, genauer gesagt, die Auswahl von
geeigneten Betriebsmitteln zur Herstellung eines Bauteils. Der Matching-Prozess benötigt Informationen über das Bauteil resp. Werkstück sowie das Wissen über die vorhandenen Fertigungsressourcen. Die linke Box repräsentiert die benötigten Informationen. Die rechte Box repräsentiert die Informationen die als Linked Data im Web of
Data vorhanden sind. Diese werden als verfügbare Informationen bezeichnet. Es gilt
jedoch zu bedenken, dass die Informationsanbieter unterschiedliche Hintergründe und
Beweggründe haben. Einige sind gleichzeitig Besitzer der Daten, andere publizieren
die Daten im Auftrag von Dritten. Es gibt auch Informationsanbieter deren Geschäfts-
modell darin besteht Daten von Dritten aufzubereiten und zu veröffentlichen. Diese
Informationsanbieter verdienen nur dann Geld, wenn die publizierten Informationen
möglichst oft erworben und genutzt werden. Für diese Anbieter sind Daten interessant,
die oft nachgefragt werden und für die Informationsnachfrager bereit sind zu bezahlen.
Was alle Informationsanbieter gemeinsam haben ist die Tatsache, dass sie im Vorfeld
nicht wissen wofür genau ihre Daten genutzt werden. Die Daten werden nicht für einen
bestimmten Zweck publiziert und aufbereitet. Vor diesem Hintergrund verbleibt oft eine
Wissenslücke zwischen den benötigten Informationen und den verfügbaren Informationen. Eine Wissenslücke entsteht, wenn nicht alle benötigten Informationen durch verfügbare Informationen abgedeckt werden können. Hierfür gibt es zwei Gründe: Entweder

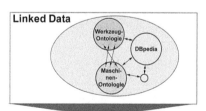

Benötigte Informationen
sind nicht explizit und vollständig in den
verfügbaren Linked Data-Quellen enthalten;   „Wissenslücke"
Es können die terminologischen Konzepte oder
einzelne Instanzen Ursache sein

**Verfügbare Linked Data-
Quellen**
werden von Informationsanbietern
veröffentlicht, wenn diese stark nach-
gefragt werden

Abb. 3.2 Wissenslücke zwischen benötigten und verfügbaren Informationen

sind die entsprechenden Konzepte nicht als Linked Data verfügbar oder auffindbar oder die benötigten Instanzen der Konzepte sind nicht enthalten. Beispiel; Es ist offensichtlich, dass in den Instanzen unter dem Konzept „Werkzeugdurchmesser" nicht alle Durchmesser für alle Werkzeuge beschrieben sind; denn Linked Data Quellen können beschränkt sein auf bestimmte Typen, Hersteller, etc.

4. Schließen der Wissenslücke durch Modellierung von prozeduralem Wissen: Die Wissenslücke kann verringert oder vollständig geschlossen werden, indem mehrere Linked Data Quellen durch Regeln kombiniert/ergänzt werden um damit die benötigten jedoch nicht direkt verfügbaren Informationen herzuleiten; Dies wird auch als Daten Mash-Up bezeichnet. Die Regeln bilden das prozedurale Wissen ab, welches den Zusammenhang zwischen benötigten Informationen und verfügbaren Informationen beschreibt. Mit anderen Worten, mehrere Regeln werden auf die verfügbaren Informationen angewendet, bis diese im Idealfall den benötigten Informationen entsprechen. Beispielsweise kann aus der minimalen und maximalen Achsposition der maximale Verfahrweg abgeleitet werden sofern dieser nicht als Linked Data veröffentlich wurde. Die Regel hierfür ist trivial. In anderen Fällen erfordert die Modellierung der Regeln jedoch zunächst mehr Aufwand im Vergleich zur manuellen Herleitung und Modellierung der benötigten Informationen aus den verfügbaren Informationen. Werden die verfügbaren Informationen jedoch aktualisiert, müssen die benötigten Informationen erneut manuell hergeleitet und modelliert werden. Dieser Prozess kann durch den beschriebenen Einsatz von Regeln automatisiert werden, die benötigten Informationen sind damit stets aktuell.

5. Import der benötigten Linked Data-Informationen in eine lokale Wissensbasis: Dieser Schritt integriert die Informationen aus unterschiedlichen Linked Data Quellen in das Schema einer lokalen Wissensbasis (Bizer et al. 2009a). Das Schema leitet sich aus den Anforderungen des jeweiligen Unternehmens bzw. der Domäne sowie der Anwendungen die darauf zugreifen ab. Eine lokale Wissensbasis hat den Vorteil, dass die Verfügbarkeit oder Beschränkungen nicht von Drittanbietern abhängt und Anfragen schneller beantwortet werden und. Insbesondere Schlussfolgerungen über mehrere verteilte Wissensquellen sind deutlich langsamer. Dieser Ansatz empfiehlt sich daher nur wenn die Informationen sehr umfangreich sind und sehr häufig aktualisiert werden, sodass ein Import nicht in Frage kommt (Heath und Bizer 2011). Für den Import der Linked Data-Informationen benötigt das WBS eine Beschreibung wie die Informationen aus der jeweilige Quelle abgerufen werden können. Die Grundlagen solcher Abfragen sind aus dem Bereich der Datenbanken bekannt und gut erforscht. Liegen die Daten in verteilten Quelle vor werden häufig Data Warehouse Lösungen oder Query Federation Methoden eingesetzt. Diese wurden bereits für den Einsatz mit Linked Data adaptiert und getestet (Pellegrini et al. 2014).

Die vorgestellten fünf Schritte müssen von einem Wissensbasierten System umgesetzt werden damit Informationen aus Linked Data Quellen bestmöglich integriert werden können. Diese Schritte gilt es daher bei der Gestaltung der Architektur eines Wissensbasierten Systems zu berücksichtigen. Die im Rahmen dieser Arbeit entwickelte Architektur ist in Abb. 3.3 gezeigt. Die einzelnen Komponenten werden im nächsten Abschnitt beschrieben.

3.4.2   Architektur des Entscheidungssystems

Der Begriff System-Architektur steht für die Strukturierung der wichtigsten Komponenten/ Module/Bausteine eines Softwaresystems. Hierbei werden die wesentlichen Funktions- und Kommunikationsbeziehungen sowie die verschiedenen Schichten der Software dargestellt. Eine multi-tier oder mehrschichtige Softwarearchitektur gliedert die Funktionen einer Software in verschiedene Schichten – von elementarer Datenhaltung bis zur interaktiven Benutzeroberfläche. Web-basierte Anwendungen basieren für gewöhnlich ebenfalls auf dieser Architektur. Dies gilt demnach auch für Linked Data-basierte Anwendungen. Für diese Art von Software sind mindestens drei Schichten erforderlich: Die Dialog-Schicht verbindet die Software mit der menschlichen Umwelt beispielsweise durch eine i. d. R. grafische Benutzeroberfläche. Die Logik-Schicht implementiert den wesentlichen Teil der Logik hinter der Software wie die Ablaufsteuerung. Die Daten-Schicht umfasst die Speicherung von Daten und den Datenaustausch, sie stellt der Logik-Schicht alle benötigten Daten in adäquater Form zur Verfügung (Simperl et al. 2013). Diese allgemeine Architektur dient als Basis für das Wissensbasierte System das im Rahmen dieser Arbeit konzipiert wird. Die Besonderheit Wissensbasierter Systeme ist, dass die Daten-Schicht nicht nur Daten enthält die von der Logik-Schicht verarbeitet werden – sondern auch Wissen, dass zusammen mit Logik-Schicht das Verhalten bzw. die Ergebnisse des Wissensbasierten Systems beeinflussen.

Abb. 3.3 zeigt die fünf Komponenten des Wissensbasierten Systems; Die Bezeichnung der Komponenten ist bewusst stark an die Architektur konventioneller Wissensbasierter Systeme angelehnt. Mit Blick auf die Funktion ist die Dialogkomponente jedoch die einzige die keiner wesentlichen Anpassungen bedarf. Die Problemlösungs-, Wissensaquisitions-, Wissensbasis- und die Erklärungskomponente müssen an die Integration von Linked Data und semantische Technologien angepasst werden. Beispielsweise bietet die Wissenserwerbskomponente in konventionellen Systemen eine Benutzerschnittstelle für Fachexperten zur Verwaltung des Wissens, d. h. Löschen, Verändern und Hinzufügen von Wissen in einer formalen Modellierungssprache. Eine solche Wissenserwerbskomponente ist demnach der Dialog-Schicht zuzuordnen wie auch die Dialog-Komponente eines Wissensbasierten System, mit dem Unterscheid das die Benutzerschnittstelle auf Experten statt Anwender zugeschnitten ist. Mit der Abfrage und dem Import von Linked Data kommt der Wissenserwerbskomponente eine ganz andere Funktion zu. Sie besitzt eine Schlüsselfunktion welche die Vorteile des zu konzipierenden Wissensbasierten Systems begründet. Die Funktionalität ist somit essenziell und ebenso keineswegs trivial; Deshalb wird diese Funktionalität in einer eigenen Softwareschicht behandelt.

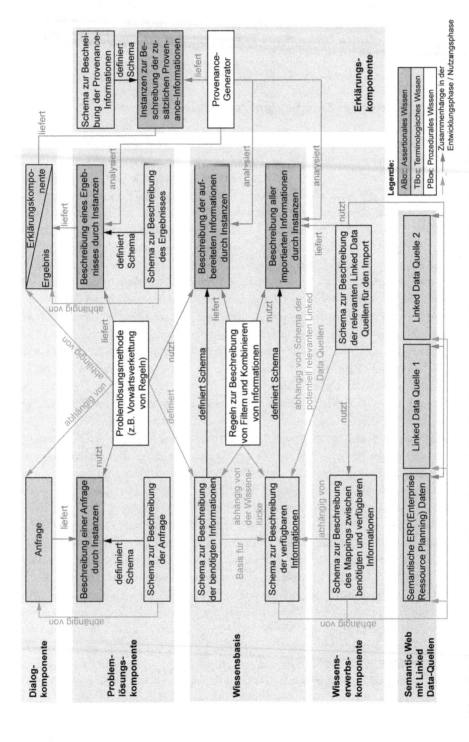

Abb. 3.3 Komponenten des WBS mit ihren Abhängigkeiten (Relationen) sowie die Umsetzung als TBox, ABox und PBox

Im Abb. 3.3 ist auch das Semantic Web mit mehreren verteilten Linked Data-Quellen gezeigt; Dies ist jedoch keine Komponente des Systems und es sollen lediglich die Beziehungen zum Wissensbasierten System dargestellt werden.

Die Boxen innerhalb der fünf Komponenten repräsentieren verschiedene Aspekte die in einer Anwendungsontologie abgebildet werden; eine Anwendungsontologie ist eine Ontologie die für eine spezielle Domäne und eine Anwendung erstellt wurde (Guarino 1998). Zweckmäßigerweise wird jede Softwareschicht durch jeweils eine eigene Anwendungsontologie umgesetzt. Hierdurch bleiben die einzelnen Anwendungsontologien klein und überschaubar; Es gibt eine klare Trennung wo welche Aspekte modelliert werden und die Wiederverwendung der Anwendungsontologien ist einfacher.

Wie in Abschn. 1.2.2 dargestellt können Ontologien in eine TBox und eine ABox eingeteilt werden, die unterschiedlichen Farben in Abb. 3.3 symbolisieren diese Zuordnung. Im Bild ist noch ein dritter Typ „PBox" dargestellt. Die PBox enthält nur prozedurales Wissen welches durch Regeln modelliert ist, beispielsweise Regeln die auf vorhandene Informationen resp. Fakten angewendet werden um neue Informationen abzuleiten. Bei vielen veröffentlichten Ansätzen werden Regeln getrennt von der Ontologie selbst modelliert; Denn es fehlte eine geeignete semantische Beschreibungssprache für Regeln. Mit SWRL (Semantic Web Rule Language (Horrocks et al. 2004)) und SPIN (SPARQL Inference Language (Knublauch 2011)) stehen mittlerweile zwei Ansätze zur Modellierung von Regeln innerhalb einer Ontologie zur Verfügung. SWRL-Regeln verwenden eine eigene Syntax und werden zusätzlich zur TBox und ABox in der Ontologie gespeichert. SPIN-Regeln hingegen können direkt durch die OWL modelliert werden. In Abb. 3.3 wurde hierfür der eigene Begriff der PBox eingeführt.

Den Schwerpunkt der Konzipierung bildet die Definition der TBox und der PBox für jede Anwendungsontologie. Diese sind speziell für die jeweilige Domäne und Aufgabe eines wissensbasierten Systems zu entwerfen. Die assoziierte ABox mit den expliziten Fakten wird im vorgestellten Ansatz weitestgehend automatisch aus Linked Data Quellen mit Informationen befüllt. Die blauen Pfeile in Abb. 3.3 zeigen den logischen Zusammenhang zwischen den verschiedenen Aspekten der Anwendungsontologien während der Konzipierung des wissensbasierten Systems. Die gelben Pfeile zeigen den Informationsaustausch zwischen verschiedenen Teilen der Anwendungsontologien während der Nutzungsphase.

Die Anwendungsontologie der Problemlösungs-Komponente in Abb. 3.3 enthält als zentrales Element die Problemlösungsmethode resp. das prozedurale Wissen um eine Anfrage sinnvoll beantworten zu können. Die Aufgabe dieser Komponente wurde im ersten Schritt des Vorgehensmodells erläutert. Die Anwendungsontologie verfügt des Weiteren über eine semantische Schnittstelle für die Anfragen an das wissensbasierte System und die entsprechenden Antworten. Basis der semantischen Schnittstelle ist ein terminologisches Schema (TBox). Das Schema definiert die Konzepte und deren Relationen zueinander. Eine Anfrage an das wissensbasierte System erfolgt durch die Instanziierung einer ABox zu diesem Schema. Die Problemlösungsmethode kann somit die Anfrage in dieser semantischen Form „verstehen" resp. verarbeiten und durch Anwendung des Problemlösungswissens eine Antwort generieren. Das Problemlösungswissen umfasst hierbei das terminologische Wissen (TBox), das Faktenwissen (ABox) und das prozedurale Wissen (PBox) welches dem wissensbasierten System zur Verfügung steht.

Die Anwendungsontologie der Wissensbasis stellt das benötigte Faktenwissen für die Problemlösungsmethode bereit. Das Faktenwissen wird auf Basis des terminologischen Schemas der Anwendungsontologie beschrieben. Das Schema der TBox umfasst hierfür Axiome mit denen das benötigte Faktenwissen in der ABox instanziiert werden kann. Welches Faktenwissen der Wissensbasis benötigt wird kann aus der Problemlösungsmethode abgeleitet werden (2. Schritt des Vorgehensmodells). Die Anwendungsontologie der Wissensbasis enthält gemäß dem 3. Schritt des Vorgehensmodells eine Erweiterung des Schemas zur Beschreibung der tatsächlich verfügbaren Informationen in Linked Data Quellen sofern diese nicht exakt den benötigten Informationen entsprechen; In Abb. 3.3 sind hierfür zwei Schema als separate TBoxen dargestellt. Dieses Schema der verfügbaren Informationen verwendet eins zu eins die gleichen Axiome und Relationen zur Beschreibung wie die jeweiligen Linked Data Quellen. Dies ist notwendig damit auf Basis dieses Schemas die Anfragen an Linked Data Quellen generiert werden können; Denn die Anfragen müssen notwendigerweise die gleiche Terminologie enthalten, d. h. Axiome in der Anfrage müssen gleich benannt sein wie in der Quelle. Zunächst sei der Fall betrachtet, bei dem die benötigten und die verfügbaren Informationen übereinstimmen jedoch durch unterschiedliche Terminologien beschrieben werden: Die Bedeutung ist demnach identisch, die verwenden Begriffe für Konzepte, Relationen etc. jedoch nicht; Zusätzlich kann auch die Hierarchisierung bzw. die Struktur die sich aus den Axiomen ergibt abweichen. In diesem Fall kann eine einfache Zuordnung durch ein „Mapping" zwischen den Schemata erzeugt werden welche die benötigten und die verfügbaren Informationen beschreiben. Gibt es nur eine Linked Data Quelle und demnach nur ein Schema der verfügbaren Informationen kann im Rahmen der Konzipierung auch das Schema der benötigten Informationen dahingehend angepasst werden. Dieses Mapping wird beispielsweise durch das Linked Data Integration Framework (LDIF) unterstützt (Aggarwal et al. 2008); Dieses ermöglicht den Import von Linked Data in ein lokales Schema auf Basis einer Mapping-Ontologie. Das lokale Schema entspricht hier dem Schema welches die benötigten Informationen beschreibt. Die Mapping-Ontologie enthält die semantische Zuordnung zwischen zwei oder mehreren Schemata. Ein direktes Mapping ist jedoch nicht immer möglich, beispielsweise wenn statt dem benötigten Werkzeugdurchmesser nur der Werkzeugradius aus einer Linked Data Quelle abgefragt werden kann oder die Geschwindigkeit in [mm/s] statt in [m/s] angegeben wird. In diesem Fall kann der Zusammenhang zwischen verfügbaren Informationen und benötigten Informationen durch eine einfache Regel ergänzt werden. Alternativ können auch Ontologien genutzt werden welche die Zusammenhänge von Einheiten und Messgrößen beschreiben. In weniger trivialen Fällen bei denen es keinen einfachen mathematischen Zusammenhang gibt, ist es erforderlich unterschiedliche Informationen aus mehreren Quellen abzufragen und mittels Regeln zu kombinieren. Dieser Ansatz die benötigten Informationen zu generieren wird als Mash-Up Methode bezeichnet (4. Schritt des Vorgehensmodells). Die Regeln für das Mash-Up von verfügbaren Informationen in die benötigten Informationen werden in der PBox modelliert. Diese PBox ist Teil der Anwendungsontologie welche die Wissensbasis implementiert. Für diese Aufgabe können Software-Werkzeuge wie DERI Pipes, Information Workbench und MashQL eingesetzt werden. Diese unterstützen die Datenintegration im Sinne der skizzierten Kombination von Daten für strukturierte Daten (z. B. Linked Data) (Hendrik und Tjoa 2014).

Die Anwendungsontologie der Wissenserwerbskomponente ruft die Informationen aus Linked Data Quellen ab und stellt sie der Wissensbasis bereit. Der Wissenserwerb erfolgt bei Bedarf automatisch nachdem die Anwendungsontologie im Rahmen der Konzipierung erstellt worden ist (5. Schritt des Vorgehensmodells). Der Bedarf ergibt sich aus der Domäne und der Aufgabe für die das wissensbasierte System eingesetzt wird. Die betrachtete Domäne in dieser Arbeit ist die Arbeitsvorbereitung einer spanenden Fertigung mit verschiedenen Werkzeugmaschinen. Änderungen in dieser Domäne wie beispielsweise die Beschaffung eines neuen Werkzeugs oder einer neuen Maschine erfordern eine Aktualisierung des Problemlösungswissens. Die Anwendungsontologie der Wissenserwerbskomponente verfügt hierzu über zwei Bereiche resp. TBoxen wie in Abb. 3.3 dargestellt: Der erste Bereich enthält die semantische Beschreibung in welchen Linked Data Quellen bestimmte Informationen zu finden sind sowie die Beschreibung wie diese abgerufen werden können. Für eine Information können mehrere Quellen hinterlegt werden, z. B. Werkzeugdatenbanken[7] verschiedener Hersteller wenn Werkzeuge von verschiedenen Herstellern in der Fertigung eingesetzt werden. Die Beschreibung wie diese Informationen aus einer Quelle abgerufen werden können erfolgt in Form von vorformulierten SPARQL-Abfragen. Der zweite Bereich der Anwendungsontologie enthält die Zuordnung zum lokalen Schemata der Wissensbasis, welches die benötigten und verfügbaren Informationen beschreibt, sowie zum Schemata der jeweiligen Linked Data Quelle. Diese Zuordnung resp. dieses Mapping ist erforderlich um die importierten Informationen in das lokale Schema der Wissensbasis zu transformieren und dort zu speichern.

Die Dialogkomponente und Erklärungskomponente erfüllen die gleiche Funktion wie in konventionellen wissensbasierten Systemen. Diese müssen nur geringfügig an die Verarbeitung semantischer Technologien angepasst werden die in den anderen Komponenten des wissensbasierten Systems eingesetzt werden. Die Dialogkomponente stellt eine (grafische) Schnittstelle für Anfragen der Benutzer oder anderer IT-Systeme bereit (Puppe 1990). Die Antwort bzw. Lösung des wissensbasierten Systems wird von der Erklärungskomponente transparent und nachvollziehbar für den Benutzer aufbereitet. Dies umfasst die genutzten Informationen sowie deren Quellen und angewendete Regeln die zu einer Lösung geführt haben. Die Herkunft, Qualität und Verlässlichkeit von Daten (Data Provenance) wird zu diesem Zweck in einem eigenen Provenance Model bei jedem Verarbeitungsschritt protokolliert. Data Provenance wurde zunächst für Datenbank-Systemen entwickelt und eingesetzt. Die Nutzung vergleichbarer Ansätze im Bereich semantischer

---

[7] Der Begriff Werkzeugdatenbank soll dem Leser eine Vorstellung der enthaltenen Informationen ermöglichen. Die Informationen müssen als Linked Data aufbereitet sein.

Technologien ist sinnvoll, wenn externe semantische Informationen eingebunden werden sollen (bspw. Linked Data). Zu diesem Zweck wurden bereits mehrere Provenance Modelle für die Anwendung im Bereich Linked Data veröffentlicht (Hartig und Zhao 2010; Sharma et al. 2015).

Eines dieser Modelle wird mit PROV abgekürzt und ist auch eine Empfehlung des W3C. PROV stellt ein standardisiertes Schema bereit mit dem die Provenance Informationen in einer separaten Ontologie beschrieben werden; Diese ist Teil der Erklärungskomponente. Das standardisierte Schema ermöglicht es die Provenance Informationen auch direkt aus den verwendeten Quellen zu übernehmen. Werden Informationen in der Wissensbasis durch Regeln transformiert oder kombiniert muss dieser Verarbeitungsschritt ebenfalls im Provenance Model beschrieben sein damit die ursprüngliche Herkunft etc. nicht verloren geht. Die Komponente Provenance Generator ergänzt diese Provenance Informationen für alle Änderungen innerhalb der ABox die nach dem Import durch die Wissenserwerbskomponente und innerhalb des wissensbasierten Systems durchgeführt werde. Diese Provenance Informationen werden von der Erklärungskomponente genutzt und sind damit essenziell für die Nachvollziehbarkeit und Transparenz der Lösung.

3.5 Umsetzung eines Linked-Data basierten Entscheidungssystems für die Auswahl von alternativen Werkzeugmaschinen im Rahmen der Arbeitsplanung

Das Vorgehensmodell und die Architektur können für verschiedene Aufgaben der Arbeitsplanung und darüber hinaus genutzt werden. Die Aufgabe muss jedoch prinzipiell für ein WBS geeignet sein; KOPPITZ nennt hierfür einige Merkmale u. a. ein enger Wissensbereich und eine abgegrenzte Aufgabe, die Lösung muss durch Deduktion (Schlussfolgern) ermittelt werden können und nachvollziehbar sein, das benötigte Wissen muss verfügbar sein und als deklaratives und prozedurales Wissen modelliert werden können (Koppitz 1992). Diese Merkmale gelten generell nach wie vor, die Deduktion kann erweitert, wenn durch den Einsatz von formalisierten Problemlösungsmethoden, die Aufgabe sollte nicht nur abgegrenzt sein sondern im Sinne der Mensch-Computer-Kooperation die spezifischen Fähigkeiten berücksichtigen. Die Umsetzung des Linked-Data basierten Entscheidungssystems für die Arbeitsplanung erfolgt im Rahmen des Spitzencluster-Projekts „Intelligente Arbeitsvorbereitung auf Basis Virtueller Werkzeugmaschinen" (Rehage et al. 2016). Die Aufgabe des WBS ist die automatische Auswahl von alternativen NC-Werkzeugmaschinen. Die folgenden Abschnitte beschreiben den Anwendungszweck sowie die Integration in die übergeordnete InVorMa-Plattform.

3.5.1 Ablauf der Arbeitsvorbereitung mit Unterstützung des WBS

In der Arbeitsvorbereitung werden die Fertigungsaufträge für die Herstellung vorbereitet; Dies erfolgt durch die Erstellung von Arbeitsplänen mit den benötigten Rohteilen, den einzelnen Fertigungsschritten und den zugewiesenen Ressourcen. Für die Bearbeitungs-schritte auf NC-Werkzeugmaschinen wird zusätzlich die Maschineneinrichtung (Auf-spannposition, Werkzeuge, Spannmittel) und das entsprechende NC-Programm erstellt. Mit diesen Eingangsinformationen beginnt der Auswahlprozess alternativer Werkzeug-maschinen in der Arbeitsvorbereitung mit Unterstützung des WBS. Abb. 3.3 zeigt den Ablauf von der Auswahl alternativer Werkzeugmaschinen bis zum Fertigungsbeginn. Zunächst werden für jeden spanenden Bearbeitungsschritt die Anforderungen an die Ma-schinenfähigkeiten abgeleitet. Mit diesen Anforderungen ermittelt das WBS möglich al-ternative Werkzeugmaschinen. Hierbei können auch Maschinen aus anderen Unterneh-mensbereichen, Partnerunternehmen, Lohnfertiger und Cloud-Anbieter berücksichtigt werden. Anschließend adaptiert ein Post-Prozessor diesen Bearbeitungsschritt (inkl. NC-Programm) an die alternative Maschine. Mithilfe der Virtuellen Werkzeugmaschine kann diese Alternative zunächst mit einer Simulation der Bearbeitung validiert werden. Die validierten Alternativen werden in einem Repository für Fertigungsdaten gespeichert und sind dem jeweiligen Fertigungsschritt zugeordnet. Die Simulation liefert auch eine gute Prognose für die Bearbeitungszeit auf der alternativen Werkzeugmaschine. Beide Informationen werden von der Arbeitsteuerung verwendet um stets die wirtschaftlichsten Maschinen einzuplanen. Kurz vor dem Start der Fertigung wird die Maschinenzuweisung eingefroren. Danach erfolgt die Bereitstellung des NC-Programms für den DNC-Server der jeweiligen Fertigung sowie die Maschineneinrichtung für die Mitarbeiter in der Ferti-gung (Abb. 3.4).

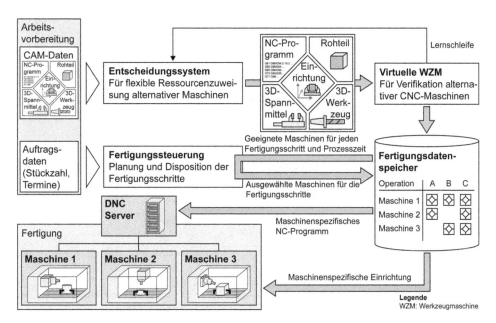

Abb. 3.4 Ablauf der Arbeitsvorbereitung bei Nutzung des WBS zur Auswahl alternativer Werk-zeugmaschinen

3.5.2　Implementierung und Eingliederung in die InVorMa-Plattform

Die Konzipierung des Linked-Data basierten Entscheidungssystems für die Arbeitsplanung erfolgt mit dem Ziel dieses System in die InVorMa-Plattform einzubetten. Die Einführung gibt einen Überblick über den Aufbau und die weiteren Komponenten. Die Vernetzung der einzelnen Komponenten erfolgt durch eine gemeinsame Webanwendung mit kundenspezifischer Datenbank im Hintergrund. In Abb. 3.5 wird die Umsetzung des WBS ausgehend von dieser Webanwendung beschrieben. In der Webanwendung wird hierfür vom Benutzer ein Fertigungsschritt ausgewählt der auf einer Werkzeugmaschine ausgeführt werden soll (Abb. 3.7). Die Fertigungsschritte wurden zuvor in der Webanwendung definiert; Für spanende Fertigungsschritte wurden zusätzlich ein NC-Programm und die assoziierte Maschine ergänzt. Für die Anfrage an das WBS müssen zunächst die Fertigungsanforderungen in der Webanwendung ermittelt werden. Hierzu zählen die Anforderungen die sich aus dem Rohteil und dem NC-Programm ergeben. Aus diesen Fertigungsanforderungen wird von dem Übersetzungsmodul in der Webanwendung eine formalisierte SPARQL-Anfrage generiert und an das WBS gesendet. Als Teil der Webanwendung wurde dieses Modul mit den einschlägigen Skriptsprachen zur Erstellung dynamischer Webseiten implementiert. übernimmt damit die Funktion der Dialog-Komponente für das WBS. Das WBS verfügt über ein Anfragemodul (Query Engine) als Schnittstelle für SPARQL-Anfragen. Nach der Verarbeitung der Anfrage werden die Ergebnisse ebenfalls über diese Schnittstelle bereitgestellt. Die Ergebnisse werden durch die Ontologie und eine Inferenz-Maschine (Reasoner) erzeugt. Die Ontologie repräsentiert die verschiedenen Anwendungsontologien (Problemlösungskomponente, Wissensbasis,

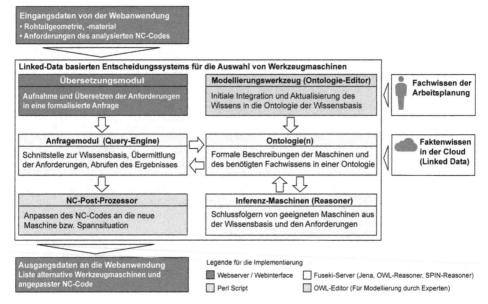

Abb. 3.5 Implementierte Komponenten zur Umsetzung des Entscheidungssystem und die Schnittstellt zur InVorMa-Webanwendung

Wissenserwerbskomponente). Der Reasoner ist die Basis für verschiedene Problemlösungs-methoden (Beispielsweise die Vorwärtsverkettung von Regeln). Die Query-Engine und der Triple-Store zur Speicherung der Ontologien werden auf Basis des Fuseki-Servers[8] imple-mentiert. Die initiale Modellierung der Ontologien erfolgt mit einem OWL-Editor.[9] Der Fo-kus der Modellierung liegt auf der TBox und der PBox, d. h. dem terminologischen Wissen (repräsentiert durch ein OWL-Schema) sowie dem prozeduralen Wissen (repräsentiert durch Regeln). Die instanziierte ABox mit den einzelnen Fakten soll weitestgehend automatisch aus Linked Data Quellen befüllt werden. Wenn die benötige Fakten jedoch nicht Verfügbar sind (d. h. auch nicht durch Kombination mit anderen Fakten und Anwendung von Regeln), kön-nen diese ebenfalls vom Experten mit dem Ontologie-Editor direkt modelliert werden.

Die vorgestellte Implementierung des Wissensbasierten Systems ermöglicht die Aus-wahl von alternativen Werkzeugmaschinen. Die „Suchradius" für die alternativen Maschi-nen kann auf einen Fertigungsbereich oder einen Standort beschränkt werden, es können jedoch auch Ressourcen von Partnern und lokalen Lohnfertigungsunternehmen berück-sichtigt werden. Die vollständige semantische Beschreibung jeder Maschine und der da-mit verbundene Aufwand soll durch die Nutzung von Linked Data vermieden werden. Die Veröffentlichung der benötigten Informationen als Linked Data steht nicht im Fokus die-ser Arbeit, sondern deren Verwendung im Rahmen eines Wissensbasierten System. Im Ausblick wird dieses Thema noch mal aufgegriffen.

In Abschn. 3.1.3.2 wurde erläutert, dass NC-Programme maschinenspezifisch sind und nicht einfach anderen Werkzeugmaschinen ausgeführt werden können. Abb. 3.5 zeigt des-halb den Post-Prozessor, welcher die NC-Programme für die alternativen Maschinen an-passt. Ein NC-Post-Prozessor der die vollständige Anpassung an verschiedene Steue-rungshersteller, Steuerungstypen, etc. ermöglicht ist weitaus komplexer und Gegenstand der Forschung (siehe Abschn. 3.3.5); Dieser Aspekt steht im Rahmen dieser Arbeit nicht im Vordergrund. Um den Aufwand für den hier implementierten NC-Post-Prozessor und zu reduzieren und die Fehlerfreiheit des NC-Programms zu gewährleisten berücksichtigt das WBS nur alternative Maschinen mit ähnlichen Steuerungen. Der hier implementierte Post-Prozessor ist auf zwei Aufgaben beschränkt: Erstens, das NC-Programm durch ent-sprechende G-Code Befehle zu „drehen" damit die Bearbeitung des Rohteils mit unter-schiedlichen Orientierungen des Rohteils durchgeführt werden kann. Viele Werkzeugma-schinen verfügen nicht über exakt kubische Arbeitsräume. Die Drehung des Rohteils zur bestmöglichen Ausnutzung des Arbeitsraumes vergrößert die Anzahl an potenziellen Werkzeugmaschinen. Die zweite Aufgabe des NC-Post-Prozessors ist das Ersetzen der

---

[8] Der Fuseki-Server ist ein Ableger des bekannten Jena-Frameworks. Dieser verfügt über einen inte-grierten Webserver zur Bereitstellung einer Webschnittstelle. Dies ermöglicht eine direkte Kommu-nikation mit der InVorMa-Webanwendung.

[9] Ein OWL-Editor ermöglicht die Erstellung und Bearbeitung von Ontologien. Hierfür verfügen OWL-Editoren über eine grafische Benutzeroberfläche zur Erstellung und Bearbeitung von RDF-Grafen bzw. OWL-Axiomen sowie Funktionen zur Visualisierung der Ontologie, Import-Ex-port verschiedener Ontologie-Sprachen und zum Test von Anfragen an die Ontologie.

wichtigsten maschinenspezifischen G-Code Befehle. Hierzu zählen fixe Rückzugspositionen sowie bestimmten maschinenspezifischen Befehlen. Der Aufwand kann durch entsprechende Vorgaben an den CAM-Prozess verringert werden, beispielsweise durch den Verzicht auf herstellerspezifische Zyklen im NC-Programm. Die Manipulation erfolgt durch verschiedener Perl-Skripte die mit den benötigten Manipulationsparametern aufgerufen werden. Abschließend werden die alternativen Werkzeugmaschinen sowie das angepasste NC-Programm an die InVorMa Webanwendung gesendet und dem Benutzer angezeigt. Bild 7 zeigt die Weboberfläche mit den alternativen Maschinen; Der Benutzer hat die Möglichkeit einzelne Maschinen auf Basis seiner Erfahrung oder Präferenz nachträglich abzuwählen.

Die WBS liefert auf Anfrage auch die Informationen über Ressourcen, Werkzeuge, etc. als Vorauswahl beim Anlegen neuer Fertigungsaufträge innerhalb der InVorMa-Plattform. Hierbei werden jedoch nur die Informationen aus der Ontologie abgefragt. Das WBS erfüllt damit die Funktion einer Datenbank; Es werden keine „Entscheidungen" getroffen. Im Gegensatz zur klassischen Datenbank werden die Informationen innerhalb des WBS automatisch auf Basis von Linked Data aktualisiert. Voraussetzung hierfür ist, dass die Informationen ohnehin vom WBS benötigt werden und damit auch die entspreche Wissensaquisition modelliert ist.

3.5.3   Modellierung der Domänenontologie

Eine Domänenontologie beschreibt die Terminologie (TBox) zur semantischen Modellierung eines abgegrenzten Wissensbereichs. Dieser wird durch die Problemlösungskomponente des WBS determiniert; Denn die Problemlösungskomponente spezifiziert die Problemlösungsmethode sowie die hierfür benötigten Informationen damit das WBS die geforderten Anfragen eigenständig beantworten kann. Es sei nochmals betont, dass die TBox keine konkreten Informationen beschreibt, sondern nur die Terminologie mit der später die konkreten Informationen beschrieben werden. Die Terminologie besteht aus Axiomen welche die Konzepte, Eigenschaften und Zusammenhänge beschreiben. In Abschn. 3.4.2 wurde dies vereinfacht dargestellt durch Axiome welche die „benötigten Informationen" beschreiben.

Die konzipierte Domänenontologie für das WBS zeigt Bild 5. Das oberste Konzept repräsentiert eine Werkzeugmaschine; Diesem Konzept sind allgemeine Maschinenparameter- und Eigenschaften zugeordnet; Zusätzlich bestehen Relationen zu weiteren Konzepten, welche die wichtigsten Komponenten einer Werkzeugmaschine beschreiben. Die Relationen zwischen den physischen Komponenten werden mit dem Verb „besitzt" bezeichnet, denn die richtige Interpretation einer Relation soll sowohl für den Menschen als auch das WBS möglich sein. Aus der Modellierung kann der Satz „Werkzeugmaschine besitzt Maschinentisch" abgleitet werden, dieser ist zwar grammatikalisch falsch aber für den Menschen verständlich. Für die Interpretation durch das WBS bzw. generell durch eine Software spielt die genaue Bezeichnung keine Rolle; Erst die Wiederverwendung derselben Bezeichnung sowie ggf. ein zusätzliche Mapping auf die Bezeichnung in anderen Sprachen ermöglicht die Schlussfolgerung, dass es sich jeweils um die gleiche Relation handelt. Mit der Relation „besitzt" werden Maschinenkomponenten beschrieben die nicht Teil der physischen Maschinenkinematik sind wie bspw. die Steuerung. Die Steuerung stellt standardisierte und herstellerspezifische Funktionen bereit wie beispielsweise die absolute oder relative Positionierung des Werkzeugs, die Kühl- und Schmierstoffmittelzufuhr oder die Koordinatentransformation zur einfacheren Programmierung. Die NC-Funktionen werden durch definierte NC Befehle aufgerufen. Die in Abb. 3.5 dargestellte Domänenontologie gibt lediglich einen Überblick der Konzepte und Relationen. Zur Beschreibung der NC-Funktionen und NC-Befehle gibt es weitere Unter-Konzepte und Relationen die aus Gründen der Übersichtlichkeit nicht dargestellt sind. Stattdessen sind die in den Unter-Konzepten enthaltenen Informationen stichpunktartig in den dargestellten Konzepten zusammengefasst. Die vollständige Terminologie enthält alle Konzepte und Relationen um diese Informationen durch Axiome zu modelliere.

Die Maschinenkinematik ist von großer Bedeutung für die Bearbeitungsfähigkeiten der Maschine; Die Maschinenkinematik beschreibt die mechanische Struktur zwischen Maschinentisch und Werkzeughalter sowie den mechanisch relevanten Komponenten (bspw. Maschinenachsen) welche diese verbinden. In der Domänenontologie wird der mechanische Zusammenhang zwischen diesen Komponenten durch die Relation „verbunden mit" modelliert. Diese Konzepte enthalten zusätzliche Informationen über die Koppelpunkte der mechanischen Verbindung, damit letztlich die Maschinenkinematik und damit die Bearbeitungsfähigkeiten durch Schlussfolgerungen automatisch abgeleitet werden können.

Ein weiterer Typ von Relation ist die Generalisierung. Beispielsweise zeigt Abb. 3.5 die Konzepte Linear- und Rotationsachsen als Unter-Konzepte von Achsen. Bei der Generalisierungs-Relation, gilt das Vererbungsprinzip, d. h. die Unter-Konzepte erben alle Eigenschaften können jedoch um spezifische Informationen erweitert werden die nur für Linear- oder Rotationsachsen benötigt werden.

Die Domänenontologie wird verwendet um durch Instanziierung der Konzepte eine spezifische Werkzeugmaschine zu beschreiben. Die Instanziierung erfolgt in OWL durch Individuen der Konzepte. Die Individuen übernehmen die Relationen und Eigenschaften der Konzepte; Verweist eine Relation oder eine Eigenschaft auf ein Attribut wie einen Wert, Namen, Beschreibung oder ein anderes Konzept so wird dieses Attribut durch konkrete Informationen ersetzt. Beispielsweise enthält das Konzept Achsen die Information über die Geschwindigkeit der Achsen, dies wird durch entsprechendes Unter-Konzept modelliert welches in Abb. 3.6 nicht mehr dargestellt ist. Dieses Unterkonzept „Geschwindigkeit der Achsen" könnte durch zwei Relationen beschrieben werden: Eine Relation „Einheit" verweist auf ein Konzept „Geschwindigkeitseinheiten" in einer externen Ontologie zur Beschreibung von Einheiten. Eine zweite Relation verweist auf einen Integer-Wert. Das Individuum dieses Konzeptes enthält die konkreten Informationen beispielsweise „10000" und „1/min". Wobei „1/min" auf ein existierendes Individuum in der externen Ontologie zur Beschreibung von Einheiten verweist.

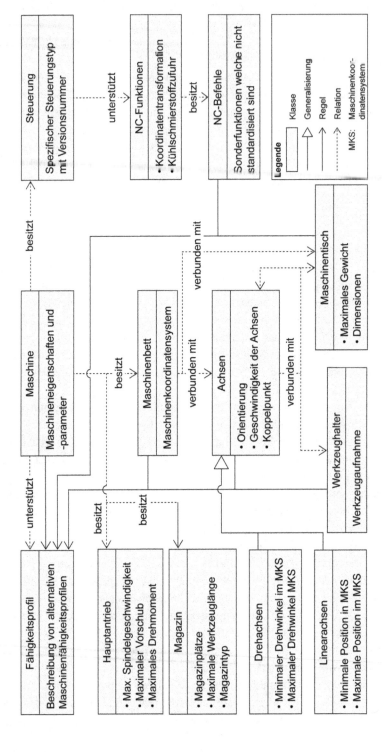

Abb. 3.6 Vereinfachtes Schema (TBox) zur Beschreibung von Werkzeugmaschinen und abgleitung deren Fähigkeiten durch Regeln

Die Domänenontologie enthält zusätzlich ein Konzept Fähigkeitsprofil, dieses Konzept entspricht keiner realen Komponente, sondern ermöglicht die Modellierung von mehreren Fähigkeitsprofilen für eine Werkzeugmaschine. Beispielsweise ergeben sich unterschiedliche Fähigkeitsprofile aus der Maschinenkonfiguration wie dem Pendelbetrieb mit zwei getrennten Arbeitsbereichen oder dem Einsatz von zusätzlichen NC-Drehtischen. Die Bearbeitung eines Nicht-Drehenden Werkstücks oder der Verzicht auf einen eingelassenen Drehtisch ermöglicht größere Bearbeitungsräume. Auch die „virtuelle" Drehung eines nicht quadratischen Maschinentisches im Bezug zum Koordinatensystem des NC-Programms wird als zusätzliches Fähigkeitsprofil modelliert. Die Fähigkeitsprofile werden mittels Regeln aus den Individuen abgeleitet welche die Komponenten der Werkzeugmaschine beschreiben. Die Regeln werden mit der RDF-basierten Regelsprache SPIN (SPARQL Inference Notation) beschrieben und im als PBox bezeichneten Teil der Ontologie modelliert.

3.5.4 Beispiel für den Einsatz des WBS

Die Situation in der Fertigung ändert sich stetig, die Gründe hierfür sind vielfältig wie in Abschn. 3.1.3.2 beschrieben und nur bedingt vermeidbar. Es ist daher erforderlich die einzusetzenden Fertigungsressourcen flexibel und kurzfristig einzuplanen. Die Auswahl der Fertigungsressourcen im Rahmen der Arbeitsvorbereitung oder CAM-Prozess durch die entsprechenden Mitarbeiter findet Tage oder Wochen vor dem Fertigungsbeginn statt und basiert daher nicht auf der aktuellen Situation in der Fertigung. Das vorgestellt Wissensbasierte System für die Arbeitsplanung ermöglicht zunächst die automatisierte Auswahl von alternativen Ressourcen für spanende Fertigungsprozesse. Die Auswahl basiert auf den Anforderungen des NC-Programms sowie den Bearbeitungsfähigkeiten der Werkzeugmaschinen. Hierzu wählt der Anwender einen spanenden Fertigungsschritt mit dem entsprechenden NC-Programm in der Eingabemaske der InVorMa-Anwendungsoberfläche aus (Abb. 3.7). Der Auswahlprozess durch das WBS findet im Hintergrund statt; Die Ergebnisse werden tabellarisch dargestellt, zusätzlich wird die verwendete Maschinenkonfiguration angezeigt. Der Anwender kann seine persönliche Erfahrung in den Auswahlprozess einbringen indem er einzelne Maschinen abwählt oder unterschiedlich priorisiert.

Abb. 3.7 veranschaulicht die Prüfung von unterschiedlichen Fähigkeitsprofilen wie sie in Abschn. 3.5.3 vorgestellt wurden für das gleiche NC-Programm und das gleiche Werkstück. Das NC-Programm wird im Rahmen des CAM-Prozesses auf den Arbeitsraum und das Koordinatensystem der ursprünglich gewählten Werkzeugmaschine zugeschnitten. Werden nur alternative Maschinen berücksichtigt bei denen das Werkstück eins zu eins in der gleichen Orientierung bearbeitet werden kann, so wird der potenzielle Lösungsraum bereits stark eingeschränkt. Mit den unterschiedlichen Fähigkeitsprofilen je Maschine berücksichtigt das WBS auch alternative Aufspannorientierungen des Werkstücks die eine entsprechende Transformation des NC-Programms durch den Postprozessor erfordern. Das Beispiel zeigt das WKZ 1 mit der ursprünglichen Werkstückorientierung eingesetzt werden kann, da kein Drehtisch für das NC-Programm erforderlich ist. Für WKZ 2 und WKZ 3 muss das Werkstück und damit auch das NC-Programm um die Z-Achse bzw. um die B-Achse gedreht werden (Abb. 3.8).

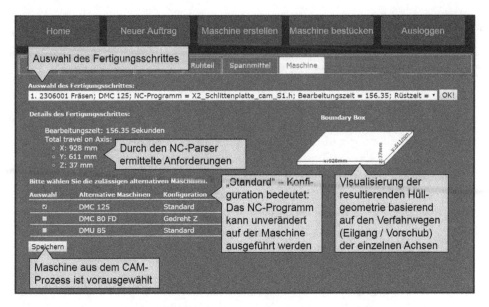

Abb. 3.7 Screenshot der InVorMa-Webanwendung mit dem Ergebnis des WBS

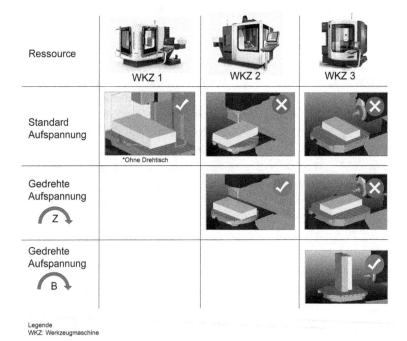

Abb. 3.8 Visualisierung mehrerer Maschinenkonfigurationen mit denen die Herstellbarkeit eines einzelnen Werkstücks geprüft wird

3.6   Zusammenfassung und Ausblick

Die Aufgabe der Arbeitsvorbereitung ist der möglichst wirtschaftliche und flexible Einsatz der verfügbaren Ressourcen zur Fertigung des benötigten Werkstückspektrums. Hierbei werden die Teilaufgaben der Arbeitsplanung und der Arbeitsteuerung unterschieden. Vereinfacht ausgedrückt legt die Arbeitsplanung fest „wie" gefertigt wird und die Arbeitssteuerung „wann" gefertigt wird. Die Arbeitsplanung kann neben einem priorisierten Fertigungsprozess und einer entsprechenden Ressource auch alternative Prozesse und Ressourcen vorab festlegen. Die endgültige Auswahl erfolgt dann durch die Arbeitssteuerung unter Berücksichtigung der aktuellen Situation in der Fertigung und dem Auftragsbestand. Insbesondere bei der spanenden Fertigung fehlt es jedoch oft an alternativen Ressourcen, denn die Arbeitsplanung ist auch mit umfangreicher Softwareunterstützung durch CAPP-Systeme von dem Erfahrungswissen und den entsprechenden Entscheidungen der Mitarbeiter geprägt. Der zusätzliche Aufwand zur Ermittlung von alternativen Ressourcen, wodurch schnell auf eine neue Situation (bspw. Maschinenausfall) reagiert werden kann ist daher zu kostenintensiv. Ohne diese Ressourcenflexibilität fehlt der Arbeitssteuerung ein wichtiger Freiheitsgrad, um auf Störungen schnell zu reagieren oder die Ressourcen wirtschaftlicher einzusetzen. Je mehr Freiheiten im Sinne von alternativen Herstellprozessen oder Ressourcen die Arbeitsteuerung bei der Planung besitzt, desto besser, d. h. kostengünstiger wird die Fertigung des benötigten Werkstückspektrums (Subramaniam et al. 2000). Das vorgestellte Konzept soll dieses Planungsdefizit beheben. Die prototypische Umsetzung des Wissensbasierten Systems ermöglicht in wenigen Sekunden eine Auswahl alternativer Werkzeugmaschinen für spanende Fertigungsprozesse. Die nachfolgende Simulation der Bearbeitung auf einer virtuellen Werkzeugmaschine minimiert bereits im Vorfeld die Risiken, die normalerweise bei einem Maschinenwechsel entstehen. Das wissensbasierte System ermöglicht auch die Suche nach geeigneten Werkzeugmaschinen für ältere NC-Programme, bei denen die ursprünglichen Maschinen nicht mehr vorhanden sind. Für den Betrieb nach der Entwicklung und Inbetriebnahme werden keine Wissensingenieure als Experten zur Wartung des Systems benötigt – dies ist normalerweise ein großer Kostenfaktor und Nachteil von Wissensbasierten Systemen. Die Wissensbasis in diesem System ist jedoch so angelegt, dass die benötigten Informationen direkt aus dem Semantic Web bezogen werden können. Werden Maschinen, Werkzeuge, etc. in der Fertigung neu beschafft oder ausgetauscht, so können die entsprechenden Informationen zur Beschreibung im Wissensbasierten System automatisch abgerufen und der lokalen Wissensbasis hinzugefügt oder entfernt werden. Die Modellierung der Wissensbasis beruht deshalb nicht auf einzelnen Fakten zur Beschreibung des aktuellen Weltausschnitts einer Domäne (bspw. eine Fertigung mit Maschinen A, B, C und Werkzeugen 1,2,3, etc.), die nur zu einem bestimmten Zeitpunkt Gültigkeit haben. Die Modellierung erfolgt stattdessen auf einer höheren Ebene, die beschreibt wo potenziell Fakten zur Beschreibung des relevanten Weltausschnitts einer Domäne zu finden sind und wie diese abgerufen werden können. Für die Domäne der Fertigung stehen damit Informationen über alle potenziell vorhandenen Maschinen, Werkzeuge zur Verfügung. Welche konkreten Fakten zur Beschreibung des relevanten Weltausschnitts einer Domäne benötigt werden (bspw. eine Fertigung mit Maschinen A, B, C und Werkzeugen 1,2,3, etc.) entscheidet die Wissensbasis selbst durch die Kopplung mit dem ERP System, indem die Anzahl und der Typ aller vorhandenen Maschinen und Werkzeuge hinterlegt ist. Die benötigten Informationen über diese Ressourcen werden in Form von Fakten aus verfügbaren Linked Data Informationsquellen abgerufen und gegeben falls mittels Regeln noch vervollständigt oder kombiniert. Mit diesem Konzept wurde ein einfacher, schneller und im Lebenszyklus günstiger Informations- und Wissensaustausch für WBS geschaffen. Dies ermöglicht deren Einsatz für Aufgaben wie der Arbeitsplanung welche eine Wissensbasis erfordert, die dynamisch die aktuellen Fertigungsprozesse und Ressourcen abbildet. Neben der Auswahl von Werkzeugmaschinen unterstützt das entwickelte Vorgehens- und Architekturmodell die Konzeption von Linked Data-basierten WBS für weitere Aufgaben innerhalb Arbeitsplanung. Das Konzept kann jedoch auch in anderen Bereichen mit vergleichbaren Anforderungen eingesetzt werden.

Auch wenn die Gesamtzahl verfügbarer Triple im Semantic Web sehr groß erscheint ist die praktische Verfügbarkeit von Wissen resp. Informationen als Linked Data in vielen Bereichen derzeit noch spärlich. Der Wandel vom Web of Documents zum Web of Data wird sich jedoch weiter fortsetzen und dies schließt auch die Verbreitung von Linked Data ein. In wenigen Jahren werden Menschen das Internet nicht mehr nach einzelnen Informationen durchsuchen, um diese in eine Software einzugeben. Digitale Assistenten liefern bereits heute viele direkte Informationen für die ein Nutzer vor kurzem noch eine Suchmaschine benötigte und in der Vielzahl von Ergebnissen die gesuchte Information herausfiltern musste. Auf Basis des Web of Data wird sich die Nutzung des Internets verändern, einfache und monotone Aufgaben wie die Suche nach gezielten Informationen, die Suche nach einem Flug oder der Kauf von Standardprodukten werden digitale Assistenten auf Zuruf übernehmen. Linked Data bietet für Unternehmen nicht nur die Chance den Wissenserwerb in WBS zu automatisieren, auch die Datenpflege von ERP Systemen kann weitestgehend automatisiert werden. Ein Werkzeughersteller kann neben den technologischen Eigenschaften auch weitere organisatorische Informationen als Linked Data veröffentlichen, beispielsweise die Artikelbeschreibung, Konformitätsmerkmale, Herkunftsangabe etc. Aufgrund der größeren Nutzergruppe werden diese und ähnliche Anwendungen ein Treiber dieser Technologie in der Industrie sein; von der Verbreitung würden Wissensbasierte Systeme dann ebenfalls profitieren.

Literatur

Abele, Eberhard; Reinhart, Gunther (2011): Zukunft der Produktion. In: München: Hanser.

Aggarwal, A.; Singh, H.; Kumar, P.; Singh, M.: Optimization of multiple quality characteristics for CNC turning under cryogenic cutting environment using desirability function. In: Journal of materials processing technology 205, 2008

Al-Safi, Yazen; Vyatkin, Valeriy (2007): An Ontology-Based Reconfiguration Agent for Intelligent Mechatronic Systems. Holonic and Multi-Agent Systems for Manufacturing: Third International Conference on Industrial Applications of Holonic and Multi-Agent Systems, HoloMAS 2007,

Regensburg, Germany, September 3–5, 2007. In: Vladimír Mařík, Valeriy Vyatkin und Armando W. Colombo (Hg.). Berlin, Heidelberg: Springer Berlin Heidelberg, S. 114–126. Online verfügbar unter https://doi.org/10.1007/978-3-540-74481-8_12.

Ameri, Farhad; McArthur, Christian (2013): Semantic rule modelling for intelligent supplier discovery. In: International Journal of Computer Integrated Manufacturing, S. 1–21. DOI: https://doi.org/10.1080/0951192X.2013.834467.

Ameri, Farhad; McArthur, Christian; Asiabanpour, Bahram; Hayasi, Mohammad (2011): A web-based framework for semantic supplier discovery for discrete part manufacturing. In: SME/NAMRC 39.

Ameri, Farhad; Patil, Lalit (2012): Digital manufacturing market: a semantic web-based framework for agile supply chain deployment. In: Journal of Intelligent Manufacturing 23 (5), S. 1817–1832. DOI: https://doi.org/10.1007/s10845-010-0495-z.

Anderberg, Staffan (2012): Methods for improving performance of process planning for CNC machining-An approach based on surveys and analytical models: Chalmers University of Technology.

Aydin Nassehi; Parag Vichare: Determination of Component Machineability in CNC Manufacture. In: Leo J. de Vin (Hg.): Proceedings of the 18th International Conference on Flexible Automation and Intelligent Manufacturing. June 30th – July 2nd, 2008, Skövde, Sweden, S. 23–30.

Baier, Elisabeth. Semantische Technologien in Wissensmanagementlösungen: Einsatzpotenziale für den Mittelstand. MFG-Stiftung Baden-Württemberg, 2008.

Beach, Roger; Muhlemann, Alan P.; Price, D. H.R.; Paterson, Andrew; Sharp, John A. (2000): A review of manufacturing flexibility. In: European Journal of Operational Research 122 (1), S. 41–57.

Bensmaine, A.; Dahane, M.; Benyoucef, L. (2014): A new heuristic for integrated process planning and scheduling in reconfigurable manufacturing systems. In: International Journal of Production Research 52 (12), S. 3583–3594. DOI: https://doi.org/10.1080/00207543.2013.878056.

Bizer, Christian; Heath, Tom; Berners-Lee, Tim (2009a): Linked data – the story so far. In: Semantic Services, Interoperability and Web Applications: Emerging Concepts, S. 205–227.

Bizer, Christian; Lehmann, Jens; Kobilarov, Georgi; Auer, Sören; Becker, Christian; Cyganiak, Richard; Hellmann, Sebastian (2009b): DBpedia – A crystallization point for the Web of Data. In: Web Semantics: Science, Services and Agents on the World Wide Web 7 (3), S. 154–165.

Blumberg, Frank (1991): Wissensbasierte Systeme in Produktionsplanung und -steuerung. Implementierungs- und Integrationsaspekte, dargestellt an einem Beispiel aus dem Beschaffungsbereich. Heidelberg: Physica-Verlag HD (Wirtschaftswissenschaftliche Beiträge, 54). Online verfügbar unter https://doi.org/10.1007/978-3-642-48159-8.

Borgo, Stefano; Leitão, Paulo (2007): Foundations for a core ontology of manufacturing. In: Ontologies: Springer, S. 751–775.

Brecher, Christian; Kozielski, Stefan; Schapp, Lutz (2011): Integrative Produktionstechnik für Hochlohnländer. In: Jürgen Gausemeier und Hans-Peter Wiendahl (Hg.): Wertschöpfung und Beschäftigung in Deutschland. Berlin, Heidelberg: Springer Berlin Heidelberg, S. 47–70. Online verfügbar unter https://doi.org/10.1007/978-3-642-20204-9_4.

Cai, M.; Zhang, W.Y; Zhang, K. (2011): ManuHub: A Semantic Web System for Ontology-Based Service Management in Distributed Manufacturing Environments. In: Systems, Man and Cybernetics, Part A: Systems and Humans, IEEE Transactions on 41 (3), S. 574–582. DOI: https://doi.org/10.1109/TSMCA.2010.2076395.

Chan, Christine W. (2004): From Knowledge Modeling to Ontology Construction. In: International Journal of Software Engineering and Knowledge Engineering 14 (06), S. 603–624. Doi: https://doi.org/10.1142/S0218194004001816.

Chulho Chung; Qingjin Peng (2004): The selection of tools and machines on web-based manufacturing environments. In: International Journal of Machine Tools and Manufacture 44 (2–3), S. 317–326. DOI: https://doi.org/10.1016/j.ijmachtools.2003.09.002.

Corsar, David; Sleeman, Derek (2007): KBS Development Through Ontology Mapping and Ontology Driven Acquisition. In: Proceedings of the 4th International Conference on Knowledge Capture. New York, NY, USA: ACM (K-CAP '07), S. 23–30. Online verfügbar unter http://doi.acm.org/10.1145/1298406.1298412.

Corsar, David; Sleeman, Derek (2008): Developing Knowledge-based Systems Using the Semantic Web. In: Proceedings of the 2008 International Conference on Visions of Computer Science: BCS International Academic Conference. Swinton, UK, UK: British Computer Society (VoCS'08), S. 29–40. Online verfügbar unter http://dl.acm.org/citation.cfm?id=2227536.2227539.

Crubézy, Monica; Musen, Mark A. (2004): Ontologies in Support of Problem Solving. Handbook on Ontologies. In: Steffen Staab und Rudi Studer (Hg.). Berlin, Heidelberg: Springer Berlin Heidelberg, S. 321–341. Online verfügbar unter https://doi.org/10.1007/978-3-540-24750-0_16.

Dazhong Wu; Matthew John Greer; David W. Rosen; Dirk Schaefer (2013): Cloud manufacturing: Strategic vision and state-of-the-art. In: Journal of Manufacturing Systems 32 (4), S. 564–579. DOI: https://doi.org/10.1016/j.jmsy.2013.04.008.

Denkena, B.; Henjes, J.; Le Lorenzen (2008): An Ontology Aided Process Planning System for Gentelligent Production. In: 6th CIRP International Conference on Intelligent Computation in Manufacturing Engineering (ICME), July 23th–25th, Naples.

Denkena, B.; Shpitalni, M.; Kowalski, P.; Molcho, G.; Zipori, Y. (2007): Knowledge Management in Process Planning. In: 5CIRP6 Annals – Manufacturing Technology 56 (1), S. 175–180. DOI: https://doi.org/10.1016/j.cirp.2007.05.042.

Denkena, Berend; Ammermann, Christoph (2009): CA-Technologien in der Fertigungs- und Prozessplanung. München: Carl Hanser Verlag.

Denkena, Berend; Lorenzen, L. E; Schmidt, Justin (2011): Adaptive process planning: Springer. Online verfügbar unter German Academic Society for Production Engineering (WGP) 2011.

Deshayes, Laurent M.; El Beqqali, Omar; Bouras, A. (2005): The use of process specification language for cutting processes. In: International Journal of Product Development 2 (3), S. 236–253.

Di Noia, Tommaso; Mirizzi, Roberto; Ostuni, Vito Claudio; Romito, Davide; Zanker, Markus (2012): Linked Open Data to Support Content-based Recommender Systems. In: Proceedings of the 8th International Conference on Semantic Systems. New York, NY, USA: ACM (I-SEMANTICS '12), S. 1–8. Online verfügbar unter http://doi.acm.org/10.1145/2362499.2362501.

ElMaraghy, Hoda A. (2005): Flexible and reconfigurable manufacturing systems paradigms. In: International Journal of Flexible Manufacturing Systems 17 (4), S. 261–276.

Eum, Kwangho; Kang, Mujin; Kim, Gyungha; Park, Myon Woong; Kim, Jae Kwan (2013): Ontology-Based Modeling of Process Selection Knowledge for Machining Feature. In: International Journal of Precision Engineering and Manufacturing 14 (10), S. 1719–1726.

Garetti, Marco; Fumagalli, Luca; Negri, Elisa (2015): Role of Ontologies for CPS Implementation in Manufacturing. In: Management and Production Engineering Review 6 (4), S. 26–32.

Guarino, Nicola (1998): Formal ontology in information systems: Proceedings of the first international conference (FOIS'98), June 6–8, Trento, Italy: IOS Press (46).

Guo, Xingui; Liu, Yadong; Du, Daoshan; Yamazaki, Kazuo; Fujishima, Makoto (2012): A universal NC program processor design and prototype implementation for CNC systems. In: The International Journal of Advanced Manufacturing Technology 60 (5–8), S. 561–575. DOI: https://doi.org/10.1007/s00170-011-3618-6.

H.K. Lin; J.A. Harding (2007): A manufacturing system engineering ontology model on the semantic web for inter-enterprise collaboration. In: Computers in Industry 58 (5), S. 428–437. DOI: https://doi.org/10.1016/j.compind.2006.09.015.

Hardwick, Martin; Zhao, Yaoyao Fiona; Proctor, Frederick M.; Nassehi, Aydin; Xu, Xun; Venkatesh, Sid et al. (2013): A roadmap for STEP-NC-enabled interoperable manufacturing. In: The International Journal of Advanced Manufacturing Technology 68 (5–8), S. 1023–1037.

Hartig, Olaf (2013): An overview on execution strategies for linked data queries. In: Datenbank-Spektrum 13 (2), S. 89–99.

Hartig, Olaf; Zhao, Jun (2010): Publishing and Consuming Provenance Metadata on the Web of Linked Data. Provenance and Annotation of Data and Processes: Third International Provenance and Annotation Workshop, IPAW 2010, Troy, NY, USA, June 15–16, 2010. Revised Selected Papers. In: Deborah L. McGuinness, James R. Michaelis und Luc Moreau (Hg.). Berlin, Heidelberg: Springer Berlin Heidelberg, S. 78–90. Online verfügbar unter https://doi.org/10.1007/978-3-642-17819-1_10.

Haun, Matthias (2002): Handbuch Wissensmanagement. Grundlagen und Umsetzung, Systeme und Praxisbeispiele. Berlin, Heidelberg: Springer. Online verfügbar unter https://doi.org/10.1007/978-3-662-11986-0.

Heath, Tom; Bizer, Christian (2011): Linked data: Evolving the web into a global data space. In: Synthesis lectures on the semantic web: theory and technology 1 (1), S. 1–136.

Heese, Ralf; Coskun, Gökhan; Luczak-Rösch, Markus; Oldakowski, Radoslaw; Paschke, Adrian; Schäfermeier, Ralph; Streibel, Olga (2010): Corporate Semantic Web – Semantische Technologien in Unternehmen. In: Datenbank-Spektrum 10 (2), S. 73–79. DOI: https://doi.org/10.1007/s13222-010-0022-6.

Hehenberger, P. (2011): Computerunterstützte Fertigung. CAD/CAM-Prozesskette. Berlin Heidelberg: Springer-Verlag.

Heimler, Simon (2014): Semantic Web Paradigmen.

Heitmann, Benjamin; Hayes, Conor (2010): Using Linked Data to Build Open, Collaborative Recommender Systems. In: AAAI Spring Symposium: Linked Data Meets Artificial Intelligence, S. 76–81.

Hendrik, Amin Anjomshoaa; Tjoa, A. Min (2014): Towards Semantic Mashup Tools for Big Data Analysis. In: Information and Communication Technology: Second IFIP TC 5/8 International Conference, ICT-EurAsia 2014, Bali, Indonesia, April 14–17, 2014, Proceedings, Bd. 8407. Springer, S. 129.

Horrocks, Ian; Patel-Schneider, Peter F.; Boley, Harold; Tabet, Said; Grosof, Benjamin; Dean, Mike; others (2004): SWRL: A semantic web rule language combining OWL and RuleML. In: W3C Member submission 21, S. 79.

John, Michael; Drescher, Jörg (2006): Semantische Technologien im Informations- und Wissensmanagement: Geschichte, Anwendungen und Ausblick. Semantic Web: Wege zur vernetzten Wissensgesellschaft. In: Tassilo Pellegrini und Andreas Blumauer (Hg.): Semantic Web. Wege zur vernetzten Wissensgesellschaft. Berlin, Heidelberg: Springer-Verlag Berlin Heidelberg (X.media.press), S. 241–255. Online verfügbar unter https://doi.org/10.1007/3-540-29325-6_16.

Jumyung Um; Suk-Hwan Suh; Ian Stroud (0): STEP-NC machine tool data model and its applications. In: International Journal of Computer Integrated Manufacturing 2016 (0), S. 1–17. DOI: https://doi.org/10.1080/0951192X.2015.1130264.

Kang, Mujin; Kim, Gyungha; Lee, Taemoon; Jung, Chang Ho; Eum, Kwangho; Park, Myon Woong; Kim, Jae Kwan (2016): Selection and sequencing of machining processes for prismatic parts using process ontology model. In: International Journal of Precision Engineering and Manufacturing 17 (3), S. 387–394. DOI: https://doi.org/10.1007/s12541-016-0048-2.

Kathryn E. Stecke (1983): Formulation and Solution of Nonlinear Integer Production Planning Problems for Flexible Manufacturing Systems. In: Management Science 29 (3), S. 273–288. Online verfügbar unter http://www.jstor.org/stable/2631054.

Kienreich, Wolfgang; Strohmaier, Markus (2006): Wissensmodellierung – Basis für die Anwendung semantischer Technologien. Semantic Web: Wege zur vernetzten Wissensgesellschaft. In: Tassilo Pellegrini und Andreas Blumauer (Hg.): Semantic Web. Wege zur vernetzten Wissensgesellschaft. Berlin, Heidelberg: Springer-Verlag Berlin Heidelberg (X.media.press), S. 359–371. Online verfügbar unter https://doi.org/10.1007/3-540-29325-6_23.

Knublauch, H. (2011): SPIN-SPARQL Syntax. Member Submission, W3C.

Koppitz, Michael (1992): Integrierter Einsatz eines wissensbasierten Planungssystems zur spanen-den Bearbeitung in der Arbeitsvorbereitung. Als Ms. gedr: Düsseldorf: VDI-Verl. (Fortschritt-berichte VDI).

Kupec, Thomas (1991): Wissensbasiertes Leitsystem zur Steuerung flexibler Fertigungsanlagen. Berlin, Heidelberg: Springer-Verlag.

Lastra, J.L.M; Delamer, I.M (2006): Semantic web services in factory automation: fundamental insights and research roadmap. In: Industrial Informatics, IEEE Transactions on 2 (1), S. 1–11. DOI: https://doi.org/10.1109/TII.2005.862144.

Lemaignan, Severin; Siadat, Ali; Dantan, J-Y; Semenenko, Anatoli (2006): MASON: A proposal for an ontology of manufacturing domain. In: Distributed Intelligent Systems: Collective Intelligence and Its Applications, 2006. DIS 2006. IEEE Workshop on. IEEE, S. 195–200.

Lihui Wang (2013): Machine availability monitoring and machining process planning towards Cloud manufacturing. In: 5CIRP6 Journal of Manufacturing Science and Technology 6 (4), S. 263–273. DOI: https://doi.org/10.1016/j.cirpj.2013.07.001.

Lindemann, Udo (2007): Methodische Entwicklung technischer Produkte. Methoden flexibel und situationsgerecht anwenden. 2. bearbeitete Auflage. Berlin: Springer.

Niemann, Michael; Hombach, Sascha; Schulte, Stefan; Steinmetz, Ralf: Das IT-Governance-Framework CObIT als Wissensdatenbank-Entwurf, Umsetzung und Evaluation einer Ontologie.

Nordsiek, Daniel (2012): Systematik zur Konzipierung von Produktionssystemen auf Basis der Prin-ziplösung mechatronischer Systeme. Paderborn: Heinz-Nixdorf-Inst., Univ. Paderborn. Online verfügbar unter https://katalog.ub.uni-paderborn.de/records/PAD_ALEPH001522930.

Noy, Natalya Fridman; Musen, Mark A. (1999): SMART: Automated support for ontology merging and alignment. In: Proc. of the 12th Workshop on Knowledge Acquisition, Modelling, and Ma-nagement (KAW'99), Banf, Canada. Citeseer.

Pellegrini, Tassilo; Blumauer, Andreas (Hg.) (2006): Semantic Web. Wege zur vernetzten Wissens-gesellschaft. Berlin, Heidelberg: Springer-Verlag Berlin Heidelberg (X.media.press).

Pellegrini, Tassilo; Sack, Harald; Auer, Sören (2014): Linked Enterprise Data. Management und Be-wirtschaftung vernetzter Unternehmensdaten mit Semantic Web Technologien. Berlin: Springer (X.media.press).

Peska, Ladislav; Vojtas, Peter (2015): Using Linked Open Data in Recommender Systems. In: Proceedings of the 5th International Conference on Web Intelligence, Mining and Seman-tics. New York, NY, USA: ACM (WIMS '15), S. 17. Online verfügbar unter http://doi.acm.org/10.1145/2797115.2797128.

Phanden, Rakesh Kumar; Jain, Ajai; Verma, Rajiv (2011): Integration of process planning and sche-duling: a state-of-the-art review. In: International Journal of Computer Integrated Manufacturing 24 (6), S. 517–534. DOI: https://doi.org/10.1080/0951192X.2011.562543.

Puppe, Frank (1990): Problemlösungsmethoden in Expertensystemen. Berlin, Heidelberg: Springer (Studienreihe Informatik). Online verfügbar unter https://doi.org/10.1007/978-3-642-76133-1.

Ramos, Luis (2015): Semantic Web for manufacturing, trends and open issues: Toward a state of the art. In: Computers & Industrial Engineering 90, S. 444–460. DOI: https://doi.org/10.1016/j.cie.2015.10.013.

Rehage, G.; Isenberg, F.; Reisch, R.; Weber, J.; Jurke, B.; Pruschek, P.: Intelligente Arbeitsvorberei-tung in der Cloud. Dienstleistungsplattform nutzt virtuelle Werkzeugmaschinen zur Reduzierung der Rüst- und Nebenzeiten. In: wt-online, 1/2-2016, S. 77–82.

Rudolf, Henning (2006): Wissensbasierte Montageplanung in der Digitalen Fabrik am Beispiel der Automobilindustrie. Dissertation. Technische Universität München, München.

Saygin, C.; Kilic, S. E. (1999): Integrating flexible process plans with scheduling in flexible manu-facturing systems. In: The International Journal of Advanced Manufacturing Technology 15 (4), S. 268–280.

Schiemann, Bernhard (2010): Vereinigung von OWL-DL-Ontologien für Multi-Agenten-Systeme. University of Erlangen-Nuremberg.

Schnurr, Hans-Peter (2006): Wie ein Expertensystem den Service eines Roboterherstellers evolutioniert. Online verfügbar unter http://www.competence-site.de/content/uploads/98/4d/ILM_Anwendung_semantischer_technologien.pdf.

Schroeder, T.; Hoffmann, M. (2006): Flexible automatic converting of NC programs. A cross-compiler for structured text. In: International Journal of Production Research 44 (13), S. 2671–2679. DOI: https://doi.org/10.1080/00207540500455841.

Sharma, Kumar; Marjit, Ujjal; Biswas, Utpal (2015): Linked Data Generation with Provenance Tracking: A Review of the State-of-the-Art.

Shea, Kristina; Ertelt, Christoph; Gmeiner, Thomas; Ameri, Farhad (2010): Design-to-fabrication automation for the cognitive machine shop. In: Advanced Engineering Informatics 24 (3), S. 251–268.

Simperl, E.; Norton, B.; Acosta, M.; Maleshkova, M.; Domingue, J.; Mikroyannidis, A. et al. (2013): Using linked data effectively. Online verfügbar unter http://euclid-project.eu.

Steinmann, Professor Dr. D. (1993): Einsatzmöglichkeiten von Expertensystemen in integrierten Systemen der Produktionsplanung und -steuerung (PPS). 1. Aufl.: Physica-Verlag Heidelberg (Beiträge zur Wirtschaftsinformatik 6). Online verfügbar unter http://gen.lib.rus.ec/book/index.php?md5=891d086f8e0afbbb850be187a12ebee3.

Subramaniam, V.; Lee, G. K.; Ramesh, T.; Hong, G. S.; Wong, Y. S. (2000): Machine Selection Rules in a Dynamic Job Shop. In: The International Journal of Advanced Manufacturing Technology 16 (12), S. 902–908. DOI: https://doi.org/10.1007/s001700070008.

Tanaka, Fumiki; Onosato, Masahiko; Kishinami, Takeshi; Akama, Kiyoshi; Yamada, Makoto; Kondo, Tsukasa; Mistui, Satoshi (2008): Modeling and implementation of Digital Semantic Machining Models for 5-axis machining application. In: Manufacturing Systems and Technologies for the New Frontier: Springer, S. 177–182.

Tao, Fei; Hu, Ye Fa; Zhou, Zu De (2008): Study on manufacturing grid & its resource service optimal-selection system. In: The International Journal of Advanced Manufacturing Technology 37 (9), S. 1022–1041. DOI: https://doi.org/10.1007/s00170-007-1033-9.

Uschold, Mike; Gruninger, Michael (1996): Ontologies: principles, methods and applications. In: The Knowledge Engineering Review 11 (02), S. 93–136. DOI: https://doi.org/10.1017/S0269888900007797.

Usman, Zahid; Young, R. I. M.; Chungoora, Nitishal; Palmer, Claire; Case, Keith; Harding, J. A. (2013): Towards a formal manufacturing reference ontology. In: International Journal of Production Research 51 (22), S. 6553–6572. DOI: https://doi.org/10.1080/00207543.2013.801570.

VDI 3633 – BLATT 12: Simulation von Logistik-, Materialfluss- und Produktionssystemen – Simulation und Optimierung

Wache, Holger; Voegele, Thomas; Visser, Ubbo; Stuckenschmidt, Heiner; Schuster, Gerhard; Neumann, Holger; Hübner, Sebastian (2001): Ontology-based integration of information – a survey of existing approaches. In: IJCAI-01 workshop: ontologies and information sharing, Bd. 2001. Citeseer, S. 108–117.

Weber, J.; Boxnick, S.; Dangelmaier, W.: Experiments using Meta-Heuristics to Shape Experimental Design for a Simulation-Based Optimization System. In: IEEE Asia-Pacific World Congress on Computer Science and Engineering (2014), S. 313–320.

Wegner, Hagen (2007): Ein System zum fertigungstechnologischen Wissensmanagement. Dissertation. RWTH Aachen, Aachen.

X.G. Ming; K.L. Mak; J.Q. Yan (1998): A PDES/STEP-based information model for computer-aided process planning. In: Robotics and Computer-Integrated Manufacturing 14 (1998) 347Ð361 14 (5–6), S. 347–361, zuletzt geprüft am 04.06.2013.

Xu, Xun; Wang, Lihui; Newman, Stephen T. (2011): Computer-aided process planning – A critical review of recent developments and future trends. In: International Journal of Computer Integrated Manufacturing 24 (1), S. 1–31. DOI: https://doi.org/10.1080/0951192X.2010.518632.

Yu-Liang Chi (2010): Rule-based ontological knowledge base for monitoring partners across supply networks. In: Expert Systems with Applications 37 (2), S. 1400–1407. DOI: https://doi.org/10.1016/j.eswa.2009.06.097.

Yusof, Yusri; Latif, Kamran (2014): Survey on computer-aided process planning. In: The International Journal of Advanced Manufacturing Technology 75 (1–4), S. 77–89. DOI: https://doi.org/10.1007/s00170-014-6073-3.

Optimierung der Aufspannung und Bearbeitung

Intelligentes Experimentierdesign zur Identifikation nutzbarer Aufspannparameter

Jens Weber

Zusammenfassung

Das vorliegende Kapitel behandelt ein Suchverfahren zur Identifikation nutzbarer Aufspannpositionen und -orientierungen von Werkstücken und Spannmitteln auf dem Maschinentisch des Werkzeugmaschinenarbeitsraumes, die zu einer Fertigungszeitreduzierung und kollisionsfreien Fertigung führen. Das beschriebene Suchverfahren bildet den Kern eines „Setup Optimizers", der im Rahmen des Leitprojektes InVorMa (Intelligente Arbeitsvorbereitung auf Basis virtueller Werkzeugmaschinen), initiiert durch das Spitzencluster „It's OWL", entwickelt wurde. Es werden die einzelnen Entwicklungsmethoden, Experimente und Entwicklungsschritte erläutert sowie wichtige Ergebnisse erster Experimente vorgestellt. Dabei liegt der Fokus auf der Verwendung einer Metaheuristik, hier die Partikelschwarmoptimierung, in Kombination mit einem NC-Interpreter sowie einem Cluster-Algorithmus, der automatisiert Lösungskandidaten generiert.

4.1 Vorgehen für das Einrichten von Werkzeugmaschinen

Die Grundlage der (virtuellen) Bearbeitung von Werkstücken auf virtuellen Werkzeugmaschinen bildet, bei entsprechenden Produktdaten vor allem die Bauteilgeometrie. Die Daten aus dem CAD-System sind hierbei für die CNC-Programmierung von essenzieller Bedeutung. Anhand der produkt- und produktionsrelevanten Daten sowie der Zielgeometrie können Parameter wie Vorschub, Spindeldrehzahl oder Zustellkraft variiert werden. Hierdurch wird gewährleistet, dass die spezifischen Belastungsgrenzen von Werkzeug,

J. Weber (✉)
Wirtschaftsinformatik, CIM, Heins Nixdorf Institut Paderborn, Paderborn, Deutschland
E-Mail: jens.weber@hni.uni-paderborn.de

© Springer-Verlag GmbH Deutschland, ein Teil von Springer Nature 2019
W. Dangelmaier, J. Gausemeier (Hrsg.), *Intelligente Arbeitsvorbereitung auf Basis virtueller Werkzeugmaschinen*, Intelligente Technische Systeme – Lösungen aus dem Spitzencluster it's OWL, https://doi.org/10.1007/978-3-662-58020-2_4

Werkstoff und Maschine eingehalten und gemäß der Zielsetzung konfiguriert werden. Unter der Berücksichtigung der physikalischen Materialrestriktionen und Maschinen- und Werkzeugrandbedingungen existieren bereits erste Optimierungsansätze für die Bearbeitungsparameter. Dabei stellen die Beiträge von (Sencer et al. 2008) für Prozesse des 5-Achs-Fäsens und (Aggarwal et al. 2008) oder (Yusof und Latif 2014) erste Ansätze zur Parameterverbesserung mittels unterschiedlicher Berechnungsverfahren vor. Insbesondere kristallisieren sich Verfahren zur Vermeidung umständlicher Werkzeugpfade heraus, die im Fokus der Problemstellung liegen. (Abele und Reinhart 2011) schlägt zu dieser Problematik vor, die Bearbeitungsschritte in Segmente zu unterteilen, den Einsatz von Multiwerkzeugköpfen voranzutreiben und die Bahnkurve zu optimieren. Ein positiver Nebeneffekt ist dabei die Verringerung der Anzahl von Werkzeugwechseln. Trotz der bestehenden theoretischen Ansätze hinsichtlich einer Verbesserung der Einrichtung von Fertigungsprozessen auf Basis einer virtuellen Fertigung, ist die Einrichtung der realen Werkzeugmaschine erheblich von der Erfahrung des Einrichters abhängig. Wird die exakte Aufspannposition oder Werkstückorientierung nicht explizit vorgegeben, entsteht die Gefahr, fehlerhafte oder umständliche Aufspannpositionen zu verwenden. Dies ist selbst dann der Fall, wenn die *1:1-Simulation* einer Werkzeugmaschine die Aufspannung hinsichtlich möglicher ungewollter Kollisionen überprüft und das NC-Programm verifiziert und validiert.

4.1.1 Identifikation der Einrichtparameter auf Basis simulationsgestützter Optimierung

Die Simulationsmodelle, die zur Verifikation der Produktionsprozesse und NC-Programme herangezogen werden, bilden die Grundlage zur Identifikation der einricht- und fertigungsrelevanten Parameter. Insbesondere sind dies die Aufspannlage im Arbeitsraum auf dem Maschinentisch, die verwendeten Werkzeuge sowie die Drehzahl- und Vorschubeinstellungen gemäß dem NC-Programm. Durch empirisches Vorgehen sind verschiedene Aufspannlagen in Kombination mit unterschiedlichen Fertigungsparameterkonfigurationen überprüfbar und anschließend mittels Simulationsmodell verifizierbar. Diese Prüfprozesse müssen durch den Nutzer manuell durchgeführt werden. Auf diese Weise werden somit geeignete Aufspannparameter sukzessive identifiziert. Dabei wird es unvermeidbar sein, das NC-Programm (regelmäßig) an die neue Aufspannposition anzupassen. Als Standardmethode kann hier die statistische Versuchsplanung herangezogen werden. Der Aufwand der Einzelexperimente und die Validierung mittels Simulation lassen sich auf diesem Wege reduzieren. Durch die Kombination klassischer Optimierungswerkzeuge mit dem Simulationsmodell als Validierungskomponente, wie sie in (VDI 3633 – BLATT 12) und (März et al. 2011) bereits etabliert sind, führen bei der praktischen Anwendung zu einem hohen Rechenaufwand. Dies wird im Besonderen dann deutlich, wenn bedacht wird, dass die virtuelle Werkzeugmaschine die Produktionsprozesse unter Verwendung einer realen Steuerung abbildet. Diese Abläufe werden unter Testbedingungen durch

Verwendung einer hohen Anzahl möglicher Aufspannpositionen durchgeführt, wobei das NC-Programm jeweils angepasst werden muss. Um dieser Problemstellung entgegenzuwirken, entstand die Idee einer praxistauglichen Anwendung: Sehr kurze Laufzeiten sollen unter Ausnutzung eines schnellen Konvergenzverhaltens des Verfahrens generiert werden, sodass nahe-optimale Aufspannpositionen identifiziert werden. Diese Möglichkeit besteht durch die Nutzung von Metaheuristiken in Kombination mit dem bewährten Simulationsmodell. Im wissenschaftlichen Bereich existieren bereits Modelle zur simulationsgestützten Optimierung durch Metaheuristiken als Optimierungskomponente. Sie weisen zwar ein schnelles Konvergenzverhalten auf, jedoch sind sie in der praktischen Anwendung nicht etabliert. Ein modellhaftes Beispiel wird in dem Beitrag von Laroque et al. gezeigt, bei dem die Partikelschwarmoptimierung zur schnellen Parametrisierung eines Materialflussmodells genutzt wird (Laroque et al. 2010).

4.2 Aufbau eines simulationsbasierten Optimierungsansatzes auf Basis virtueller Werkzeugmaschinen

Nach März et al. (2011) sind die Methoden der simulationsgestützten Optimierung in die Planungshorizonte langfristig (Jahr, Quartal Monat), mittelfristig (Woche, Monat) und kurzfristig (Stunde, Tag) gegliedert. Der kurzfristige Planungshorizont beinhaltet in erster Linie operative Unterstützungsaufgaben und die Feinplanung. Im Bereich der Produktion und Logistik können solche Aufgaben beispielsweise die Bestimmung und Optimierung der Fertigungslosgröße oder der Auftragsreihenfolge sein. Auch die Bestimmung und Optimierung von Aufspannpositionen und Orientierungen des Werkstücks auf dem Maschinentisch können subsumiert werden. Die erste konzeptuelle Idee, Metaheuristiken als Optimierungskomponente einzusetzen und ein Simulationsmodell der virtuellen Werkzeugmaschine als Fitnesskomponente zu verwenden, setzt ferner die Entscheidung über die zu verwendenden Metaheuristiken voraus. Dies wird dahingehend verfolgt, dass zunächst eine praxistaugliche Lösung erarbeitet wird. Dazu wurden zunächst verschiedene Metaheuristiken durch eine Benchmark-Funktion getestet und anschließend die praktische Umsetzung beurteilt, wohingegen die Anwendung der Metaheuristik als Suchverfahren in der Arbeitsraumumgebung der Maschine in mehreren Dimensionen zugeschnitten wird. Zudem soll der Algorithmus der Metaheuristiken problemlos erweiterbar sein. Die Abb. 4.1 zeigt die generelle Konzeption der simulationsgestützten Optimierung (links) angelehnt an (März et al. 2011) sowie die konzeptuelle Architektur (rechts).

4.2.1 Auswahl und Performance ausgewählter Metaheuristiken

Wie in Abb. 4.1 veranschaulicht wird, enthält das Experimentierdesign das Erfordernis, mindestens eine Metaheuristiken zu verwenden. Darüber hinaus besteht die Möglichkeit, das Design um mehrere Metaheuristiken zu erweitern, sofern sich der Ansatz als

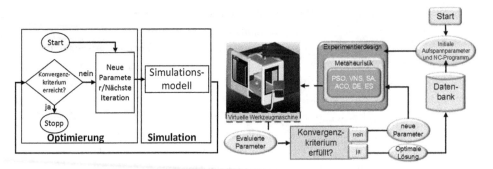

Abb. 4.1 Schematische Darstellung der Simulationsgestützte Optimierung (vgl. März et al. 2011; Weber 2015)

praxistauglich bewährt hat. Da bereits eine Vielzahl an Metaheuristiken (vgl. Gendreau und Potvin 2010) mit unterschiedlichen Einsatzmöglichkeiten existieren, werden hier zunächst einige gängige Metaheuristiken herangezogen und die Leistungsfähigkeit mittels Griewank-Funktion (vgl. Griewank 1981) auf ihre Leistungsfähigkeit hin überprüft. Die Auswahl und Untersuchung der Metaheuristiken hat an dieser Stelle keinen Anspruch auf Vollständigkeit. Das Experimentierdesign ist beliebig erweiterbar, solange zielführende Parameter generiert werden können und die Anbindung an die Fitnesskomponente des Gesamtsystems gewährleistet wird. Im vorliegenden Ansatz beschränkt sich die Auswahl zunächst auf sechs Metaheuristiken: Ameisenalgorithmus (Ant Colony Optimzation, ACO), Differential Evolution (DE), Evolution Strategies (ES), Simulated Annealing (SA), Variable Neighborhood Search (VNS) und Partikelschwarmoptimierung (Particle Swarm Optimization, PSO).

- ACO: Der Ameisenalgorithmus ist inspiriert durch das Verhalten realer Ameisen bei der Futtersuche (Socha und Dorigo 2008). Die Ameisen bewegen sich zunächst zufällig fort und transportieren Futter aus einer gefundenen Nahrungsquelle zurück zu ihrem Nest. Dabei sondern sie Pheromone ab, die den übrigen Ameisen den Weg zu der Futterquelle weisen (Dorigo und Gambardella 1997). Die Pheromonen-Quantität ist hierbei abhängig von der Qualität des Futters. Die Pheromone verflüchtigen sich über die eingesetzte Zeit, sodass nur die Pheromone zurückbleiben, die den schnellsten Weg zur Futterquelle anzeigen (Dorigo und Gambardella 1997; Dorigo 1992). Diese Prinzipien wurden in den ACO-Algorithmus transferiert (Socha und Dorigo 2008; Dorigo 1992).
- DE: Inspiriert durch das Prinzip der organischen Evolution (Gendreau und Potvin 2010) wird bei diesem Algorithmus zufällig eine Population an Lösungskandidaten generiert, die solange iterativ modifiziert wird, bis eine nahe-optimale Lösung gefunden wird. Die dabei erfolgenden Schritte sind *Mutation*, *Rekombination* und *Selektion*.
- ES: Ähnlich dem DE orientiert sich dieser Algorithmus ebenfalls an das Verhalten der organischen Evolution. Diese Metaheuristik wurde in den 1960er-Jahren von Rechenberg eingeführt und von Schwefel weiterentwickelt (Bäck et al. 1991). Ursprünglich war die

erste Entwicklung dazu gedacht, experimentelle Optimierungsprobleme zu lösen, die kontinuierlich verändernde Variablen beinhalten. Auch hier werden die drei Schritte *Mutation*, *Rekombination* und *Selektion* unterschieden.

- SA: Dieses Optimierungsverfahren ist an den thermodynamischen Schritt-für-Schritt-Abkühlprozess angelehnt, der z. B. bei der Metallherstellung und -verarbeitung genutzt wird. Dabei hat jedes Temperaturniveau ein lokales Temperaturgleichgewicht, bei dem sich die bei Abkühlung geordnete Kristallstrukturen (Kornbildung) der Metalle bilden (Brooks und Morgan 1995). SA bezieht sich als Minimierungsalgorithmus auf Funktionswerte, die mit den Energieniveaus während des Abkühlprozesses vergleichbar sind: Das ausgewählte Temperaturset repräsentiert die Position der Moleküle innerhalb eines Temperaturniveaus. Das Prinzip des Algorithmus basiert auf die sinkende Molekülbewegung während des Abkühlprozesses (Gendreau und Potvin 2010).

- VNS: Dieser Algorithmus dient als Suchverfahren für optimale Parameter in der Nachbarschaft der verbleibenden Parameter eines Suchraums, bis das globale Optimum identifiziert ist. Dabei kann die Nachbarschaftsauswahl systematisch variiert werden (Gendreau und Potvin 2010; Socha und Dorigo 2008).

- PSO: Hierbei handelt es sich um einen Algorithmus, der an das Schwarmverhalten eines Vogel- oder Fischschwarms angelehnt ist (Kennedy 1995). Dabei wird in einem Suchraum eine Population generiert, die aus Partikeln besteht. Jeder Partikel repräsentiert einen potenziellen Lösungsvektor (Parameterset), wodurch viele Kombinationsmöglichkeiten eröffnet werden. Die Partikel bewegen sich gewissermaßen durch den Raum und suchen die jeweils optimale Lösung der Iteration. Hierbei werden die Partikelgenerationen jeweils aktualisiert, bis gemäß einem vorher definierten Abbruchkriterium eine optimale Lösung erreicht wird (Hu und Eberhart 2002). Dabei werden lokale und globale Optima identifiziert. Der Schwarm konvergiert in der Regel in Richtung des globalen Optimums (Kennedy 1995; Hu und Eberhart 2002).

Die Griewank-Funktion zur Leistungsmessung der aufgezählten Metaheuristiken ist in Gl. 4.1 dargestellt.

$$f(x,n) = 1 + \frac{1}{4000}\sum\nolimits_{i=1}^{n} x_i^2 - \prod\nolimits_{i=1}^{n} \cos\left(\frac{x_i}{\sqrt{i}}\right) \qquad (4.1)$$

Die Variable x repräsentiert hier den potenziellen Lösungsbetrag der jeweiligen Metaheuristik. Bei der Partikelschwarmoptimierung wäre dies der jeweilige Partikelvektor, der evaluiert wird. n gibt die Anzahl der Dimensionen an, wobei i den Index der vorliegenden Dimension bezeichnet. Wichtige Erkenntnisse über die Untersuchung sind im nachfolgenden Verlauf zusammengefasst dargelegt. Ausführlichere Analyseergebnisse und Interpretationen der Leistungsmessungen sind dem Beitrag von Weber et al. (vgl. 2014) zu entnehmen.

Die Leistungsmessung wird in zwei Versuchsreihen unterteilt. Für die erste Versuchsreihe wird ein statisches Abbruchkriterium in Form einer Iterationsobergrenze vorgegeben, die im vorliegenden Fall k = 500 beträgt. Die zweite Versuchsreihe beinhaltet ein dynamisches Abbruchkriterium, das besagt, dass die Leistungsmessung der jeweiligen Metaheuristiken genau dann abgebrochen werden soll, wenn nach fünf aufeinanderfolgenden Iterationen keine Verbesserung identifiziert wurde, d. h. kein weiteres lokales Optimum gefunden wurde, das zeitgleich auch ein neues globales Optimum ist. Als Resultat kann festgestellt werden, dass die PSO bei den Versuchen mit statischem Abbruchkriterium das größte Potenzial aufweist, den minimalen Fitnesswert zu identifizieren. Lediglich ES weist bei einer sehr hohen Anzahl von Dimensionen einen geringeren Fitnesswert auf. Die höchsten Fitnesswerte werden durch den ACO und DE identifiziert. Die PSO die höchste Laufzeit bei allen Dimensionskonfigurationen auf. Unter Anwendung des dynamischen Abbruchkriteriums weist die PSO geringe Fitnesswerte auf, sodass das Minimum verlässlich identifiziert werden konnte, jedoch ist im Vergleich zu den anderen Metaheuristiken eine längere Laufzeiten notwendig. Mit zunehmender Anzahl der Dimensionen identifiziert ES niedrigere Fitnesswerte als die PSO, was zu der Schlussfolgerung führt, dass ES insbesondere bei Optimierungen mit einer hohen Dimension vorteilhaft ist. Die PSO hat für den Fall geringer Dimensionen gezeigt, dass bessere minimale Fitnesswert identifiziert werden, als bei den übrigen Metaheuristiken, wenn auch die Laufzeit des Algorithmus wesentlich höher ist. Dies ist jedoch nicht unbedingt als negativ zu bewerten ist, da es sich um sehr kleine Zeiteinheiten handelt, bei denen die Fitnesswerte berechnet werden. Bei längeren Simulationsdurchlaufzeiten, wie bei der virtuellen Werkzeugmaschine, ist die Geschwindigkeit der Metaheuristik zu vernachlässigen, da die Simulationsdurchläufe, bedingt durch die Verwendung einer realen Maschinensteuerung, insgesamt sehr viel längere Laufzeiten aufweisen. Da sich die Positionsoptimierung auf drei translatorische Achsbewegungen (x, y und z) bezieht und die Orientierung α als Ausrichtungsänderung nur zwischen 0 und 2π möglich ist, sind maximal vier Dimensionen ausreichend, was die primäre Nutzung der PSO rechtfertigt. Genauer gesagt kann eine Variation in z-Richtung zunächst vernachlässigt werden, da dies einer Höhenvariation des Werkstücks bzw. des Spannmittels gleichkommt. Dieser Sachverhalt kann in der Simulationsumgebung dargestellt werden. Ohne variierende Spannmittelhöhe oder verstellbare Maschinentischhöhen, ist dies in der Praxis jedoch wenig sinnvoll. Daher sind zunächst maximal drei Dimensionen (x, y und die Rotation in z) relevant.

Frühere Forschungsarbeiten belegen zudem eine Erweiterbarkeit des PSO-Algorithmus, sodass das Potenzial gesteigert werden kann (vgl. Laroque et al. 2010). Insbesondere für eine Parallelisierung von Optimierung und Simulation ist die PSO daher vielversprechend. Der vergleichsweise geringe Implementierungsaufwand der PSO führt zu einer primären Nutzung als Suchverfahren für einen vorab definierten und beschränkten Suchraum. Der Algorithmus der PSO nach (Kennedy 1995) ist in seiner Standardform in den Gl. 4.2 und 4.3 dargestellt (vgl. auch (Weber 2017):

$$v_{i+1} = v_{inert} * v_i + \beta_1 * v_{cogn} * (x_{global} - x_i) + \beta_2 * v_{soc} * (x_{local} - x_i) \qquad (4.2)$$

$$x_{i+1} = v_i + x_i \qquad (4.3)$$

4.2.2   Erweiterung des PSO-Algorithmus zur asynchronen PSO

In direkter Kombination mit der Metaheuristik führ das Simulationsmodell als Fitness-komponente zu langen Simulationslaufzeiten für die Parametervalidierung. Trotz adäqua-ter Rechenleistung durch die Gesamtarchitektur existiert zudem eine hohe Anzahl zu eva-luierender Lösungspartikeln, da jeder Partikel mithilfe des Simulationsmodells überprüft werden müsste, was zusätzlich zu einer enormen Rechenzeit führt. Dadurch ist ein solches Verfahren letztendlich impraktikabel. Zudem muss darüber hinaus gewährleistet werden, dass die Berechnungen vollständig durchgeführt werden und es nicht zu unvorhersehbaren Knotenausfällen kommt. Ein Knotenausfall meint hier den Ausfall einer Rechnerres-source. Die Überlegung, die Simulationsdurchläufe sowie die Optimierung zu parallelisie-ren oder auf verschiedene Rechencluster zu verteilen, wozu die Berechnung nicht syn-chron sein muss, würde einen ersten Ansatz bieten. Für diesen Ansatz ist es notwendig, das Konvergenzverhalten für die modifizierte Form zu überprüfen, insbesondere unter der An-nahme, dass Rechner ausfallen oder verschiedene Partikel auf mehreren Rechnereinheiten berechnet werden. Die erforderliche Untersuchung beinhaltet zusätzlich Szenarien, bei denen der Algorithmus vollständig asynchron, gruppiert teilsynchron oder im Standardfall synchron ausgeführt wird.

4.2.3   Asynchronitätskonfigurationen der PSO

Ausgehend von der Standard-PSO kann die Asynchronität wie folgt erreicht werden (vgl. Reisch et al. 2015): Seien P = [1,…,i] die Partikel und G = [1,…,j] die Anzahl gleich großer Gruppen, d. h. Gruppen mit identischer Partikelanzahl, wenn die Partikelzahl gerade ist. Dabei gilt $j \leq i$. Wenn ferner $p \in P$ und $g \in G$ gilt, dann ist die Gruppenzuweisung der Partikel P in die Gruppen G als Funktion $f: P \rightarrow G$ abgebildet, wobei $g = \left| p * \dfrac{i}{j} \right|$ gilt. Bei vollständiger Asynchronität gilt i = j und bei synchroner PSO-Konfiguration gilt j = 1 (vgl. Reisch et al. 2015). Der Asynchronitätsgrad als Kennzahl kann wie in Gl. 4.4 aus-gedrückt werden (vgl. Reisch et al. 2015; Weber 2017):

$$G = p * dg \tag{4.4}$$

Wobei p auch hier als Populationsgröße definiert ist, G die Gruppenanzahl darstellt und dg den Asynchronitätsgrad repräsentiert.

4.2.3.1 Partikelgruppierung mit Hilfe der Asynchronität der PSO

Die Experimente zur asynchronen PSO-Erweiterung sind in zwei Versuchsreihen unter-teilt. Die Dimensionsgröße variiert zwischen 10 und 50. Die Populationsgrößen variieren zwischen 30, 50 und 100. In der ersten Versuchsreihe wird eine populationsgrößenabhän-gige Asynchronität implementiert, wie sie nach Gl. 4.4 ermittelt werden kann, sodass

teilasynchrone Optimierungsdurchläufe möglich sind. Dabei ergibt sich bei einer Populationsgröße von 30 der Asynchronitätsgrad 13,33 %, bei einer Populationsgröße von 50
der Asynchronitätsgrad 8 % und bei 100 Partikeln der Asynchronitätsgrad 4 %. Jedes
Experiment wurde 100-mal wiederholt, um statistische Fehler zu vermeiden. Verglichen
wird dieser Ansatz mit einer vollasynchronen Konfiguration sowie der Standard-PSO
(synchron).

Durchschnittlich konvergiert die Konfiguration von 10 Dimensionen und einer Populationsgröße von 30 Partikeln nach ~900 Evaluationen. Die synchrone PSO konvergiert
nach ~1700 Evaluationen. Die asynchrone PSO-Konfiguration zeigt ein schnelleres Konvergenzverhalten als die teil- und vollasynchrone Konfiguration. Die teilasynchrone PSO
weist zunächst ein langsameres Konvergenzverhalten auf, übersteigt dann aber die synchrone PSO zwischen ~350 und ~450 Evaluationen. Die Abb. 4.2 Nummer 1 zeigt das
Konvergenzverhalten der zugehörigen Konfiguration. Bei der höher komplexen Konfiguration der Experimente, wie z. B. bei 50 Dimensionen und 50 Partikeln, wird deutlich,
dass sich das Konvergenzverhalten der PSO verschlechtert (vgl. Abb. 4.2 Nummer 2) und
eine nahe-optimale Lösung einen hohen Evaluationsaufwand erfordert. Auch bei komplexen Konfigurationen zeigt die synchrone PSO ein schnelleres Konvergenzverhalten im
Vergleich zur partiellen asynchronen PSO, was jedoch bei einer hohen Komplexität zu
keinem erheblichen Mehrwert führt.

Die zweite Versuchsreihe vergleicht das Konvergenzverhalten teilasynchroner
PSO-Konfigurationen bei den Asynchronitätsgraden von 10 %, 50 %, 75 %, und 90 %.
Allgemein ist auch hier das Konvergenzverhalten von der Auswahl der Populations- und
der Dimensionsgröße abhängig. Im direkten Vergleich der unterschiedlichen Asynchroni-
tätsgrade ist allgemein feststellbar, dass die PSO-Konfiguration gruppiert das geringste
Asynchronitätslevel aufweist und jeweils am schnellsten konvergiert, unabhängig von Po-
pulations- und Dimensionsgröße. Je geringer das Asynchronitätslevel, desto weniger
Partikel-Gruppen gibt es. Für die Partikelgruppierung kann das Potenzial erst bei einer
anschließenden Parallelisierung der Evaluationsläufe festgestellt werden. Die Abb. 4.2 mit
Diagramm Nr. 3, 4 und 5 zeigt das Konvergenzverhalten der unterschiedlichen Gruppen
nach dem jeweiligen Asynchronitätsgrad. Für den alleinigen Optimierungslauf kann eine
asynchrone PSO verwendet werden. Jedoch ist dies nur zielführend, wenn rechenintensive
Optimierungsprobleme erforderlich sind. Der Fokus sollte daher auf die Parallelisierung
der Partikelevaluation gelegt werden, wobei sich hierbei eine Gruppierung der Partikel als
vorteilhaft erweisen würde. Gruppierung und Parallelisierung sind demnach ebenfalls geeignet, die Optimierungsläufe fortzusetzen, wenn Computerressourcen belegt sind oder
ausfallen. Somit muss nicht die gesamte Optimierung abgebrochen werden, sondern kann
zu einem späteren Zeitpunkt durchgeführt werden.

Die Experimente mit begrenzten Computerressourcen, bei denen ein Ausfall simuliert
wird, zeigen deutlich, dass die asynchrone PSO ein verbessertes Konvergenzverhalten

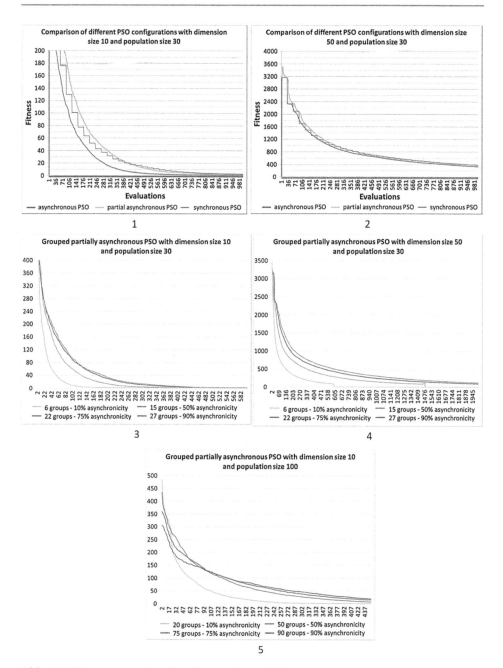

Abb. 4.2 Konvergenzanalyse für die asynchrone PSO-Erweiterung (vgl. Weber 2017; Weber et al. 2014)

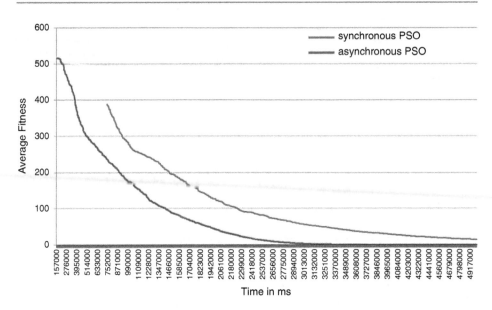

Abb. 4.3 Konvergenzverhalten der asynchronen PSO bei limitierten Rechnerressourcen

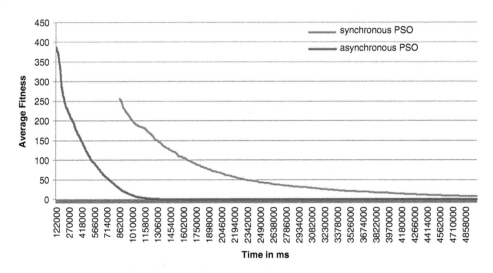

Abb. 4.4 Konvergenzverhalten der asynchronen PSO bei stochastischen Knotenausfällen

aufweist als die synchrone PSO. Das Experiment zur Nutzung von begrenzten Computerressourcen unterstellt acht verfügbare Rechnerkerne. Die Dimensionsgröße ist auf 10 begrenzt. Bei dem theoretischen Experiment werden zunächst die Wahrscheinlichkeiten für Ausfälle $p_{crash} = 0,001$ und Reparatur als $p_{repair} = 0,009$ definiert. Auch hierbei weist die asynchrone PSO eine bessere Konvergenz auf, als die synchrone PSO (vgl. Abb. 4.3). Dieser Sachverhalt wird in der Abb. 4.4 nochmals verdeutlicht.

4.2.4 Beschränkung der Aufspannoptimierungsdauer durch 2-Phasen-Ansatz

Die Möglichkeit der Asynchronitätskonfiguration der Optimierungskomponente (PSO) des Setup-Optimizers zur Gewährleistung optimaler Aufspannpositionen enthält nunmehr die optionale Funktion zur Parallelisierung von Optimierungsläufen sowie Evaluierungsläufen – jedoch ist im Einzelfall abzuwägen, inwiefern dieser Ansatz notwendig ist. Die allgemeine Erkenntnis des verbesserten Konvergenzverhaltens hinsichtlich der Optimierung, die durch die asynchrone PSO gewährt wird, ist im vorliegenden Fall von geringer Bedeutung, da die Ergebnisse nach sehr kurzen Rechenzeiten feststehen. Dieser Umstand liegt insbesondere in der eingeschränkten Konfigurierbarkeit des zu optimierenden Fertigungsszenarios begründet. Die Populationsgröße eines Schwarms wird hierzu zwischen 30 und 50 Partikeln bestehen und jeder Partikel enthält drei bzw. vier Dimensionen, da das Werkstück in drei translatorische Richtungen verschoben werden kann und nur eine Rotation um die z-Achse notwendig ist (vgl. Weber 2017). Die translatorische Verschiebung in Richtung der z-Achse ist aus akademischer Sicht interessant, um hieraus die Aufspannhöhe anzupassen. In der Praxis hingegen erscheint es unpraktisch, da die Höhe durch ein modifiziertes Spannmittel variiert werden muss, was jedoch nicht vorausgesetzt werden kann: Nicht jedes Spannmittel ist höhenverstellbar und zusätzliche Wechsel von Spannmitteln unterschiedlicher Höhen wären erforderlich, wenn die Höhen (z-Richtung) pro Fertigungsprozess oder Werkstück variieren (vgl. Weber 2017). Ferner ist dieses Vorgehen obsolet, da eine manuelle Höhenverstellung zwangsläufig zu unnötigen Fertigungsunterbrechungen führen. Das Hauptproblem besteht weiterhin darin, dass die Menge an zu evaluierenden Lösungspartikeln mit Hilfe der Simulation verifiziert werden sollen (Kollisionskontrolle), was selbst bei kleinen Lösungsmengen eine beachtliche Zeit in Anspruch nimmt. Somit wird die nachgewiesene Asynchronität in Form einer Parallelisierung der Evaluationsläufe durch die Simulation fokussiert, sodass mehrere Maschinenmodelle auf unterschiedlichen Rechnerressourcen zur Verfügung stehen können und die zu evaluierenden Lösungskandidaten verteilt werden können. Das bedeutet, dass die PSO mit drei bzw. vier Dimensionen pro Partikel synchron durchgeführt werden kann. (vgl. Weber 2017)

Ausgehend von der Problematik des hohen Simulationslaufaufwands wurde im Rahmen des Projektes ein NC-Interpreter entwickelt, der als Fitnesskomponente in direkter Verbindung mit der PSO verwendet werden kann und die Simulation in einem separaten Nachgang eingebunden wird. Der NC-Interpreter ist eine Applikation, die anhand der extrahierten G-Befehle des NC-Programms die zurückgelegten Werkzeugwege abschätzt. Das heißt anhand der Verfahrbefehle G0, G1, G2, und G3, die unter Angabe der Koordinaten die Ziel-Positionen des Werkzeugs bestimmen, können die Wege zwischen den NC-Sätzen approximiert und die Fertigungszeit berechnet werden. In Kombination mit der PSO werden zunächst diejenigen Partikel identifiziert, die zu einer fertigungszeitminimalen Aufspannposition führen (vgl. Weber 2017). Als Inputgrößen werden dem NC-Interpreter die Maschinengeometrie (Achsendefinition), Nullpunkte, Werkzeugwechselpunkte und das NC-Programm übergeben. Der NC-Interpreter berücksichtigt dabei jedoch nicht das

Kollisionsverhalten, wie es in dem Simulationsmodell der Fall wäre. Das bedeutet, es findet keine Rückmeldung statt, inwiefern die Verfahrwege ungewollte Werkzeugkollisionen verursachen oder ob das Werkstück exakt auf dem Maschinentisch aufliegt und somit in dem vorgesehen Arbeitsraum gefertigt wird. Die Gewährleistung der Einhaltung des Arbeitsraums kann durch die Lösungsraumbegrenzung der PSO realisiert werden, sodass die Simulation lediglich die Kollisionsüberprüfung durchführen muss. (vgl. Weber 2017)

Der NC-Interpreter ist somit formal eine Funktion, welche die Maschinengeometrie und einen n-dimensionalen Vektor auf einen Skalar abbildet, wie in Gl. 4.5 definiert (vgl. Weber 2017):

$$nc_{pars} = M \, x \, \mathbb{R}^n \rightarrow \mathbb{R} \qquad (4.5)$$

M repräsentiert die Maschinegeometrie, d. h. die Informationen über die Achsenanordnung, Achsenbegrenzungen, Werkzeugwechselpunkte, Nullpunkte sowie Offset-Vektoren. Zusätzlich zur Fertigungszeit werden vom NC-Interpreter auch sekundäre Ausgangsgrößen ausgegeben. Sie unterteilen die Fertigungszeit in Haupt-, Neben- und Werkzeugwechselzeiten. Ebenfalls werden die Werkzeugpfade sowie der resultierende Werkzeug-Gesamtweg ausgegeben. Dabei kann zwischen Drei- oder Fünf-Achs-Maschinengeometrie unterschieden werden. Aus theoretischer Sicht ist die Anzahl der Achsen beliebig definierbar (von praktischer Relevanz sind in der Regel jedoch nur Drei- und Fünf-Achs-Maschinen). Die Abb. 4.5 zeigt exemplarisch die Fitnesslandschaft, errechnet mit Hilfe des NC-Interpreters für zwei Dimensionen (x, y) und der geschätzten Fertigungszeit als Fitnessgröße.

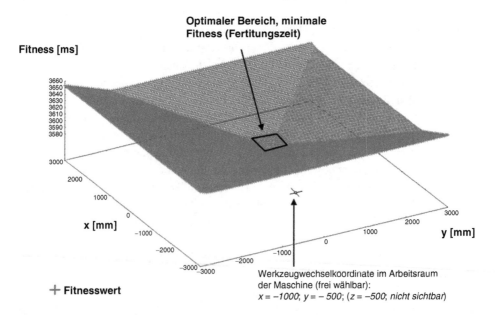

Abb. 4.5 Fitnesslandschaft für zwei Dimensionen (vgl. Weber 2015)

Zur weiteren Reduzierung des Simulationsaufwands werden die identifizierten Partikel, die zu einer minimalen Fertigungszeit führen, einem Clustering-Verfahren unterzogen. Hierzu wird angenommen, dass die „besten" Partikel eines Clusters mit Hilfe der Simulation auf ungewollte Kollisionen überprüft werden. Sofern ein valides Ergebnis ausgegeben wird, können im Anschluss weitere Partikel eines Clusters überprüft oder verworfen werden. Bei einer invaliden Lösung wird davon ausgegangen, dass die Partikel in der Nachbarschaft des „besten" lokalen Partikels des Clusters auch zu invaliden Lösungen führen und somit der gesamte Cluster verworfen wird. Bei diesem Ansatz werden aus experimenteller Sicht der Cluster-Algorithmus K-Means sowie eine adaptierte binäre Suche herangezogen. Formal lässt sich der gesamte Ansatz wie folgt darstellen (vgl. Mueß et al. 2016; Weber 2017): Die Fitnessfunktion ist allgemein wie in Gl. 4.6 gegeben.

$$f : \mathbb{R}^n \to \mathbb{R} \, x \, \{0,1\} \tag{4.6}$$

Dabei spezifiziert $g : \mathbb{R}^n \to \mathbb{R}$ die Funktion, die den Fitnesswert berechnet und $h : \mathbb{R}^n \to \{0,1\}$ die Validität des Eingangsvektors. Die Funktionswerte aus g werden durch die PSO generiert, wobei die Rechenzeit für g geringer ist als die für h. Als Ausgabe erfolgt dann X in Form einer Menge von potenziellen Lösungen. Es gilt

$$X := \left\{ (a,b) : a \in \mathbb{R}^n, b \in \mathbb{R}, b = g(a) \right\} \tag{4.7}$$

Die Menge der potenziellen Lösungen X wird durch die Anzahl der Cluster k, wodurch auch die Anzahl an Computerressourcen definiert ist, unterteilt. Dabei ergibt sich $S := (s_1, s_2, …, s_k)$ wobei $s_i \subseteq X$ gilt mit $a \in \mathbb{R}^n$ und $b \in \mathbb{R}$. a definiert hier den Inputvektor. Ferner gilt $b = g(a)$. Die Werte für s_i werden nach b geordnet. Zusammenfassend kann festgehalten werden, dass durch den zweiphasigen Ansatz der Gesamt-Rechenaufwand für die Kollisionsvalidierung verringert wird.

4.2.4.1 Vorversuche mit Hilfe einer Ersatz-Fitnesskomponente des Maschinen-Arbeitsraums zur Erprobung des Clustering-Ansatzes

Zur Überprüfung der Konzepte wurden das Clustering-Verfahren mittels K-Means-Algorithmus sowie die adaptierte binäre Suche anhand eines Experimentierdesigns miteinander verglichen. Dabei wurde in der zweiten Phase auf den Einsatz der Simulation verzichtet. Stattdessen wurde eine weniger rechenintensive Funktion (Experimentierdesign) in Form einer zweidimensionalen Arbeitsraumabbildung gewählt. Diese ist in einem quadratischen Raster unterteilt, auf dem zur Simulation der Kollisionsüberprüfung Hindernisse definiert werden können. Die adaptierte binäre Suche, formuliert für den zweidimensionalen Fitnessansatz, ist dazu in Gl. 4.8 und 4.9 und als Pseudocode dargestellt. Die Ausweitung in Richtung u ist definiert als

$$l_i = \max\left(u_i\right) - \min\left(u_i\right). \tag{4.8}$$

Herbei wird des Weiteren angenommen, dass $S := (s_{1,1}, \ldots, s_{m,n})$ mit $m * n = k$ gilt. Das Ziel des Ansatzes ist die Minimierung der Betragsdifferenz $|m - n|$. Die dafür notwendige Zuordnung zeigt die Gl. 4.9.

$$S_{i,j} := \left\{ u, w \in X \mid \frac{l_x}{m} * i \le u < \frac{l_x}{m} * (i+1) \text{ und } \frac{l_y}{n} * j \le w < \frac{l_y}{n} * (j+1) \right\}$$

$$= \left(\left(\frac{l_x}{m} * [i, i+1] \right) \times \left(\frac{l_y}{n} * [j, j+1] \right) \right) \cap X \qquad (4.9)$$

Die Berechnung der Variablen m und n erfolgt durch den nachfolgenden Algorithmus:

```
Input: Numbers of areas k
If k is a prime number
        k ← k - 1;
endif
for (i = √k → 2; i = i - 1)
        if k mod i= 0
                m ← i;
                n ← k/i;
        endif
endfor
```

Der Eingangsvektor für den Ansatz wird durch einen Eliminationsansatz ermittelt. Zuerst wird hierbei der Vektor berücksichtigt, der zu dem besten Fitnesswert $s_i \in S$ führt. Anschließend wird $h(w_i)$ für jedes $i \in \{1, \ldots, k\}$ berechnet. Wenn sich $h(w_i)$ als valide herausstellt, wird jeder Lösungskandidat (u, w) aus dem Cluster s_j gelöscht, sofern $w > w_i$ gilt. Sollte ein Cluster keine valide Lösung liefern, wird das beschriebene Verfahren iterativ wiederholt bis eine valide Lösung gefunden wurde.

Unter Nutzung des K-Means-Clusteralgorithmus werden die validen Lösungen, ausgehend von dem Cluster mit der zeitminimalen Partikel, zur Kollisionsprüfung freigegeben (vgl. auch Weber 2017). Grundsätzlich können bei Cluster, unabhängig ob valide oder invalide Lösungskandidaten beinhaltet sind, sukzessiv alle enthaltenen Lösungskandidaten überprüft werden. Bei paralleler Aufteilung der Partikel auf mehrere Simulationsmodelle (Rechnerinstanzen) ist eine vollständige Prüfung ebenfalls denkbar. Dies ist eine nutzerabhängige Nebenfunktion, die bei ausreichend Ressourcen möglich wäre. Der Pseudocode des K-Means-Algorithmus stellt sich wie folgt dar:

```
Initialize: Set s₁,…,sₖ randomly.
While s₁,…,sₖ change do
        For p ∈ P do
                p.s = i, so that min(|sᵢ - p|)
        end
```

```
for s ∈ S do
Let s.P quantity of elements in centroids s:
s = q : min {Σₚ∈ₛ.ₚ|q - p|}
end
end
```

Als Testumgebung für den beschriebenen Ansatz ist eine Applikation definiert, die den Arbeitsraum der Maschine als zwei-dimensionales Modell darstellt. Werkstück, Werkzeugposition, Spannmittel und Hindernisse können anhand eines Rasters angeordnet werden. Die Rasterung ist durch diskrete Millimeterraster definiert. Das Werkzeug verfährt die Wege entlang der Rasterung unter Berücksichtigung des euklidischen Abstandes und unter Berücksichtigung der vorgegeben Koordinaten des realen NC-Programms. Zielgeometrien des Bauteils, Bewegungen in der z-Ebene sowie Materialabtrag werden nicht abgebildet. Es werden die nachfolgenden Annahmen getroffen:

- Wenn ein valider Werkzeugweg gefunden wird, dann existiert auch ein gültiger Werkzeugweg bei $z \neq 0$.
- Sollte bei $z = 0$ kein valider Werkzeugweg gefunden werden (und damit keine gültige Aufspannposition gefunden werden), dann ist keine weitere Aussage möglich.

Ausgehend von diesen Annahmen, kann die Initial-Aufspannung auch eine gültige Lösung sein, jedoch ist nicht bekannt, ob diese Lösung „optimal" ist.

Die Arbeitsflächenrasterung erfolgt durch eine Transformation der Funktion $f\colon \mathbb{R}^2 \to \mathbb{Z}^2$, wobei eine willkürliche konstante Rasterseitenlänge definiert wird, die für alle $c \in \mathbb{Z}^2$ gilt:

$$c \text{ ist belegt} \leftrightarrow \exists r \in \mathbb{R}^2 : r \text{ ist belegt UND } c_1 \leq r_1 < z_1 + l \text{ UND } z_2 \leq r_2 < z_2 + l$$

Wenn in $\mathbb{Z}^2$ ein gültiger Werkzeugweg und damit eine gültige Aufspannlage gefunden wird, dann ist in $\mathbb{R}^2$ ebenfalls eine gültige Lösung möglich. Andernfalls ist keine Aussage über eine gültige Lösung in $\mathbb{R}^2$ möglich.

Es wird folglich getestet, ob eine zeitminimale Aufspannlage von Werkstück und Spannmittel gefunden werden kann, die weder mit einem festen Hindernis kollidiert (Koordinaten der NC-Sätze müssen erreichbar sein) noch einen hohen Rechenaufwand benötigt. Die programmiertechnisch in der objektorientierte Sprache Java umgesetzte Nutzeroberfläche der Testumgebung ist in Abb. 4.6 links dargestellt. Die rechte Seite von Abb. 4.6 zeigt vier Test-Szenarien als Vorversuchsumgebung für den beschriebenen Anwendungsansatz der PSO und dem NC-Interpreter sowie des Partikel-Clusterverfahrens.

Die zugrundeliegenden Optimierungsdurchläufe der PSO betragen 50 Stück pro Szenario. Die Anzahl der Instanzen des Simulationsmodells (Testumgebungen) wird durch die Variable k definiert und ist in Abb. 4.7 auf der Abszisse aufgetragen. Die Iterationen sind auf der Ordinate aufgetragen. Die Anzahl der zur Verfügung stehenden Testumgebungen, die jeweils ein Simulationsmodell beinhalten, können mit der Anzahl der Cluster

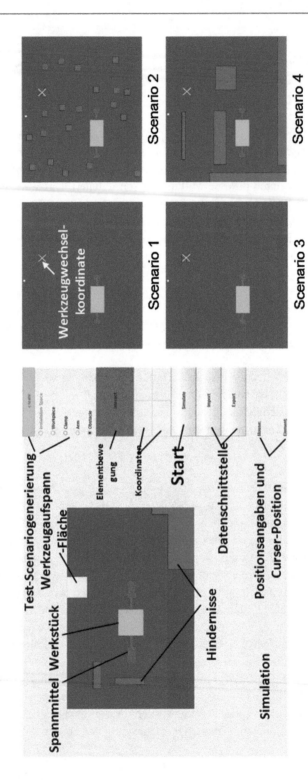

Abb. 4.6 Testumgebung für den Verfahrensvergleich

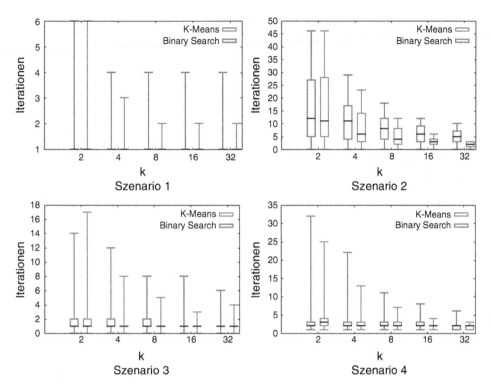

Abb. 4.7 Ergebnisvergleich zwischen dem Clusterverfahren K-Means und adaptierte binäre Suche (vgl. Mueß et al. 2016)

gleichgesetzt werden, sofern die Systeme parallel ausgeführt werden sollen. Werden mehr Cluster definiert als virtuelle Werkzeugmaschinen, dann wird eine Warteschlange gebildet. Die Größe k repräsentiert somit ebenfalls die Anzahl der zur Verfügung stehenden Rechnerkerne. Die Experimentierergebnisse der vier Szenarien sind in Abb. 4.7 als Box-Whisker-Diagrammen dargestellt. Die Ergebnisse, die mit dem K-Means-Cluster-Algorithmus erzielt wurden, sind durch die blaue Markierung und die Ergebnisse, welche durch die adaptierte binäre Suche erzielt wurden, durch die rote Markierung verdeutlicht. Szenario 2 weist hierbei eine relativ symmetrische Verteilungsfunktion auf und die Ausreißer nehmen mit zunehmendem k ab. Hierbei weist der K-Means-Algorithmus bessere Ergebnisse auf als die binäre Suche. Äquivalente Tendenzen sind auch bei den Szenarien 1, 3 und 4 zu erkennen. Die Szenarien 3 und 4 weisen zudem auffällig hohe Spannweiten auf, was auf die umständlich generierte Hindernisplatzierung zurückzuführen ist. Es wird somit verdeutlicht, dass komplizierte Aufspannpositionen durchaus zu sinnvollen Lösungen führen können, die Lösungsalternativen jedoch dann einen großen Abstand aufweisen. Die Szenario-Struktur, speziell die Struktur des Arbeitsraums, führt ebenfalls dazu, dass in den Szenarien 1 und 3 das dritte Quartil jeweils 0 beträgt (vgl. Mueß et al. 2016). Die höchste Iterationszahl weist das Szenario 2 auf. Dieses Ergebnis ist ebenfalls der Verteilung der Hindernisse auf der Arbeitsraumfläche (komplexe Struktur)

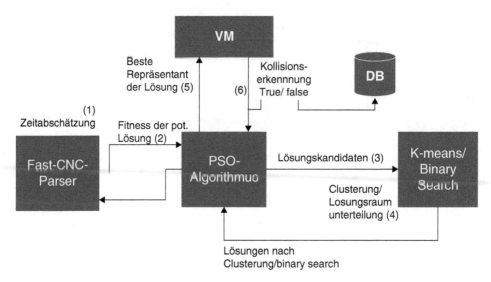

Abb. 4.8 Schematische Architektur des Setup-Optimizers mit Anbindung an Clusterverfahren

und dem Ort des Werkzeugwechselpunkts zuzuschreiben, was den Suchaufwand insgesamt erhöht. Szenario 3 und 4 enthalten viele valide Lösungen in Form von gültigen Aufspannpositionen in der Nähe des Werkzeugwechselpunkts, was zu geringen Iterationen führt. Insgesamt kann gezeigt werden, dass der K-Means-Algorithmus brauchbare Ergebnisse bereitstellt und eine bessere Performance hinsichtlich der Iterationszahl im Vergleich zur adaptierten binären Suche zeigt, weswegen dieser Algorithmus für weitere Entwicklungen zur Systemerweiterung herangezogen wird. Das Diagrammformat beinhaltet das Minimum (unteres Whisker), das erste und dritte Quantil (Interquartilsabstand), den Median (2. Quartil) sowie das Maximum (oberes Whisker) der Iterationen unter verschiedenen k-Konfigurationen.

Durch die vorangegangenen Methoden und Experimente kann zusammenfasst werden, dass eine Architektur angestrebt wird, bei der die zeitliche Positionsoptimierung der Aufspannlage durch die Kombination der PSO und des NC-Interpreters erfolgt. Ein Cluster-Verfahren für die Lösungskoordinaten mit anschließender verteilter Simulation übernimmt eine zeitsparende Kollisionskontrolle. Der Kern der bestehenden Architektur ist schematisch in der nachfolgenden Abb. 4.8 dargestellt. Der Systembestandteil „VM" beinhaltet das Simulationsmodell in Form der virtuellen Werkzeugmaschine. Die zeitminimalen Aufspannpositionen werden nach erfolgter Überprüfung durch die Simulation in der nutzerspezifischen Datenbank abgelegt. Somit können mehr als ein Nutzer auf individuelle Daten zugreifen und das System wird in eine cloudbasierte Plattform (Dienstleistungsplattform) eingebettet. Für die Implementierung wird auf eine binäre Suche verzichtet.

4.2.4.2 Auswirkung der Werkstückdrehung im Arbeitsraum

Der entwickelte Ansatz (vgl. Weber 2017), welcher Aufspannkoordinaten selbstständig überprüft und valide Parameter bereitstellt, fokussiert in der Ausgangslage translatorische Werkstückaufspannversatze sowie die Aufspannlage-Rotation um die z-Achse (d. h. Rotation

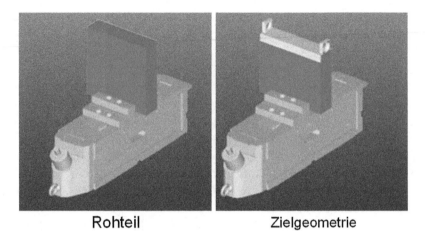

Rohteil   Zielgeometrie

Abb. 4.9 Rohteil und Zielgeometrie des Testbauteils

auf dem Maschinentisch). Hierbei ist zu beachten, dass eine translatorische Verschiebung, ob mit oder ohne Werkstückrotation, dazu führen kann, dass eine zunächst als nicht-optimal geltende Aufspannposition nachträglich bei der Kollisionsanalyse invalide ist. Ebenfalls können durch einfache Werkstück-Drehungen umständliche Werkzeugwege durch die Maschinenachsen vermieden werden oder die Aufspannlage insgesamt verbessert werden, indem bestimmte Achsenbelastungen alternativ verteilt werden, als im Initialzustand. Um diese Möglichkeit zu betrachten, wird die Auswirkung der Werkstückdrehung analysiert, die neben der möglichen translatorischen Verschiebung im entwickelten Ansatz implementiert wurde. Dies ist auch dahingehend von Bedeutung, da das NC-Programm bei einer vorliegenden Drehung angepasst werden muss, damit die Maschine die ursprünglich vorgesehen Zielgeometrien herstellen kann (Abb. 4.9). Bei der alleinigen translatorischen Verschiebung des Werkstücks würde der Werkstücknullpunkt ebenfalls entsprechend verschoben werden. Bei der Drehung ist dies nicht für alle Zyklen im NC-Programm zwingend der Fall. Ein Beispiel hierfür ist der „Cycle 800-Befehl", durchgeführt bei einem Testbauteil für die virtuelle Werkzeugmaschine bei zugrunde liegender Steuerung Siemens Sinumerik 840D.

Für die automatisierte Anpassung des NC-Programms wurden die zwei nachfolgenden Grundregeln identifiziert, die notwendig sind, damit der Nullpunkt ebenfalls die Orientierung um den Zieldrehwinkel annimmt (vgl. Weber 2017):

- Einfügen des NC-Befehls AROT [Koordinatenachse, Winkel in Grad] nach jedem G54-Befehl.
- Anpassung des CYCLE800-Befehls, sofern dieser vorhanden ist.

Diese Grundregeln gelten nur unter Verwendung einer Steuerung der Firma Siemens (z. B. Sinumerik 840D). Hierfür ist eine weitere NC-Interpreter-Komponente entwickelt worden, die das NC-Programm einliest und die Modifizierungen vornimmt (vgl. Weber 2017). Das modifizierte NC-Programm wird anschließend an der entsprechenden Stelle in der Datenbank und in den vorgesehen „Simulations-Sessions" abgelegt.

Der Befehl G54 verursacht im NC-Programm, neben den Befehlen G55, G56 und G67, eine Nullpunktverschiebung (vgl. Siemens 2006, 2013). Das bedeutet, dass ausgehend vom Basiskoordinatensystem, individuelle Werkstücknullpunkte eingerichtet werden können und diese Nullpunkte an verschiedenen Programmstellen aufgerufen werden bzw. das Werkstückkoordinatensystem, ausgehend vom Maschinenkoordinatensystem angepasst wird. Der Befehl G54 findet in den Testprogrammen, mit denen der entwickelte Ansatz evaluiert wurde, überwiegend Anwendung. Bei Abweichungen gelten die oben genannten Regeln äquivalent für die verbleibenden Nullpunktverschiebungsbefehle. Weitere individuell programmierbare Nullpunkte lassen sich mit den Befehlen G505 bis G599 erstellen.

Die Drehung wird über den FRAME-Befehl zur programmierten Drehung ROT oder AROT definiert. Für die entwickelte Parser-Erweiterung ist der Befehl AROT verwendet worden (vgl. Siemens 2006, 2013).

Die modifizierte Befehlreihenfolge für jede Nullpunktverschiebung in Form einer Rotation um die z-Achse (um den Winkel α) lautet (vgl. Weber 2017):

$$N\ldots$$
$$N\ldots \quad \text{G54}$$
$$N\ldots \quad \text{AROT}\,\text{Z}\left[\alpha\right]$$
$$N\ldots$$

Bei der Angabe des Rotationswinkels α ist zu beachten, dass die mathematische Zählrichtung durch entsprechende Vorzeichen berücksichtigt wird.

Mit dieser Kombination werden alle Koordinaten bezugnehmend auf den Befehl G54 angepasst, bis der Befehl G54 aufgehoben ist, das Programm beendet ist oder ein weiterer Nullpunktverschiebungsbefehl eingefügt wird, der alle vorangegangene Befehle außer Kraft setzt.

Eine weitere Besonderheit bei NC-Programmen ist der Schwenkbefehl. Dieser ist als *CYCLE800* in einem Testprogramm vorzufinden. Nachfolgende Erläuterungen beinhalten das Vorgehen, wie die Zyklen und auch das NC-Programm, ausgehend von einer Drehung um α, durch die Parser-Erweiterung angepasst werden muss (vgl. Weber 2017). Der Aufbau des Befehls lautet wie folgt (vgl. Siemens 2013, S. 737 ff.):

CYCLE 800 FR[Freifahrmodus] TC[Name Schwenkdatensatz] ST[Status Transformation] MODE [Schwenkmodus] X0[Bezugspunkt X vor Drehung] Y0[Bezugspunkt Y vor Drehung] Z0[Bezugspunkt Z vor Drehung] X(A)[1. Drehung laut Angabe in MODE] Y(B)[2. Drehung laut Angabe in MODE] Z(C)[3. Drehung laut Angabe in MODE] X1[Bezugspunkt X nach Drehung] Y1[Bezugspunkt Y nach Drehung] Z1[Bezugspunkt Z nach Drehung] DIR[Verfahrbewegung Rundachsen auslösen] FR[Freifahren in Werkzeugrichtung] DMODE[Display-Mode]

Um den Winkel α werden die Angaben X(A), Y(B) und Z(C) jeweils unter Angabe der Gradzahl und unter Berücksichtigung der mathematischen Zählrichtung angepasst. Das bedeutet, dass der Drehbetrag auf die bereits vorgegebenen Werte für X(A), Y(B) und Z(C) addiert bzw. von diesen subtrahiert wird. Des Weiteren ist die Anpassung der Basiskoordinaten X0, Y0 und Z0 vorzunehmen, die durch den Bezugsvektor $\vec{b} = \left(X0, Y0, Z0 \right)^{T}$

abgebildet werden. Der Vektor muss entsprechend mit der Drehmatrix R^z (vgl. [Bar07] S. 258) multipliziert werden (Angaben für α in RAD):

$$\vec{b}_{+1} = \vec{b} * R^z$$

Dieses Vorgehen gilt allgemein für alle extern programmierbaren Zyklen, die individuell auftreten können. Das System muss hierzu individuell angepasst werden. Als Lösung wird eine Parser-Erweiterung um alle auftretenden möglichen Zyklen vorgeschlagen.

Mit dem implementierten System zur Aufspannoptimierung konnte bei der Werkstückdrehung, ohne translatorische Veränderung der Aufspannlage des Werkstücks, keine signifikante Zeitersparnis aufgezeigt werden. Zur Verdeutlichung des Effekts wird eine Fitnessübersicht (Fitnesslandschaft) ermittelt, in der das Werkstück, positioniert im Maschinentischzentrum, sukzessiv um 5°-Schritte in negativer Zählrichtung rotiert wurde und jeder Rotationsschritt (0° bis 355°) einer Fitnessbewertung durch den NC-Interpreter unterlag (vgl. Weber 2017). Die Extremwerte der Aufspannpositionen innerhalb der Fitnesslandschaft wurden ebenfalls simuliert, wobei keine Kollisionen aufgetreten sind. Das NC-Programm wurde für jeden Rotationsschritt automatisch angepasst. Die durch den NC-Interpreter abgeschätzte Fertigungszeit beträgt bei dem Test-Bauteil 303,19 s, wobei 291,98 s auf die Hauptzeit entfallen und 11,21 s auf den Werkzeugwechsel. Das NC-Programm sieht dabei nur einen Werkzeugwechsel vor. Die minimale geschätzte Bearbeitungszeit des NC-Interpreters beträgt 302,17 s bei einem Orientierungswinkel von $\alpha = 150°$ (vgl. Abb. 4.11), was eine Differenz von ~1,02 s ausmacht (vgl. auch Weber 2017). Die nachfolgende Abb. 4.10 zeigt die geschätzte Fertigungszeit, aufgetragen auf alle Drehsituationen, die durch das System ausgeführt wurden.

Die dazugehörige Orientierung kann der Abb. 4.11 entnommen werden:

Die Werkstückdrehung im Einzelnen erzielt insgesamt eine geringe Verbesserung der Fertigungszeit (vgl. auch Weber 2017). Jedoch kann durch „geschicktes" Drehen

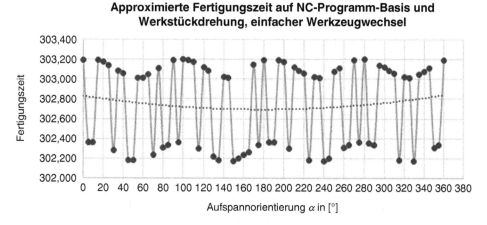

Abb. 4.10 Geschätzte Fertigungszeit in Abhängigkeit von der Aufspannorientierung (vgl. Weber 2017)

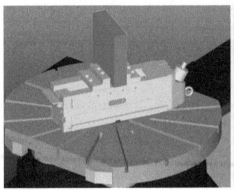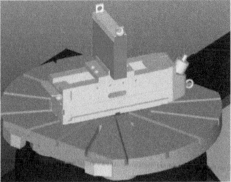

Abb. 4.11 Aufspannung des Werkstücks bei einer Orientierung von $\alpha = 150°$

eine vormals ungültige Werkstückaufspannung valide werden, sodass die rotierende Aufspannung weiterhin beibehalten werden sollte – in Kombination mit der translatorischen Aufspannvariation (vgl. Weber 2017). Eine weiterer erwähnenswerter Effekt der rotierenden Aufspannüberprüfung ist die Umverteilung der Werkzeugverfahrwege auf den Maschinenachsen in x-, y- und z-Richtung. Der gesamte Schnitt- und Werkzeugweg bleibt für das gesamte NC-Programm konstant, jedoch in Abhängigkeit der Werkstückausrichtung durch die Drehung um die z-Achse variieren die Anteile der Verfahrwege auf den jeweiligen Achsen. Diese eindeutig erfassbaren Daten zeigen ein Optimierungspotenzial auf. Wenn das Programm z. B. auf der Maschine viele Tischbewegungen erfordert, diese jedoch ungenau sein können, so kann die Aufspannorientierung verändert werden, sodass die Achse, die die Tischbewegung vornimmt, weniger belastet bzw. minimiert wird (vgl. dazu Weber 2017). Im Umkehrschluss werden die Achsen vermehrt bewegt, die direkt mit der Werkzeugspindel verbunden sind. Dieses Potenzial ist im Einzelnen stark abhängig von der Kinematik der zugrunde liegenden Maschine bzw. des Simulationsmodells. Die erforderlichen Schnittwege auf Parser-Ebene sind erfassbar und es ist lediglich ein externes Erweiterungsmodul notwendig, sodass die Daten automatisiert verarbeitet werden können.

Beim Erfassen der Werkzeugverfahrwege auf den Maschinenachsen in x-, y- und z-Richtung können die Beträge kumuliert werden. Infolgedessen kann abgeschätzt werden, welche Koordinatenrichtung bzw. -achse die höchsten Weganteile aufweist (vgl. Weber 2017). Diese Abschätzung erfasst den vollständigen Fitnessbereich der Aufspannorientierung der Werkstückposition. Darüber hinaus kann diejenige Orientierung identifiziert werden, die den minimalen kumulierten Werkzeugverfahrweg generiert (vgl. Weber 2017). Eine Übersicht der rotierenden Aufspannpositionen einer vollen Drehung ist in Abb. 4.12 dargestellt. Da das verwendete Demonstrationsbauteil im betrachteten Fall eine symmetrische Geometrie aufweist, ist eine Fitnessbetrachtung für den Bereich von 0° bis 180° hier ausreichend (vgl. Weber 2017). In der Praxis kann jedoch nicht durchgängig von geometrisch symmetrischen Bauteilen ausgegangen werden, sodass aus Gründen der Exaktheit die gesamte Fitnessbewertung zu zeigen ist.

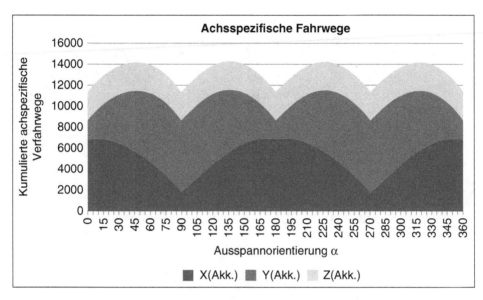

Abb. 4.12 Darstellung der kumulierten achsspezifischen Verfahrwege in Abhängigkeit der Aufspannorientierung (vgl. Weber 2017)

Soll die Aufspannorientierung die Position erreichen, sodass die geleistete Arbeit der Achsbewegungen minimiert wird (vgl. Weber 2017), kann hierzu die allgemeine Gleichung für die physikalische Arbeit herangezogen werden:

$$W = F * s = a * m * s \tag{4.10}$$

A beschreibt allgemein die Beschleunigung, m die Masse und s den Weg. Unter Berücksichtigung der einzelnen achsenspezifischen Massen, Achsenbeschleunigungen und individuell kumulierter Achswege gilt in vektorieller Form:

$$\hat{W} = \begin{pmatrix} a_x \\ a_y \\ a_z \end{pmatrix} * \begin{pmatrix} m_x \\ m_y \\ m_z \end{pmatrix} * \begin{pmatrix} s_{kum,x} \\ s_{kum,y} \\ s_{kum,z} \end{pmatrix} \tag{4.11}$$

Unter der Prämisse konstanter Massen und Achsenbeschleunigungen ergibt sich die minimal zu leistende Arbeit im Bereich $min\ \hat{W}(\alpha = 90° \cap \alpha = 270°)$. Die Aufspannorientierung der beiden ermittelten Winkel ist in Abb. 4.13 veranschaulicht (vgl. Weber 2017). Hieran ist ebenfalls die Bauteilsymmetrie erkennbar.

4.2.4.3 Auswirkung der translatorischen Werkstückpositionierung

Die Notation der translatorischen Werkstückpositionierung erfolgt in der Regel im kartesischen Koordinatensystem der jeweiligen x-, y- und z-Achse. Bei der translatorischen Verschiebung kann zusätzlich eine Werkstückpositionsrotation um die z-Achse erfolgen,

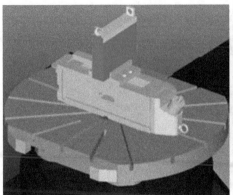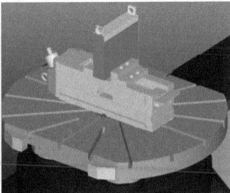

Aufspannorientierung 90°   Aufspannorientierung 270°

Abb. 4.13 Aufspannorientierung für eine minimale Fertigungszeit

sodass maximal vier Dimensionen für die Optimierung der Aufspannlage herangezogen werden. Die Anzahl der Cluster kann beliebig groß gewählt werden. Hierbei gilt: Je größer die Clusteranzahl gewählt wird, desto mehr mögliche Lösungen können pro Iteration validiert werden und je eher wird die passende Koordinate gefunden, die zu einer geringen Fertigungszeit führt und gleichzeitig valide (kollisionsfrei) ist (vgl. Weber 2017). Jedoch ist immer die Anzahl der verfügbaren Rechnerressourcen und Simulationsmodelle mit einzubeziehen.

Aus experimenteller Sicht wurden im betrachteten Fall die Aufspannpositionen für die Dimensionsmenge $\{(x, y), (x, y, \alpha)\}$ unter den jeweiligen Clustern k durchgeführt. Wie bereits erwähnt, ist die zusätzliche z-Koordinate zwar aus akademischer Sicht sinnvoll, jedoch in der Praxis nur dann sinnvoll, wenn das Spannmittel in identischer Verschiebungsrichtung um den identischen Betrag anpassbar ist oder der Maschinentisch entsprechend höhenverstellbar ist, was wiederum im NC-Programm programmiert werden müsste. Eine Höhenverstellung des Spannmittels kann auch beispielsweise durch Unterlegscheiben oder Vergleichbares realisiert werden. In diesem Zusammenhang ist allerdings unbedingt abzuwägen, ob sich bei dem hierdurch verursachten zusätzlichen Material- und Umspannaufwand die eingesparte Fertigungszeit noch rechtfertigen lässt. Für jede Dimensionsmenge der Clustergröße k wurden zunächst jeweils zehn Iterationen durchgeführt und anhand der virtuellen Werkzeugmaschine validiert. Als Demonstrationsbauteil wurde eine Geometrie verwendet, die den Einsatz von sechs Werkzeugen benötigt. Konkret handelte es sich um den Nachbau einer Gehäusedose für elektrische Komponenten, bei der es sich im Original um ein Spritzgussbauteil aus Kunststoff handelt. Abb. 4.14 zeigt das Bauteil im vorgesehenen Spannmittel (vgl. Weber 2017).

Die Initialaufspannung des Bauteils aus Abb. 4.14 befindet sich im Maschinentischzentrum mit den Lagekoordinaten für x = 0 und y = 0 sowie $\alpha = 0°$ (z = 0). Die aus dem NC-Programm ermittelte geschätzte Fertigungszeit für die Initialaufspannung beträgt 453,2 s. Anhand des vorgestellten Aufspannoptimierungsansatzes wurden die nachfolgenden

Abb. 4.14 Testwerkstück und Spannmittel in der Simulationsumgebung

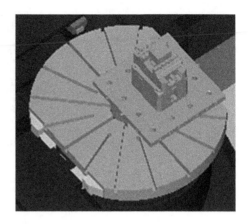

Tab. 4.1 Identifizierte Aufspannkoordinaten bei 2 Dimensionen und 4 Cluster (vgl. Weber 2017)

Laufende Nummer	x-Achse [mm]	y-Achse [mm]	Fertigungszeit [s]	Iterationszahl	Kollision	Anzahl der Simulationsläufe
1	219,9	−1	450,6	1	Nein	1
2	272,1	−25,9	450,8	1	Ja	2
3	223,4	−48,0	450,8	1	nein	1
4	200,5	−38,2	450,7	1	Nein	1
5	252,5	−20,0	450,7	1	Ja	3
6	208,5	−12,9	450,6	1	Nein	1
7	235,5	52,3	450,8	1	Nein	1
8	224,8	−19,5	450,6	1	Nein	1
9	145,8	−13,1	452,0	1	Nein	1
10	173,7	27,3	450,8	1	nein	1

Aufspannlösungen bei zwei Dimensionen und 50 Partikel für vier Cluster (vgl. Tab. 4.1) validiert (vgl. Weber 2017). Aus experimenteller Sicht fanden zur Identifikation der optimalen Aufspannlösungen zehn Wiederholungen statt. In der Praxis wird die Aufspannlösung jedoch nur einmal pro Auftrag und Werkstück ausgelöst, sodass der Simulationsaufwand durch die Anzahl der Cluster limitiert ist.

Von jedem Parameterset eines jeden Clusters führte, bis auf Versuch Nr. 2 und 5, der beste Kandidat auch zu einer validen Lösung. Bei Versuch Nr. 2 wurde das nächst bessere Parameterset aus dem Cluster gewählt, der mit den Koordinaten (+93,0 mm/+86,7 mm, nicht in der Tab. 4.1 abgebildet) zu einer validen Lösung führte. Für Versuch Nr. 5 wurde nach dem dritten Simulationslauf der Parameter bei (+189,6 mm/ −132,7 mm) identifiziert. Die geschätzte Fertigungszeit ohne Kollision betrug im Durchschnitt ~451,03 s (bei Kollisionsinkaufnahme 450,84 s), wodurch eine durchschnittliche Zeitersparnis von ~2,17 s (~2,36 s bei Kollision) pro Bauteil erreicht werden konnte. Auffällig bei den Koordinatenverschiebungen sind die hohen Beträge in x-Richtung. Die Verschiebung in x-Richtung ist die direkte Richtung zum Werkzeugwechselpunkt. Der Maschinenweg bzw. die

Abb. 4.15 Schematisches Aufspann-
und Verschiebungsprinzip des
Werkstücks auf dem Maschinentisch

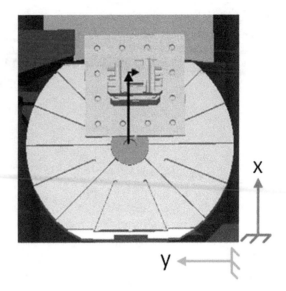

translatorische Tischbewegung betrifft hier die X-Achse der Werkzeugmaschine DMC FD 80 (Simulationsmodell). Diese Tendenz wird insbesondere bei mehrfachen Werkzeugwechseln deutlich (vgl. Weber 2017). Die gezeigten Ergebnisse wurden unabhängig von der Initialaufspannposition von Werkstück und Spannmittel erfasst, sodass bei einer Initialaufspannung bei (0/+250) eine geschätzte Fertigungszeit von 457,2 s gemessen wurde. Die durchschnittliche Fertigungszeit nach der Optimierung lag bei 451,09 s (nach 10 Wiederholungen), sodass hier eine durchschnittliche Verbesserung von 6,11 s pro Werkstück realisiert werden konnte. Die hier identifizierten Kollisionen waren keine tatsächlichen physischen Kollisionen zwischen Werkzeug, Maschine und/oder Werkstück. Es wurde lediglich innerhalb des NC-Programms eine Zielkoordinate identifiziert, die aufgrund unzulässiger Achsenwege von der Maschine nicht angefahren werden konnte. Abb. 4.15 verdeutlicht die Verschiebung und die erreichte Endposition von Werkstück und Spannmittel (vgl. Weber 2017). Der schwarze Pfeil markiert die vektorielle Verschieberichtung von der Initialposition zur Endposition. Der Mess- und Verschiebepunkt ist hier der Mittelpunkt der Spannmittelunterseite, die direkten Kontakt zur Maschinentischoberfläche hat. In der Simulationslandschaft wird zur Definition einer „Simulationssession" ein XML-basierendes Datenformat (VMDE – Virtual Machine Data Exchange) verwendet, welches neben den geometrischen Informationen, auch die Nullpunkte, Werkzeuge, Spannmittel, das Werkstück und das NC-Programm beinhaltet. Dabei werden die geometrischen Bestandteile wie Maschinentisch, Werkstück und Spannmittel in einer Baumstruktur durch sog. *„docking frames"* und *„position frames"* verbunden. Ein *„position frame"* kann an einem *„docking frame"* zugeordnet werden. Die Positionskoordinaten des *„position frame"* des Spannmittels sind gleichzusetzen mit der durch die Aufspannoptimierung verwendeten Verschiebungskoordinaten des Spannmittels und gleichzeitig des Werkstücks. (vgl. Weber 2017)

Tab. 4.2 Identifizierte Aufspannkoordinaten bei 3 Dimensionen und 4 Cluster (vgl. Weber 2017)

Lfd. Nummer	x-Achse [mm]	y-Achse [mm]	α [°]	Fertigungszeit [s]	Iterations- zahl	Kollision	Anzahl d. Simulations- läufe
1	173,39	50,87	−16,34	450,86	1	Nein	1
2	265,77	21,86	−335,03	450,76	2	Ja	2
3	207,94	14,93	173,96	450,92	1	nein	1
4	233,32	9,97	−180,99	450,63	1	Nein	1
5	153,67	−34,89	73,83	450,59	1	Nein	1
6	205,04	−4,81	−142,94	450,88	1	Nein	1
7	200,16	24,41	−73,06	450,65	1	Nein	1
8	174,01	51,13	58,99	450,68	1	Nein	1
9	206,35	3,12	119,60	450,85	1	Nein	1
10	227,30	−2,28	153,52	450,64	1	Nein	1

Für die Versuche bei vier Cluster (vier Maschineninstanzen), 20 Generationen, einer Partikelgröße von 50 und bei drei Dimensionen (x, y und α) sind die erzielten Koordinaten für 10 Testläufe in Tab. 4.2 (vgl. Weber 2017) aufgezeigt.

Aus Tab. 4.2 ist erkennbar, dass neun von zehn erprobte Koordinaten unmittelbar zu einer validen fertigungszeitreduzierten Lösung führen. Die durchschnittliche Zeitersparnis der validen Lösungen beträgt 2,46 s, ausgehend von der initialen Fertigungszeit von 453,2 s. Die durchschnittlich erreichte geschätzte Fertigungszeit beträgt 450,74 s. Auch an dieser Stelle ist wieder ersichtlich, dass insbesondere die x-Achse die höchsten Verschiebungsbeträge für die ermittelten Aufspannwerte aufweist bzw. die höchsten Abweichungen bezogen auf die Initialaufspannung zeigt (vgl. Weber 2017). Im Resultat führt dies dazu, dass das Werkstück näher zum Werkzeugwechselpunkt verschoben wird (vgl. Weber 2017). Es sind hierbei wenig invalide Koordinaten identifiziert worden und es besteht die Chance, dass die Orientierungsänderung ebenfalls das Werkstück auf die Weise ausrichtet, sodass Koordinaten, die bei reiner Veränderung von x und y invalide wären, durch α zu einer gültigen Lösung führen.

4.3   Zusammenfassung und Ausblick

Die hier vorgestellten Ergebnisse zeigen die Realisierung einer automatisierten Überprüfung und Optimierung der Werkstückanordnung auf dem Maschinentisch anhand einer (virtuellen) Werkzeugmaschine. Ein Maschinen-Setup, was zeitsparende Koordinaten zur Verfügung stellt, ohne dass der Nutzer manuelle Experimente durchführen muss, wird bereitgestellt. Dabei hat es sich als vielversprechend herausgestellt, dieses Verfahren für drei Dimensionen durchzuführen Durch die ausschließliche Variation der Aufspannorientierung kann hinsichtlich der Fertigungszeit keine Verbesserung erzielt werden (vgl. Weber 2017). Jedoch kann durch gezielte Positionierung des Werkstücks die Validität vormals unzulässiger Koordinaten wiederhergestellt werden. Durch translatorische Werkstückverschiebung kann die Fertigungszeit verringert werden (vgl. Weber 2017). Durch die Konvergenz der Aufspannkoordinaten in die Nachbarschaft des Werkzeugwechselpunktes werden insbesondere die durch Werkzeugwechsel verursachten Verfahrwegzeiten verringert (vgl. auch (Weber 2017). Die Daten werden in einer Datenhaltung (Datenbank) übernommen und auftragsgebunden sowie globalverfügbar gespeichert. Dadurch können für Bauteile zukünftiger Aufträge ein Abgleich der Koordinaten mit zurückliegenden Aufträgen und Bauteile stattfinden und eine erneute Optimierung der Aufspannkoordinaten sowie Validierung kann vermieden werden. Die NC-Programme werden anhand der neu-identifizierten Koordinaten modifiziert, wenn dies notwendig ist und ebenfalls zur Verfügung gestellt. Das Verfahren ist über eine Dienstleistungsplattform steuerbar, worüber auch die Verteilung auf die Maschineninstanzen automatisiert stattfindet, sodass Voraussetzungen für ein zukünftiges cloudbasiertes Verfahren gegeben sind (vgl. auch Weber 2017).

Im Rahmen zukünftiger Forschungsarbeiten ist die Fragestellung zu adressieren, ob mit Hilfe des entwickelten Verfahrens eine hohe Anzahl an Trainingsdaten geschaffen werden könnte und mittels Klassifikationsalgorithmen (Support-Vektor-Maschine oder kNN-Neighborhood-Suche) oder weiterer Methoden des „Maschine-Learning"-Verfahrens nicht ebenfalls Aufspannkoordinaten anhand der Trainingsdaten identifiziert werden können, die eine vergleichbarer Güte aufweisen, sodass eine Validierung mittels Simulationsmodells im Vorhinein entfallen kann (vgl. Weber 2017). Des Weiteren ist es vorstellbar, weitere Metaheuristiken zu testen oder gegebenenfalls zu kombinieren, um das Potenzial für bessere Lösungen zu schaffen.

Literatur

Abele, Eberhard; Reinhart, Gunther (2011): Zukunft der Produktion. In: München: Hanser.

Aggarwal, A.; Singh, H.; Kumar, P.; SINGH, M.: Optimization of multiple quality characteristics for CNC turning under cryogenic cutting environment using desirability function. In: Journal of materials processing technology 205, 2008

Bäck, T.; Hoffmeister, F.; Schwefel, H.-P.: A survey of evolution Strategies. In: Proceedings of the Fourth International Conference on Genetic Algorithms (1991), S. 2–9, Morgan Kaufmann.

Brooks, S. P. und Morgan, B. J. T.: Optimization using simulated annealing. In: Journal of the Royal Statistical Society. Series D, vol. 44, no. 2 (1995), S. 241–257.

Dorigo M. and Gambardella, L.M.: Ant colony system: a cooperative learning approach to the traveling salesman problem. In: IEEE Transactions on Evolutionary Computation, vol. 1, no. 1 (1997), S. 53–66.

Dorigo, M.: Optimization, learning and natural algorithms. PhD Thesis, Dipartimento die Elettronica, Politecnico di Milano (1992).

Gendreau M, Potvin J-Y (2010). Handbook of Metaheuristics (Vol. 2). Springer, New York

Griewank, A. O.: Generalized descent for global optimization. In: Journal of Optimization Theory and Applications, 1/34, S. 11–39 (1981), Springer Verlag

Hu, X. and Eberhart, R.: Solving constrained nonlinear optimization problems with particle swarm optimization. In Proceedings of the sixth World Multiconference on Systemics, Cybernetics and Informatics (SCI) (2002), S. 203–206.

Kennedy, J. und Eberhart R.: Particle swarm optimization. In: IEEE International Conference on Neural Networks (1995), S. 1942–1948.

Laroque, C.; Urban, B.; Eberling, M.: Parameteroptimierung von Materialflusssimulationen durch Partikelschwarmalgorithmen. In: Proceedings of the German Multikonferenz Wirtschaftsinformatik 2010 (MKWI'10). Universitätsverlag Göttingen, S. 2265–2275, 2010.

März, L.; Krug, W.; Rose, O.; Weigert, G. (Hrsg.): Simulation und Optimierung in Produktion und Logistik, 1. Auflage, Springer Verlag, 2011

Mueß, A.; Weber, J.; Reisch, R.-E.; Jurke, B.: Implementation and Comparison of Cluster-Based PSO Extensions in Hybrid Settings with Efficient Approximation. In: Machine Learning for Cyber Physical Systems (2016), S. 87–93, Springer Verlag.

Reisch, R.-E.; Weber, J.; Laroque, C.; Schröder, C.: Asynchronous Optimization Techniques for Distributed Computing Applications. In: Proceedings of the 48th Annual Simulation Symposium (2015), S. 49–56, Society for Computer Simulation International San Diego (CA), USA.

Sencer, B.; Altintas, Y.; Croft, E.: Feed optimization for five-axis CNC machine tools with drive constraints. In: International Journal of Machine Tools & Manufacture 48, 2008

Siemens AG: Sinumerik – SINUMERIK 840D sl/840Di sl/840D/840Di/810D Grundlagen. Nürnberg (2006).

Siemens AG: Sinumerik – SINUMERIK 840D sl/828D Arbeitsvorbereitung. Nürnberg (2013).

Socha, K. and Dorigo, M.: Ant colony optimization for continuous domains. In: European Journal of Operational Research, vol. 185, no. 3 (2008), S. 1155–1173.

VDI 3633 – BLATT 12: Simulation von Logistik-, Materialfluss- und Produktionssystemen – Simulation und Optimierung

Weber, J. (2017): Modellbasierte Werkstück- und Werkzeugpositionierung zur Reduzierung der Zykluszeit in NC-Programmen. Dissertation. Universität Paderborn, Paderborn.

Weber, J. (2015): A Technical Approach of a Simulation-Based Optimization Platform for Setup-Preparation via Virtual Tooling by Testing the Optimization of Zero Point Positions in CNC-Applications. In: Proceedings of the 2015 Winter Simulation Conference (2015), Huntington Beach, CA, USA. IEEE, S. 3298–3309.

Weber, J.; Boxnick, S.; Dangelmaier, W.: Experiments using Meta-Heuristics to Shape Experimental Design for a Simulation-Based Optimization System. In: IEEE Asia-Pacific World Congress on Computer Science and Engineering (2014), S. 313–320.

Yusof, Yusri; Latif, Kamran (2014): Survey on computer-aided process planning. In: The International Journal of Advanced Manufacturing Technology 75 (1–4), S. 77–89. DOI: https://doi.org/10.1007/s00170-014-6073-3.

Production Optimizer

Mehrteiliges Konzept zur Planung der Fertigung

Leena Suhl und Florian Isenberg

Zusammenfassung

Das vorliegende Kapitel behandelt die Planung der Fertigung, welche durch die ganzheitliche Betrachtung aller Werkzeugmaschinen zusammen mit anderen Arbeitsplätzen eine kostengünstige Produktion ermöglichen soll. Dieser Teil ist im Leitprojekt InVorMa (Intelligente Arbeitsvorbereitung auf Basis virtueller Werkzeugmaschinen), abgebildet durch den sogenannten „Production Optimizer". Zur Lösung des Planungsproblems wird entsprechend den Anforderungen der Praxispartner ein Modell erstellt, welches die Planungssituation detailliert abbildet. Dabei findet ein Konzept Anwendung, welches insbesondere auch auf die planbaren und nicht planbaren Ereignisse ausgerichtet ist. Zur Lösung einer solchen Planungssituation können verschiedene Methoden verwendet werden. Zwei von ihnen werden genauer vorgestellt und die Unterschiede ihres Lösungsverhaltens einander gegenüber gestellt. Hierbei handelt es sich um die Lösung mit Hilfe eines gemischt-ganzzahligen mathematischen Modells und eines kommerziellen Solvers auf der einen Seite und der Lösung mit Hilfe einer Metaheuristik auf der anderen Seite. Die Planung ist dabei gekoppelt an die anderen Bestandteile der Dienstleistungsplattform und erhält durch die Auftragseingabe oder die Verifikations- und Optimierungsläufe des „Setup Optimizers" neue Daten, wodurch eine Planänderung angestoßen werden kann.

L. Suhl (✉) · F. Isenberg
Decision Support & Operations Research Lab, Universität Paderborn, Paderborn, Deutschland
E-Mail: Leena.Suhl@upb.de; Florian.Isenberg@upb.de

© Springer-Verlag GmbH Deutschland, ein Teil von Springer Nature 2019
W. Dangelmaier, J. Gausemeier (Hrsg.), *Intelligente Arbeitsvorbereitung auf Basis virtueller Werkzeugmaschinen*, Intelligente Technische Systeme – Lösungen aus dem Spitzencluster it's OWL, https://doi.org/10.1007/978-3-662-58020-2_5

5.1   Anforderungsanalyse

5.1.1   Motivation

Der Production Optimizer bietet die Möglichkeit den Fertigungsablauf in seiner Gesamtheit zu betrachten und gesamtheitlich zu optimieren. Hierbei geht es im Gegensatz zum
Setup Optimizer nicht um die Effizienzsteigerung bei der Einrichtung oder der Produktion
auf einer einzelnen Werkzeugmaschine, sondern um die effiziente Nutzung der zur Verfügung stehenden verschiedenen Ressourcen in einem Unternehmen. Insbesondere die
flexible Nutzung der Werkzeugmaschinen und die Möglichkeit Produkte auf unterschiedlichen Werkzeugmaschinen zu produzieren bieten häufig ein bereits vorhandenes Potenzial, welches es zu nutzen gilt.

Hierbei muss auf die Anforderungen aus der Praxis eingegangen werden. Insbesondere
soll sich die Planung der Produktion hierbei nicht nur auf die Werkzeugmaschinen konzentrieren, sondern auch angrenzende Fertigungsschritte einschließen. Betriebswirtschaftlich
lässt sich die Produktion dabei als ein „Prozess der zielgerichteten Kombination von Produktionsfaktoren [...] und deren Transformation in Produkte [...]" (Springer Fachmedien
Wiesbaden 2013, S. 352) definieren. Durch die Modellierung mehrerer, in einer Beziehung
stehender Produktionsschritte ergibt sich eine mehrstufige Produktion.

Bei der Produktion kommen verschiedene Produktionsfaktoren zum Einsatz. Durch ihr
„technologisch, zeitlich und örtlich bestimmtes Zusammenwirken" (Springer Fachmedien
Wiesbaden 2013, S. 354) können sie zur Herstellung von Gütern genutzt werden. Sowohl
die menschlichen Arbeitskräfte, als auch die Werkzeugmaschinen können als Produktionsfaktoren aufgefasst werden. Im Folgenden werden die Maschinen und Arbeitsplätze durch
den allgemeineren Begriff der Ressourcen bezeichnet. Für die Modellierung der Produktion ergibt sich durch die Werkzeugmaschinen insbesondere die Möglichkeit einer parallelen Produktion eines Produktes auf unterschiedlichen oder auch gleichen Maschinen.

Die Werkzeugmaschinen bieten ein großes Potenzial aufgrund ihrer Flexibilität.
Gleichzeitig ergeben sich hierdurch aber auch Herausforderungen bei der Planung. Die
Flexibilität wird durch die Umrüstung der Werkzeugmaschinen sichergestellt. Dabei können diese Rüstvorgänge in Abhängigkeit der vorangehenden und nachfolgend zu produzierenden Produkte einen nicht unerheblichen Zeitaufwand bedeuten. Für eine detaillierte
Fertigungsplanung muss die Möglichkeit bestehen, auch lange Rüst- und Bearbeitungszeiten modellieren und einplanen zu können.

Durch die Auftragslage ist für die Planung der Fertigung die benötigte Kapazität durch
die Rüst- und Bearbeitungszeiten grob vorgegeben. Dieser Nachfrage steht ein Angebot anhand des regulären Schichtplanes eines Unternehmens gegenüber. Reicht dieses Angebot
nicht aus, können durch die Nutzung von Überstunden oder die Vergabe bestimmter Produktionsprozesse an externe Partner (Fremdvergabe) weitere Kapazitäten geschaffen bzw. genutzt werden. Diese Nutzung ist allerdings mit bestimmten zusätzlichen Kosten verbunden.
Weiterhin besteht auch die Möglichkeit Aufträge nicht fristgerecht fertig zu stellen. Dieser
sogenannte Auftragsrückhang bedeutet ebenfalls Mehrkosten durch zu zahlende Stafen bei

verspäteter Lieferung. Eine letzte Möglichkeit der Kapazitätserweiterung bietet die unüberwachte Fertigung ohne Werker (Geisterschicht). Hierbei wird die Werkzeugmaschine von einem Werker gerüstet. Die Produktion oder Teile davon werden jedoch ohne diesen durchgeführt. Diese Möglichkeit besteht nur für einige wenige, bereits erprobte Produkte, da bei Auftreten möglicher Fehler kein Eingreifen und somit ein großer Schaden möglich ist.

5.1.2 Anforderungen

Die Fertigungsplanung kann nach verschiedenen Kriterien erfolgen. Klassischerweise werden erstellte Pläne anhand von bestimmten Kosten oder berechenbaren Zeitmaßen wie der maximalen Verspätung bewertet. Durch die Betrachtung verschiedener Möglichkeiten der Kapazitätserweiterung durch Überstunden, Auftragsrückhang und Fremdvergabe bietet sich eine einheitliche Bewertung anhand von verschiedenen Kostenarten an. Eine gute Übersicht findet sich auch in der Literatur, beispielsweise in (vgl. Salomon 1991, S. 1; Haase 1994, S. 5; Suerie 2005, S. 8 f.).

Die Fertigungsplanung ist im Allgemeinen kein einmaliger Prozess, an deren Ende ein umsetzbarer Plan steht. Vielmehr zeigt sowohl die Praxis, als auch die Literatur, dass es sich von Natur aus um eine sich wiederholende Aufgabe handelt, die sich in einem dynamischen Umfeld ständigen Änderungen gegenüber sieht (vgl. bspw. (Kimms 1997, S. 239; Kimms 1998; Chakravarty und Balakrishnan 1998; Karimi et al. 2003; Beraldi et al. 2008; Pujawan und Smart 2012). Diese Änderungen können durch planbare oder nicht planbare Ereignisse notwendig werden, wobei nicht immer eine ganzheitliche Neuplanung des Fertigungsplanes notwendig sein muss. Zu den planbaren Ereignissen zählen beispielsweise die Wartung von Maschinen und Schulungen oder Urlaub von Werkern. Die nicht planbaren Ereignisse hingegen beinhalten Maschinenausfälle, Krankheit von Werkern, Lieferverzögerungen oder Änderungen der Auftragslage. Je nachdem welche Ereignisse auftreten ergeben sich unterschiedliche Notwendigkeiten und Dringlichkeiten bezüglich der Planung der Fertigung. Während planbare Ereignisse gegebenenfalls in den bestehenden Plan integriert werden können und meist frühzeitig bekannt sind, muss auf unvorhergesehene Ereignisse unter Umständen schnellstmöglich reagiert werden. Nicht immer ist hierbei eine geordnete Umplanung möglich.

Die Umsetzung des Production Optimizers soll demnach die folgenden Anforderungen erfüllen.

- Abbildung mehrstufiger Produktionsprozesse
- Abbildung unterschiedlicher, teilweise paralleler Ressourcen
- Abbildung langer Rüst- und Bearbeitungszeiten
- Abbildung von Überstunden
- Abbildung von Auftragsrückhang
- Abbildung der Möglichkeit zur Fremdvergabe
- Abbildung von Geisterschichten
- Abbildung unterschiedlicher Kosten
- Beachtung von häufigen Ereignissen und möglichen notwendigen Planänderungen

5.2   Mehrteiliges Konzept

5.2.1   Allgemeine Beschreibung

Basierend auf den zuvor erläuterten Anforderungen der Praxis stellt die Fertigungsplanung eine komplexe Herausforderung dar. Im Folgenden wird diese Planung als simultane
Losgrößen- und Reihenfolgeplanung modelliert und ergibt somit neben der Bestimmung
der Losgrößen auch einen detaillierten Ablaufplan, samt zeitlicher Einplanung der Produktionsvorgänge.

Aus den Anforderungen wird darüber hinaus als wichtiger Punkt ersichtlich, dass
ein bestehender Plan keineswegs auch so umgesetzt werden muss oder auch nur kann.
Vielmehr gilt der Grundsatz, dass geplante Produktionsprozesse mit höherer Wahrscheinlich noch einmal umgeplant werden, je weiter sie in der Zukunft eingeplant sind.
Ähnliches gilt aber auch für Produktionsprozesse, die demnächst gestartet werden
sollen oder bereits gestartet sind. Hier ist die Wahrscheinlichkeit zwar geringer, aber
nicht null.

Muss ein Teil des Fertigungsplanes geändert oder erweitert werden, ist auch der für die
Planung bereits investierte Aufwand teilweise oder komplett umsonst gewesen. Folglich
lohnt es sich nicht, allzu viel Aufwand in die Planung weit in der Zukunft liegender Pla-
nungsabschnitte zu investieren. Als Aufwand kann hier sowohl Zeit und Geld für die manuelle Planung durch den Menschen, als auch Rechenpower, Strom und Berechnungszeit
durch automatisierte Verfahren verstanden werden. Die möglichen Einsparungen, können
an anderer Stelle eingesetzt oder für detailliertere Planungen der nahen Zukunft genutzt
werden (vgl. hierzu bspw. Araujo et al. 2007).

Aus diesem Grunde wird für die Fertigungsplanung des Production Optimizers eine
Teilung des Planungshorizontes vorgenommen. Hierdurch entstehen ein Bereich, der die
nahe Zukunft abdeckt und ein weiterer Bereich für den restlichen Planungshorizont.
Abb. 5.1 stellt dieses Konzept schematisch dar.

Die beiden Bereiche unterscheiden sich in vielerlei Hinsicht. Ihnen liegt jeweils eine
andere Intention zugrunde, die im Folgenden näher erläutert werden soll.

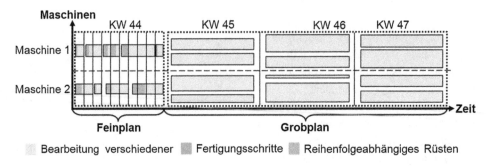

Abb. 5.1 Horizontaufteilung des Production Optimizers

5.2.2 Feinplanung

Innerhalb der Feinplanung soll ein möglichst detaillierter Ablaufplan erstellt werden. Dies umfasst neben der Bestimmung von Losgrößen auch die Bestimmung der technologischen und organisatorischen Reihenfolge. Weiterhin wird jede Produktion auch zeitlich terminiert. Der erstellte Plan ist somit ohne große Anpassungen umsetzbar. Die Feinplanung soll dabei nur die nächsten Stunden und Tage beinhalten und nur solche Planungselemente mit einbeziehen, die sich auch realisieren lassen. Der Fremdbezug von Produkten ist in diesem kurzen Zeitabschnitt beispielsweise nicht umsetzbar und kann deshalb nicht eingeplant werden.

5.2.3 Grobplanung

Die Grobplanung umfasst im Gegensatz zur Feinplanung nur die Bestimmung der Losgrößen und eine grobe Einteilung der Produktionsprozesse auf Wochenbasis. Hier ist keine explizite Festlegung von Reihenfolgen oder Zeitpunkten gefordert, sondern ein Überblick über die ausstehenden Aufträge und die Auslastung der Kapazitäten. Der Grobplan umfasst den Zeitraum vom Ende des Feinplanes bis zum Ende des Planungshorizontes und kann mehrere Wochen umfassen. Durch die Planung der weiter entfernten Zukunft können Kapazitätsengpässe erkannt werden und Vorschläge für die Fremdvergabe von Produktionen erstellt werden.

Eine getrennte Planung der beiden Teilbereiche ist wenig sinnvoll, da Produktionsvorgänge doppelt geplant werden könnten oder auch gar nicht. Deshalb werden die beiden Planungsbereiche integriert betrachtet. Dieses Vorgehen bietet sowohl einige Vorteile, als auch einige Herausforderungen. Neben dem Mehraufwand für die Modellierung und die komplexere Lösungsfindung aufgrund der unterschiedlichen Aspekte existiert ein großer Vorteil bei der Umplanung. Treten Ereignisse auf, die keine sofortige Reaktion und die Umplanung des Feinplanes benötigen, reicht es nur den Grobplan zu aktualisieren. Durch die gröbere Planung ist der Aufwand hierfür geringer.

Je nach Ereignis kann eine Neuplanung beider Planungsbereiche oder auch nur die Umplanung eines Bereiches erfolgen. Es ergibt sich eine gewisse Flexibilität bei der Reaktion auf verschiedene planbare und unvorhergesehene Ereignisse.

Das vorgestellte Konzept bietet nur einen detaillierten Fertigungsplan für die nähere Zukunft. Dementsprechend ist eine wiederholte Planung von Nöten, eine sogenannte rollierende Planung. Die Notwendigkeit der erneuten Planung kann durch unterschiedliche Ereignisse oder Situationen begründet sein.

1. Der Feinplan wurde entsprechend des Planes umgesetzt und es wird eine Fortführung des Feinplanes benötigt.
2. Ein Ereignis verhindert die planmäßige Umsetzung des Feinplanes und eine Umplanung ist notwendig.

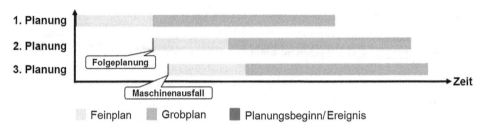

Abb. 5.2 Ereignisgesteuerte rollierende Planung

Beide Gründe bedeuten, dass ein Teil oder der gesamte vorherige Feinplan bereits umgesetzt wurden. Entsprechend muss auch die daraus resultierende, aktuell vorherrschende Situation mit in die Planung integriert werden. Abb. 5.2 zeigt schematisch den Ablauf einer rollierenden Planung, basierend auf unterschiedlichen Ereignissen.

5.3   Ereignisgesteuerte rollierende Planung

5.3.1   Reaktion auf planbare und nicht planbare Ereignisse

Die rollierende Planung basiert auf der wiederholten Planung der Fertigung. Jede Planung stellt dabei eine einzelne Optimierung dar, die von einem Ereignis ausgelöst wird. Die Optimierung muss dabei neben diesem auslösenden Ereignis auch die aktuell vorherrschende Situation und gegebenenfalls den letzten aktiven Fertigungsplan berücksichtigen. Diese Daten stehen gesammelt in einer Datenbank zur Verfügung.

Neben der leichter zu handhabenden Situation, dass eine Optimierung durch nur ein Ereignis angestoßen wird existiert auch die Möglichkeit, dass zwei oder mehr Ereignisse relativ zeitnah nach einander auftreten. Für diesen Fall muss die Optimierung gestoppt werden und mit den neuen Informationen der letzten Ereignisse neu gestartet werden. Eine Verwendung von bereits erstellten Lösungen und ein sogenannter Warmstart sind allerdings unter Umständen möglich.

Für das Anstoßen einer Optimierung sind verschiedenste Ereignisse denkbar. Hier ergibt sich der Vorteil, dass unterschiedliche Ereignisse nicht zwangsläufig dieselben Optimierungsmethoden starten müssen und unterschiedliche Reaktionen nach sich ziehen können. Vor diesem Hintergrund sind eine Gruppierung und die Bildung einer Rangfolge innerhalb der Ereignisse notwendig. Wichtigere und schwerwiegendere Ereignisse dominieren demnach weniger wichtige Ereignisse und eine Reaktion auf diese wichtigen Ereignisse ist gefragt.

Für den Bereich der Fertigungsplanung und -steuerung ergeben sich unter anderem die folgenden Ereignisse. Neben der Nachpflege von gefertigten Produkten und dem Hinzufügen, Entfernen und Ändern von Aufträgen können sich auch die Kapazitäten ändern. Der Ausfall von Ressourcen oder Werkern bildet hier ein drastisches kurzfristiges Ereignis, während Wartungen, Urlaub oder die Anpassung von Überstunden gegebenenfalls langfristig bekannt sind. Die kurzfristigen Ereignisse dominieren hierbei die langfristigen und erzwingen eine entsprechende Reaktion.

Neben der kompletten Optimierung des Fertigungsplanes ist auch die alleinige Optimierung des Grobplanes als Reaktion möglich. Darüber hinaus sind weitere Handlungsoptionen bei einzelnen Ereignissen denkbar. Die Kapazitätserweiterung durch Überstunden oder die Stornierung von Aufträgen kann beispielsweise durch das Vorziehen von einzelnen Produktionsprozessen genutzt werden, ohne eine erneute Optimierung zu starten. Andererseits ist eine Verschiebung von Produktionsprozessen auf einen späteren Zeitpunkt auch für neu eingetragenen Wartungsarbeiten oder Urlaub denkbar. Auch hierbei ist keine aufwändige Optimierung nötig und die bestehenden Pläne bleiben größtenteils unverändert.

Welche Reaktion durch welches Ereignis ausgelöst wird kann dabei relativ einfach bestimmt werden.

Eine Besonderheit kommt in dieser Arbeit dem Zusammenspiel mit dem Setup Optimizer zu. Für alle Fertigungsschritte, die auf einer Werkzeugmaschine gefertigt werden können, ist durch den Anwender eine solche als Standardressource angegeben. Sie wird in der Optimierung berücksichtigt, auch ohne die vorherige Verifikation durch den Setup Optimizer. Weitere alternative Werkzeugmaschinen werden zunächst nicht betrachtet. Durch die Verifikations- und Optimierungsläufe des Setup Optimizers können sowohl die Standardressource als auch alle alternativen Ressourcen geprüft werden. Eine validierte alternative Ressource erzeugt die Möglichkeit, den Fertigungsschritt auch auf diese Ressource zu verlagern und schafft gegebenenfalls freie Kapazitäten. Somit können auch die Resultate des Setup Optimizers als Ereignisse angesehen werden, die eine entsprechende Reaktion hervorrufen. Die Kommunikation zwischen den beiden Optimierungen läuft dabei über die Datenbank mit Hilfe entsprechender Flags.

Das Konzept der rollierenden Planung bietet insbesondere für das in Abschn. 5.2 vorgestellte zweiteilige Konzept einen entscheidenden Vorteil. Durch die wiederholte Planung späterer Teile des Planungshorizontes ergibt sich nach und nach eine Feinplanung für den gesamten Planungshorizont. Dies ist vor allem für die Vergleichbarkeit von unterschiedlichen Lösungsmethoden von großem Nutzen, beispielsweise wenn der Planungszeitraum der Feinplanung unterschiedlich groß gewählt ist.

Die rollierende Planung ist ebenfalls notwendig, für die Evaluation des zweiteiligen Konzeptes. Hierdurch kann die Lösungsqualität der gemeinsam betrachteten Lösungen der rollierenden Planung mit der optimalen Lösung verglichen werden, wenn der Planungshorizont komplett detailliert geplant worden wäre.

5.4 Umsetzung eines Lösungsansatzes mit Hilfe eines mathematischen Modells

Nachfolgend wird auf Basis der Anforderungsanalyse ein mathematisches Modell erstellt, welches die Planungssituation abbildet und mit Hilfe sogenannter Solver gelöst werden kann. Ein Solver ist eine Software zum Lösen von Modellformulierungen in einer speziellen mathematischen Form. Für die Fertigungssteuerung wird hierfür ein sogenanntes gemischt-ganzzahliges Programm (engl. „Mixed-Integer Program" (MIP)) formuliert.

5.4.1 Formale Beschreibung der Mengen, Parameter und Entscheidungsvariablen:

5.4.1.1 Mengen

Ein Produktionsauftrag besteht aus einem oder mehreren Produkten, die gefertigt werden sollen. Die Gesamtheit der Aufträge ergibt für Menge an Produkten J, wobei $J_E \subseteq J$ die Menge der Enderzeugnisse darstellt. Die Menge der Vorprodukte eines Produktes $j \in J$ ist mit P_j bezeichnet, die Menge der nachfolgenden Produkte mit S_j. Die Arbeitsplätze und der Maschinenpark ergeben die Menge an Ressourcen M, die zur Produktion der Produkte verwendet werden kann. Eine Ressource ist dabei in der Lage eine Menge von Produkten $J_m \in J$ zu produzieren, während ein Produkt gegebenenfalls auch auf unterschiedlichen Ressourcen $M_j \in M$ gefertigt werden kann. Das Planungsintervall ist unterteilt in die beiden Planungsbereiche. Diese sind wiederum in Perioden $T_D = \{1, \ldots, te_D\}$ bzw. $T_R = \{te_D + 1, \ldots, te_R\}$ eingeteilt, die gemeinsam die Menge der Perioden $T_D \cup T_R = T$ im Modell darstellen.

5.4.1.2 Parameter

Zu jedem Endprodukt existiert eine externe Nachfrage d_{jt}, die die nachgefragte Menge von Produkt $j \in J$ dem Ende einer Periode $t \in T$ zuordnet. Für Produkte ohne Nachfolger besteht die Möglichkeit, dass sie teilweise oder komplett verspätet fertig gestellt werden. Für die Modellierung des Grobplanes ist auch die Fremdvergabe der Produktion einzelner Produkte an externe Partner möglich. Für ein Produkt $j \in J$ und eine Periode $t \in T$ ist begrenzt durch den Parameter EC_{jt}.

Die Bearbeitungszeit eines Produktes $j \in J$ auf einer Ressource $m \in M_j$ ist gegeben durch den Parameter pt_{jm}, die Rüstzeit zum Einrüsten der Ressource durch st_{jm}.

Zur Bearbeitung der Produkte auf einer Ressource steht für jede Periode eine gewisse Zeitspanne zur Verfügung, die sich mit den Schicht-, Urlaubs- und Wartungsplänen bestimmen lässt. Über diese „normale" Kapazität C_{mt} hinaus können Überstunden zur Überbrückung kurzfristiger Engpässe genutzt werden. Sie sind begrenzt durch den Parameter OC_{mt}. Die übrige Zeit kann als Geisterschicht angesehen werden. Ihre Kapazität ist durch den Parameter AC_{mt} limitiert und kann nur für die Produktion bestimmter Produkte genutzt werden, gekennzeichnet durch den Parameter w_j.

Die Mehrstufigkeit der Produktion wird durch die Vorrangbeziehungen modelliert. Der Parameter a_{ij} gibt dabei an, wie viele Einheiten des Vorproduktes $i \in P_j$ für die Produktion einer Einheit von $j \in J$, mit $i \neq j$, notwendig sind.

Die Planung der Produktionsprozesse wird auf Basis von verschiedenen Kosten bewertet. Neben den für diese Art der Optimierung klassischerweise verwendeten Lagerhaltungskosten h_j und den Kosten für die Rüstvorgänge s_{jm}, werden auch alle weiteren Entscheidungsmöglichkeiten monetär bewertet. Hinzugefügt werden demnach Kosten für die Kapazitätserweiterung durch Überstunden oc_m und Fremdvergabe ec_j, aber auch Kosten für Produkte, die sich im Auftragsrückhang befinden und verspätet produziert werden bc_{jt}. Eine gute Übersicht über die verwendeten Kostenarten findet sich in (Salomon 1991, S. 1; Haase 1994, S. 5; Suerie 2005, S. 8 f.).

5.4.1.3 Entscheidungsvariablen

Die Grundlegenden Entscheidungsvariablen spiegeln die Entscheidungsmöglichkeiten bei der Planung der Produktion wider. Hierzu zählt die Entscheidung wann welche Menge eines Produktes produziert wird. Die ist modelliert durch die Entscheidungsvariablen q_{jmt}, die dies auf Basis der Menge an Perioden für jede Ressource festlegt. Abgeschlossene Rüstvorgänge werden dargestellt durch die Entscheidungsvariablen x_{jmt}, während die hierfür aufgewendete Rüstzeit durch die Entscheidungsvariable ST_{jmt} modelliert wird. Produktionsmengen im Auftragsrückhang werden durch die Entscheidungsvariablen r_{jt} modelliert, während durch Fremdvergabe zusätzlich hergestellte Produkte durch e_{jt} modelliert sind. Insgesamt ergibt sich aus diesen Entscheidungsvariablen in Kombination mit der externen Nachfrage ein Lagerbestand I_{jt}. Darüber hinaus müssen auch die Überstunden in das Modell integriert werden. Sie werden durch die Entscheidungsvariablen O_{mt} modelliert.

Die Tab. 5.1 fasst die Mengen, Parameter und Entscheidungsvariablen übersichtlich zusammen. Auch zusätzlich benötigte Entscheidungsvariablen werden hier vorgestellt.

Tab. 5.1 Mengen, Parameter und Entscheidungsvariablen

Mengen:			
T	Menge der Perioden ($t \in \{1, \ldots, te_R\}$), mit $T = T_D \cup T_R$		
$T_D \subseteq T$	Menge der Feinplan Perioden ($t \in \{1, \ldots, te_D\}$)	$T_R \subseteq T$	Menge der Grobplan Perioden ($t \in \{te_D+1, \ldots, te_R\}$)
J	Menge der Produkte	M	Menge der Ressourcen
J_m	Menge der auf Ressource m produzierbaren Produkte	S_j	Menge der unmittelbar nachfolgenden Produkte
Parameter:			
a_{ji}	Zur Produktion von einer Einheit von Produkt i benötigte Anzahl Einheiten von Produkt j		
d_{jt}	Externe Nachfrage nach Produkt j in Periode t		
h_{jt}, bc_{jt}	Lagerhaltungskosten und Kosten für Auftragsrückhang einer Einheit von Produkt j in Periode t		
s_{jm}	Rüstkosten für Produkt j auf Ressource m		
oc_m	Kosten pro Einheit Überstunden auf Ressource m		
ec_j	Kosten für die Fremdvergabe einer Einheit von Produkt j		
v_j	Minimale Vorlaufzeit von Produkt j		
pt_{jm}, st_{jm}	Bearbeitungszeit pro Einheit und Rüstzeit von Produkt j auf Ressource m		
C_{mt}, OC_{mt}	Kapazität und mögliche Überstunden Kapazität auf Ressource m in Periode t		
AC_{mt}	Kapazität für eine unbeaufsichtigte Produktion auf Ressource m in Periode t		
w_j	Gibt an, ob ein Produkt j unbeaufsichtigt gefertigt werden kann oder nicht		
Entscheidungsvariablen:			
q_{jmt}	Produktionsmenge von Produkt j auf Ressource m in Periode t		
I_{jt}, r_{jt}	Lagermenge und Auftragsrückhang von Produkt j am Ende der Periode t, Auftragsrückhang ist nur für die Enderzeugnisse möglich		
O_{mt}	Überstunden an der Ressource m in Periode t		

(Fortsetzung)

Tab. 5.1 (Fortsetzung)

e_{jt}	Fremdvergabe von Produkt j in Periode t, mur möglich für Enderzeugnisse und Grobplan Perioden
y_{jmt}	Rüstzustand von Produkt j auf Ressource m am Ende der Periode t
x_{jmt}	Vollendung eines Rüstvorganges von Produkt j auf Ressource m in Periode t
ys_{jmt}	Status eines Rüstvorganges von Produkt j auf Ressource m am Ende der Periode t
ks_{jmt}	Insgesamt anteilig geleisteter Rüstaufwand eines Rüstvorganges von Produkt j auf Ressource m am Ende der Periode t
ST_{jmt}	Geleisteter Rüstaufwand für Produkt j auf Ressource m in Periode t
int_{jmt}	Vollendete Anzahl Einheiten von Produkt j auf Ressource m am Ende der Periode t
sl_{jmt}	Bereits vollendeter Anteil der aktuell in Bearbeitung befindlichen Einheit von Produkt j auf Ressource m am Ende der Periode t
z_{jmt}	Übernahme des Rüstvorganges von Produkt j auf Ressource m von Periode $t - 1$ nach t
v_{jmt}	Übernahme des Rüstvorganges über mehrere Perioden von Produkt j auf Ressource m von Periode $t - 1$ nach $t+1$

5.4.2 Aufbau des mathematischen Modells:

In Folgenden wird die Planungssituation als gemischt ganzzahliges mathematisches Modell formuliert. Hierzu werden die Feinplanung und die Grobplanung detailliert erläutert, bevor die Integration der beiden Modelle vorgestellt wird

5.4.2.1 Modell der Feinplanung

Für den Feinplan wird ein Modell auf Basis des „Continuous Setup Lot sizing Problems" (CSLP) aufgestellt, wobei auch andere Modelle denkbar sind. Das Modell umfasst neben der Entscheidung der Losgrößen auch die Reihenfolgeplanung. Pro Periode kann nur ein Produkt bzw. eine Produktart produziert werden. Die Produktion mehrerer Einheiten des Produktes ist in einer Periode problemlos möglich.

$$\text{Min} \sum_{j \in J} \sum_{m \in M_j} \sum_{t \in T_D} (s_{jm} \cdot st_{jm}) \cdot x_{jmt} + \sum_{j \in J} \sum_{t \in T_D} h_{jt} \cdot I_{jt} + \sum_{j \in J} \sum_{t \in T_D} bc_{jt} \cdot r_{jt} \quad (1)$$
$$+ \sum_{m \in M} \sum_{t \in T_D} oc_m \cdot O_{mt}$$

s.t.

$$I_{jt} = I_{j(t-1)} + \sum_{m \in M_j} q_{jmt} - d_{jt} + r_{jt} - r_{j(t-1)} \qquad \forall j \in J, t \in T_D \quad (2)$$
$$+ \sum_{i \in S_j} \sum_{m \in M_i} a_{ji} \cdot q_{imt}$$

$I_{jt} \geq \sum_{i \in S_j} \sum_{m \in Mi} \sum_{\tau=t+1}^{\text{Min}(t+v_j, te_D)} a_{ji} \cdot q_{jm\tau}$	$\forall j \in J, t \in T_D \cup \{0\}$	(3)
$\sum_{j \in J_m} \left(y_{jmt} + ys_{jmt} \right) + y_{0mt} = 1$	$\forall m \in M, t \in T_D$	(4)
$y_{jmt} - y_{jm(t-1)} \leq x_{jmt}$	$\forall j \in J, m \in M_j, t \in T_D$	(5)
$y_{jm(t-1)} + ys_{jmt} \leq 1$	$\forall j \in J, m \in M_j, t \in T_D$	(6)
$ys_{jm(t-1)} + \sum_{i \in J_m : i \neq j} y_{imt} \leq 1$	$\forall j \in J, m \in M_j, t \in T_D$	(7)
$ys_{jm(t-1)} + \sum_{i \in J_m : i \neq j} ys_{imt} \leq 1$	$\forall j \in J, m \in M_j, t \in T_D$	(8)
$y_{0mt} \leq y_{0m(t-1)}$	$\forall m \in M_j, t \in T_D$	(9)
$pt_{jm} \cdot q_{jmt} + ST_{jmt} \leq C_{mt} + O_{mt}$	$\forall j \in J, m \in M_j, t \in T_D$	(10)
$q_{jmt} \leq (C_{mt} + OC_{mt}) \cdot y_{jmt}$	$\forall j \in J, m \in M_j, t \in T_D$	(11)
$KS_{jm(t-1)} + \left(\dfrac{1}{st_{jm}} \right) \cdot ST_{jmt} = x_{jmt} + KS_{jmt}$	$\forall j \in J, m \in M_j, t \in T_D$	(12)
$KS_{jmt} \leq 1 - \sum_{i \in J_m} x_{imt}$	$\forall j \in J, m \in M_j, t \in T_D$	(13)
$KS_{jmt} \leq ys_{jmt}$	$\forall j \in J, m \in M_j, t \in T_D$	(14)
$y_{jmt} \leq 1 - \sum_{i \in J_m : i \neq j} x_{imt}$	$\forall j \in J, m \in M_j, t \in T_D$	(15)
$ST_{jmt} \leq (C_{mt} + OC_{mt}) \cdot (x_{jmt} + ys_{jmt})$	$\forall j \in J, m \in M_j, t \in T_D$	(16)
$int_{jmt} = int_{jm(t-1)} + sl_{jm(t-1)} + q_{jmt} - sl_{jmt}$	$\forall j \in J, m \in M_j, t \in T_D$	(17)
$int_{jm(t-1)} \leq int_{jmt}$	$\forall j \in J, m \in M_j, t \in T_D$	(18)
$sl_{jmt} \leq 1 - \sum_{i \in J_m : i \neq j} x_{imt}$	$\forall j \in J, m \in M_j, t \in T_D$	(19)
$sl_{jmt} \leq 1 - \sum_{i \in J_m : i \neq j} ys_{imt}$	$\forall j \in J, m \in M_j, t \in T_D$	(20)
$q_{jmt}, ST_{jmt}, KS_{jmt}, sl_{jmt} \geq 0$	$\forall j \in J, m \in M_j, t \in T_D$	(21)
$x_{jmt}, y_{jmt}, ys_{jmt} \in \{0,1\}$	$\forall j \in J, m \in M_j, t \in T_D$	(22)
$OC_{mt} \geq O_{mt} \geq 0$	$\forall m \in M, t \in T_D$	(23)
$I_{jt}, r_{jt} \geq 0$	$\forall j \in J, t \in T_D$	(24)
$int_{jmt} \in \mathbb{N}_0$	$\forall j \in J, m \in M_j, t \in T_D$	(25)

Die Lösungsgüte wird auf Basis verschiedener Kosten bestimmt. Hierunter fallen Rüstkosten, die entsprechend der benötigten Rüstzeit bemessen werden, sowie Lagerhaltungskosten, Kosten für Auftragsrückhang und geleistete Überstunden. Zielfunktion (1) bildet diese Bewertung der Lösung mathematisch ab.

Um die Korrektheit des Feinplanes sicher zu stellen sind zahlreiche Nebenbedingungen notwendig. Die Nebenbedingungen (2) sorgen für die fehlerfreie Berechnung der Lagerhaltung, unter Beachtung der Produktion, der externen und internen Nachfrage und des Auftragsrückhangs. Minimale Vorlaufzeiten werden in den Nebenbedingungen (3) für die vereinfachte Modellierung eines korrekten Materialflusses verwendet. Die Nebenbedingungen (4) bis (9) modellieren den Zustand der verschiedenen Ressource am Ende einer jeden Periode. Hierbei muss jede Ressource entweder für die Produktion genau eines Produktes eingerüstet sein, oder ein Rüstvorgang für genau ein Produkt muss in Bearbeitung sein. Andernfalls wird ein Dummy-Produkt 0 für den Zustand genutzt. Auch das vollenden eines Rüstvorganges wird mit diesen Nebenbedingungen formalisiert. Weiterhin können einige Zustandsänderungen von einer Periode zur nachfolgenden Periode aufgrund der zugrunde liegenden Natur des Modells ausgeschlossen werden. Die Nebenbedingungen (10) und (11) formalisieren die Einhaltung der zur Verfügung stehenden Kapazitäten und die Korrekte Berechnung der genutzten Überstunden. Lange Rüstzeiten werden in den darauf folgenden Nebenbedingungen (12) bis (16) durch periodenübergreifende Rüstvorgänge modelliert. Hierfür wird der geleistete Rüstaufwand über benachbarte Perioden kumuliert, bis der Rüstvorgang abgeschlossen ist. Die Nebenbedingungen (17) bis (20) formalisieren die Produktion in ganzen Einheiten, was insbesondere bei langen Bearbeitungszeiten und parallelen Ressourcen notwendig ist, um sicherzustellen, dass die Bearbeitung einer Einheit eines Produktes bzw. des zugrunde liegenden Werkstückes nicht fälschlicherweise parallel auf mehrere Ressourcen anteilig verteilt wird. Die restlichen Nebenbedingungen (21) bis (25) beinhalten Einschränkungen der Entscheidungsvariablen, beispielsweise auf nicht negative Werte.

5.4.2.2 Modell der Grobplanung

Für den Grobplan wird ein Modell auf Basis des „Multi level Capacitated lot sizing and scheduling Problem with linked lot sizes" (MLCLSP-L) aufgestellt. Das Modell umfasst im Vergleich zur Feinplanung keine Reihenfolgeplanung. Pro Periode können mehrere verschiedene Produkte produziert werden.

$$
\text{Min} \sum_{j \in J} \sum_{m \in M_j} \sum_{t \in T_R} \left(s_{jm} \cdot st_{jm} \right) \cdot x_{jmt} - \sum_{j \in J} \sum_{m \in M_j} \sum_{t \in T_R} \left(s_{jm} \cdot st_{jm} \right) \cdot z_{jmt} \tag{26}
$$

$$
+ \sum_{j \in J} \sum_{t \in T_R} h_{jt} \cdot I_{jt} + \sum_{j \in J} \sum_{t \in T_R} bc_{jt} \cdot r_{jt} + \sum_{m \in M} \sum_{t \in T_D} oc_m \cdot O_{mt}
$$

$$
+ \sum_{j \in J} \sum_{t \in T_R} ec_j \cdot e_{jt}
$$

s.t.

$$
I_{jt} = I_{j(t-1)} + \sum_{m \in M_j} q_{jmt} + e_{jt} - d_{jt} + r_{jt} - r_{j(t-1)} \qquad \forall j \in J, t \in T_R \tag{27}
$$

$$
+ \sum_{i \in S_j} \sum_{m \in M_i} a_{ji} \cdot q_{imt}
$$

$$\sum_{j \in J_m} \left(pt_{jm} \cdot q_{jmt} \right) \le C_{mt} + O_{mt} \qquad \forall m \in M, t \in T_R \qquad (28)$$

$$q_{jmt} \le (C_{mt} + OC_{mt}) \cdot x_{jmt} \qquad \forall j \in J, m \in M_j, t \in T_R \qquad (29)$$

$$int_{jmt} = int_{jm(t-1)} + sl_{jm(t-1)} + q_{jmt} - sl_{jmt} \qquad \forall j \in J, m \in M_j, t \in T_R \qquad (30)$$

$$int_{jm(t-1)} \le int_{jmt} \qquad \forall j \in J, m \in M_j, t \in T_R \qquad (31)$$

$$sl_{jm(t-1)} \le z_{jmt} \qquad \forall j \in J, m \in M_j, t \in T_R \qquad (32)$$

$$\sum_{j \in J_m} z_{jmt} \le 1 \qquad \forall m \in M, t \in T_R \qquad (33)$$

$$z_{jmt} \le x_{jm(t-1)} \qquad \forall j \in J, m \in M_j, \; t \in T_R \setminus \{te_D + 1\} \qquad (34)$$

$$z_{jmt} \le x_{jmt} \qquad \forall j \in J, m \in M_j, t \in T_R \qquad (35)$$

$$z_{jmt} + z_{jm(t+1)} \le 1 + v_{jmt} \qquad \forall j \in J, m \in M_j, \; t \in T_R \setminus \{te_R\} \qquad (36)$$

$$\sum_{i \in J_m : i \ne j} x_{imt} \le M \cdot \left(1 - v_{jmt}\right) \qquad \forall j \in J, m \in M_j, t \in T_R \qquad (37)$$

$$q_{jmt}, sl_{jmt} \ge 0 \qquad \forall j \in J, m \in M_j, t \in T_R \qquad (38)$$

$$x_{jmt}, z_{jmt}, v_{jmt} \in \{0,1\} \qquad \forall j \in J, m \in M_j, t \in T_R \qquad (39)$$

$$OC_{mt} \ge O_{mt} \ge 0 \qquad \forall m \in M, t \in T_R \qquad (40)$$

$$I_{jt}, r_{jt} \ge 0 \qquad \forall j \in J, t \in T_R \qquad (41)$$

$$EC_{jt} \ge e_{jt} \ge 0 \qquad \forall j \in J, t \in T_R \qquad (42)$$

$$int_{jmt} \in \mathbb{N}_0 \qquad \forall j \in J, m \in M_j, t \in T_R \qquad (43)$$

Die Lösungsgüte der Grobplanung wird ähnlich berechnet, wie die der Feinplanung, siehe Zielfunktion (26). Einzig die Übernahme von Rüstzuständen und zusätzliche Kosten für die Fremdvergabe von Produkten bilden einen Unterschied. Bei der Übernahme eines Rüstzustandes ist ein erneuter Rüstvorgang nicht nötig, was zu Kosteneinsparungen führt.

Auch die Korrektheit des Grobplans muss mit Hilfe von Nebenbedingungen sichergestellt werden. Die Nebenbedingungen (27) bilden die Lagerhaltung ab, welche im Vergleich zur Feinplanung um die Fremdvergabe erweitert wurde. Die Einhaltung der zur Verfügung stehenden Kapazitäten sowie die Berechnung der genutzten Überstunden wird durch die Nebenbedingungen (28) und (29) formalisiert. Hierbei muss die Produktion unterschiedlicher Produkte in einer Periode beachtet werden. Rüstzeiten werden bei der Modellierung nicht explizit betrachtet, stattdessen findet eine Approximation Anwendung, in der die Kapazitäten auf 80 % ihres eigentlichen Wertes gesenkt werden. Die Produktion in ganzen Einheiten wird durch die Nebenbedingungen (30) bis (32) formalisiert. Die Übernahme des Rüstzustandes einer Ressource in eine nachfolgende Periode ist jeweils nur für ein Produkt möglich. Falls dies über mehrere Perioden geschieht, so darf kein anderes Produkt zwischendurch produziert werden. Diese Aussagen werden durch die

Nebenbedingungen (33) bis (37) modelliert. Darüber hinaus existieren auch für die Entscheidungsvariablen dieses Modells Einschränkungen, die durch die restlichen Nebenbedingungen (38) bis (43) umgesetzt sind.

5.4.2.3 Integration der beiden Modelle

Die Integration erfolgt über die Lagerhaltung und die Variablen für den Status der Ressourcen, den Auftragsrückhang und die bereits fertig gestellten Produkte und die noch in Bearbeitung befindlichen Produkte. Es ergeben sich die folgenden zusätzlichen oder geänderten Nebenbedingungen.

s.t.

$$sl_{jm(te_D)} \leq z_{jm(te_D+1)} \qquad \forall j \in J, m \in M_j \qquad (44)$$

$$z_{jm(te_D+1)} \leq y_{jm(te_D)} \qquad \forall j \in J, m \in M_j \qquad (45)$$

Durch die Nebenbedingungen (44) ist sichergestellt, dass sich am Ende der Feinplanung keine Einheit eines Produktes mehr in Bearbeitung befindet, außer die Ressource ist für dieses Produkt eingerüstet und der Rüstzustand wird vom Feinplan in den Grobplan übernommen. Darüber hinaus kann der Rüstzustand nur übernommen werden, falls die Ressource auch am Ende des Feinplanes für das Produkt eingerüstet ist, siehe Nebenbedingungen (45).

5.4.3 Numerische Tests des Konzeptes mit Hilfe des mathematischen Modells und einem Solver

In diesem Abschnitt wird getestet, ob das zuvor erstellte mathematische Modell das vorgestellte Konzept korrekt abbildet und in wie weit sich das Konzept auf die Lösungsqualität auswirkt. Es soll festgestellt werden, ob dieser Ansatz in der Lage ist, trotz der unterschiedlich detaillierten Planungsbereiche einen guten Plan zu finden und wo sich Probleme durch diesen Ansatz ergeben.

5.4.3.1 Aufbau und Beschreibung der Tests

Für die numerischen Tests werden Testinstanzen genutzt, angelehnt an Daten aus der Literatur. Grundlage hierfür bilden einige der Instanzen aus (Stadtler und Sahling 2013). Eine detaillierte Beschreibung der Instanzen ist dort aufgeführt. Die hier verwendeten Testinstanzen wurden mit Hilfe der folgenden Parameter erstellt. Als Vorlaufzeit wird eine Periode angenommen. Die Kosten für Auftragsrückhang pro Einheit betragen 1000. Die Auslastung wird mit 0,7 angenommen, während ein relativer Faktor von 0,6 für das Rüsten genutzt wird. Als Zeit zwischen den Aufträgen wird (1, 1) angenommen.

Tab. 5.2 Instanzeigenschaften

Klasse	Erzeugnis-struktur	Anzahl Instanzen	Anzahl Produkte/ Endprodukte	Anzahl Ressourcen	Anzahl Perioden
Class1	BOM1a	2	8	2	16
Class2	BOM1a	2	10	2	25
Class2	BOM1b	2	10	2	25
Class2	BOM2	2	10	3	25
Class2	BOM3	2	10	4	25
Class3	BOM1a	2	10	2	52
Class3	BOM1b	2	10	2	52
Class3	BOM2	2	10	3	52
Class3	BOM3	2	10	4	52

Die Vorrangbeziehungen sind ebenfalls der Arbeit von Stadtler und Sahling (Stadtler und Sahling 2013) entnommen. Einzig die Gozinto-Faktoren sind aufgerundet. Tab. 5.2 führt die Instanzen und ihre wichtigsten Eigenschaften übersichtlich auf.

Die Tests wurden auf einem Rechner mit Intel Core i7 CPU mit 2,2 GHz und 16GB Hauptspeicher unter Windows 7 durchgeführt. Als Solver wurde Gurobi 5.62 verwendet.

Die ursprünglichen Testinstanzen enthalten nur detaillierte Planungsperioden und wurden in einem ersten Schritt mit einer Zeitbegrenzung von vier Stunden gelöst. Die gefundenen Lösungen dienen für die Überprüfung des Konzeptes als Benchmark.

Um das Konzept abzubilden und den unterschiedlichen Detailgrad zu repräsentieren werden die Instanzen in die beiden Bereiche Feinplanung und Grobplanung unterteilt. Diese Einteilung kann anhand eines Parameterpaars vollzogen werden. Der erste Parameter „dp" bestimmt die Größe der Feinplanung und gibt die Anzahl der Perioden der Feinplanung an. Diese Perioden werden unverändert aus der ursprünglichen Instanz übernommen. Alle anderen Perioden fallen in den Bereich der Grobplanung und werden zusammengefasst, um den Detailgrad zu senken. Der zweite Parameter „prp" gibt an, wie viele Perioden zu einer Periode der Grobplanung zusammengefasst werden sollen. Dabei kann die erste Periode innerhalb der Grobplanung von diesem Parameter abweichen und weniger Perioden vereinen, damit alle weiteren Perioden der Grobplanung dem Parameter entsprechen.

Für die Untersuchung der Lösungsqualität und der Lösungszeit ist es notwendig eine Vergleichbarkeit mit den Lösungen des Benchmarks zu gewährleisten. Dies geschieht mit Hilfe des rollierenden Horizontes. Dafür wird das Modell mehrfach mit jeweils unterschiedlichem Planungshorizont erstellt und gelöst. Die Lösung der Feinplanung wird dabei jeweils gespeichert und der Beginn des Planungshorizontes verschiebt sich um eben diesen Planungsbereich. Die gespeicherten Feinplanungen ergeben zusammen eine detaillierte Lösung auf Basis der ursprünglichen Perioden.

Jede Iteration der rollierenden Planung wird durch ein Zeitlimit von einer Stunde begrenzt.

Die Lösungsqualität und die Lösungszeit können mit Hilfe der relativen Abweichung bewertet werden. Der Zielfunktionswert einer Benchmark Lösung sei gegeben durch z1, der Zielfunktionswert der vereinten Lösungen der rollierenden Planung durch z2. Somit lässt sich die relative Abweichung $Diff_{rel}^z$ wie folgt berechnen:

$$Diff_{rel} = \frac{z2 - z1}{z1}$$

Die relative Abweichung der Lösungszeit $Diff_{rel}^t$ ist analog zu errechnen.

5.4.3.2 Evaluation der Ergebnisse

Getestet wurden alle Kombinationen der Parameter, mit $dp \in \{2, 3, 4, 5, 6\}$ und $prp \in \{5, 10, 15\}$. Die Abb. 5.3 führt alle 270 Testläufe geordnet nach der Abweichung des Zielfunktionswertes auf. Darüber hinaus ist auch die relative Abweichung der Lösungszeit abgetragen.

Hieraus wird ersichtlich, dass einige Instanzen in kürzerer Zeit eine Lösung mit demselben oder sogar einem besseren Zielfunktionswert finden konnten als die Benchmark Modelle. Dies trifft aber keineswegs auf jede Parameterkombination und jede Testinstanz zu, sondern nur auf einen geringen Prozentsatz von etwa 9 %. Für die übrigen Testläufe konnten nur Lösungen mit einem schlechteren Zielfunktionswert gefunden werden. Etwa 32 % der Lösungen liegen dabei bis zu 50 % über dem Zielfunktionswert der Benchmark Modelle. Alle übrigen Testläufe liegen noch darüber. Für 42 der 270 Testläufe konnte darüber hinaus keine Lösung bestimmt werden. Dies liegt daran, dass keine Überstunden oder Kapazitätserweiterungen möglich sind und somit in den letzten Iterationen der rollierenden Planung Situationen auftreten können, in denen die nachgefragten Produkte mit der zur Verfügung stehenden Kapazität nicht mehr produziert werden können. Das Modell ist somit unlösbar. Besonders häufig war dies bei einem kleinen Horizont der Feinplanung ($dp \in \{2, 3\}$) zu beobachten.

Allgemein spielt die Auswahl der Parameter eine entscheidende Rolle, sowohl bei der Lösungsgüte, als auch bei der Lösungszeit. Die Mittelwerte der relativen Abweichungen der Zielfunktionswerte über alle Testinstanzen sind dargestellt in Abb. 5.4.

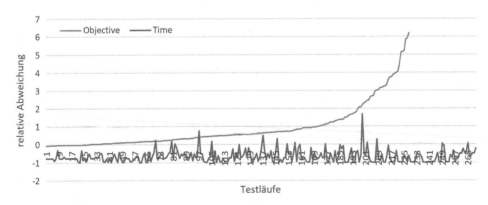

Abb. 5.3 Übersicht über die relative Abweichung aller Testläufe

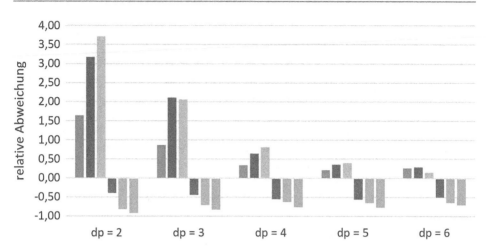

Abb. 5.4 Auswirkungen der Parameter

Deutlich zu sehen ist die durchschnittliche Änderung des Zielfunktionswertes bei Veränderungen eines Parameters. So führt die Vergrößerung des Bereichs der Feinplanung zu besseren Lösungen, zumindest bis zu einem gewissen Wert. Ebenso führt die Verkleinerung der Perioden innerhalb der Grobplanung, also eine Erhöhung des Detailgrades der Modellierung, zu im Durchschnitt besseren Zielfunktionswerten. Die Verbesserung des Zielfunktionswertes geht zumeist mit einer erhöhten Lösungszeit einher, die sich im Mittel auch in der relativen Abweichung der Lösungszeiten niederschlägt.

Letztendlich gibt es aber auch innerhalb eine Parameterkombination deutliche Unterschiede in der relativen Abweichung des Zielfunktionswertes bei unterschiedlichen Testinstanzen. Dementsprechend kann kein Parameterset als das Beste gekennzeichnet werden, sondern lediglich eine Tendenz den Horizont der Feinplanung groß genug zu wählen.

Das hier vorgestellte Konzept mit einer integrierten Fein- und Grobplanung kann demnach mit dem vorgestellten mathematischen Modell umgesetzt werden. Die Lösungsqualität ist dabei über die Parameter grob steuerbar und kann unter Umständen vergleichbar gute Lösungen finden, wie die Lösung des komplett detailliert modellierten Planungshorizontes, allerdings in einer teilweise deutlich geringeren Zeitspanne. Eine bestimmte Lösungsqualität kann allerdings nicht garantiert werden.

Zusammen mit der Möglichkeit bei Bedarf auch nur die Grobplanung zu optimieren ist dieses Konzept durchaus vielversprechend.

5.5 Umsetzung einer heuristischen Lösungsmethode

5.5.1 Auswahl einer Heuristik

Neben der Umsetzung des Planungsproblems als mathematisches Modell und der Möglichkeit dieses mit Hilfe eines Solvers zu lösen, wird eine heuristische Lösungsmethode fokussiert. Die heuristische Lösungssuche kann vielfältig und individuell gestaltet werden.

Es ist somit möglich verschiedene Methoden für unterschiedliche Planungssituationen zu erstellen und diese entsprechend den Anforderungen, wie beispielsweise der Lösungszeit oder dem auslösenden Ereignis zu spezialisieren. Darüber hinaus besteht auch die Möglichkeit einen bereits bestehenden Fertigungsplan in die neue Planung mit einzubeziehen (Warmstart) und einen Vorteil daraus zu erlangen.

Die Auswahl an bereits in der Literatur vorhandenen Heuristiken und Metaheuristiken ist sehr groß und die Auswahl sollte mit Bedacht geschehen. Hierbei bieten Metaheuristiken mit der Möglichkeit lokale Optimal zu überwinden und das globale Optimum zu finden einen entscheidenden Vorteil gegenüber einfacheren Heuristiken, die dies nicht ermöglichen.

Welche Metaheurisik für welches Planungsproblem genutzt werden sollte oder überhaupt angewandt werden kann hängt von dem Lösungsraum und der Abbildung und Repräsentation möglicher Lösungen ab. Wichtige Faktoren stellen hierbei beispielsweise die Anzahl der Entscheidungsmöglichkeiten und der Wertebereich der einzelnen Elemente einer Repräsentation einer Lösung dar.

Die Planung der Fertigung enthält neben der Entscheidung über diskrete Entscheidungen, wie die Auswahl und das Einrüsten von Ressourcen oder die Fremdvergabe von Produkten auch kontinuierliche Entscheidungen oder solche, die als kontinuierliche Entscheidungen aufgefasst werden können. Hierzu zählt beispielsweise die zeitliche Einteilung von Produktionen. Entsprechend komplex gestaltet sich die Lösungsfindung bzw. die Erstellung zulässiger Lösungen. Insbesondere bei knappen Kapazitäten und einer hohen Auslastung der Ressourcen stellt die Lösungsfindung eine Herausforderung dar.

Für die integrierte Fein- und Grobplanung der Fertigung bietet sich die „Adaptive Large Neighborhood Search Heuristic" (ALNS) (vgl. Ropke und Pisinger 2006) an. Sie enthält eine Möglichkeit, die eigene Suche während der Laufzeit anzupassen und in gewissem Maße zu steuern. Dies geschieht mittels unterschiedlicher Operatoren zur Veränderung der Lösung und der Auswahl dieser Operatoren mit Hilfe anpassbarer Gewichte. Die Operatoren lassen sich für diese Art der Heuristik einteilen in „Destroy"- und „Repair"-Operatoren, wobei zur Veränderung einer bestehenden Lösung jeweils einer davon ausgewählt wird. Die Funktionsweise der Heuristik ist beschrieben im Algorithmus 1 (vgl. Gendreau und Potvin 2010, S. 409).

Der Ablauf des Algorithmus ist ebenfalls beschrieben in (Gendreau und Potvin 2010, S. 409 f.). Der Algorithmus arbeitet mit einer initialen Lösung s, die beispielsweise durch eine simple Konstruktionsheuristik erstellt werden kann. Er enthält darüber hinaus eine Menge an Repair-Operatoren Ω^+ und eine Menge an Destroy-Operatoren Ω^-, denen jeweils ein Gewicht ρ zugeordnet ist. Es ergeben sich die beiden Vektoren ρ^+ und ρ^-. Nach der Übernahme der initialen Lösung s als beste Lösung s_{best} werden in Zeile 3 diese Vektoren initialisiert, wobei jedem Operator dasselbe initiale Gewicht zugeordnet wird.

Innerhalb der Schleife wird eine neue temporäre Lösung s' aus s erstellt. Hierfür wird in Zeile 6 jeweils eine Destroy und eine Repair Methode auf Basis der Gewichte mit Hilfe der gewichtsproportionalen Selektion (Rouletterad Selektion) ausgewählt und in den nachfolgenden Zeilen ausgeführt. Die veränderte temporäre Lösung s' wird gegebenenfalls als die aktuelle Lösung s akzeptiert und falls sie eine Verbesserung gegenüber der besten gefundenen Lösung darstellt auch als solche übernommen. Zu guter Letzt werden die Gewichte aktualisiert. Dies geschieht über eine Bewertung ψ der genutzten

Operatoren und kann beispielsweise wie folgt aussehen:

$$\psi = \max \begin{cases} \omega_1 & wenn\ f(s') < f(s_{best}), \\ \omega_2 & wenn\ f(s') < f(s), \\ \omega_3 & wenn\ accept(s', s), \\ \omega_4 & wenn\ nicht\ accept(s', s) \end{cases}$$

Dabei stellen ω_1, ω_2, ω_3 und ω_4 Parameter dar, mit $\omega_1 \geq \omega_2 \geq \omega_3 \geq \omega_4 \geq 0$. Bei der Aktualisierung der Gewichte werden nur die Gewichte der beiden genutzten Operatoren angepasst. Dies geschieht mit Hilfe eines Decay-Parameters $\lambda \in [0, 1]$ und ist hier anhand eines Gewichtes ρ Dargestellt:

$$\rho = \lambda\rho + (1 - \lambda)\psi$$

Die Schleife wird wiederholt, solange wiederholt bis ein Abbruchkriterium, wie beispielsweise eine bestimmte Anzahl Iterationen oder eine bestimmte Zeitgrenze erreicht wurden.

```
1    Function ALNS (s)
2      s_best = s;
3      Initialisiere(ρ⁻, ρ⁺);
4      Repeat
5        s' = s;
6        Auswahl der Destroy und Repair Methoden d ∈ Ω⁻ und r ∈ Ω⁺, mit
                                                              ρ⁻ und ρ⁺;
7        d(s');
8        r(s');
9        if accept(s', s) then
10           s = s';
11       if f(s') < f(s_best) then
12           s_best = s';
13       Update(ρ⁻, ρ⁺);
14     until Abbruchkriterium ist erfüllt;
15     return s_best
```

5.5.2 Umsetzung der Adaptive Large Neighborhood Search Heuristic

5.5.2.1 Parameterauswahl

Die Auswahl der Parameter sollte sorgfältig erfolgen. Hierbei sind die zuvor dargestellten Einschränkungen zu beachten. Die Parameterwahl kann gegebenenfalls auch per Parametertuning verbessert und an die Gegebenheiten von verschiedenen Unternehmen angepasst werden.

Als Abbruchkriterium dienen in diesem Fall eine einstellbare Laufzeitbegrenzung und eine Begrenzung der Iterationsdurchläufe. Dabei ist es egal, welches der Kriterien zuerst erreicht wurde.

Die *accept*-Funktion, die im Pseudocode in Zeile 9 dargestellt ist kann unterschiedlich umgesetzt werden. Für diese Arbeit werden nur vollständige und gültige Lösungen akzeptiert. Darüber hinaus wird eine Lösung akzeptiert, falls eine der folgenden Bedingungen gilt.

- Die Lösung weist einen besseren Zielfunktionswert auf, als die vorherige Lösung.
- Die Lösung wird mit einer gewissen Wahrscheinlichkeit trotzdem akzeptiert.

Die Erstellung einer initialen Lösung stellt eine größere Herausforderung dar, da hier eine komplette Lösung neu aufgebaut werden muss. Typischerweise werden hierbei Greedy-Algorithmen eingesetzt. „Ein Greedy-Algorithmus trifft stets diejenige Entscheidung, die im Moment am besten erscheint. Das heißt, er trifft eine lokal optimale Entscheidung in der Hoffnung, dass diese Entscheidung zu einer global optimalen Lösung führen wird" (Cormen 2010, S. 417). Ein solcher Algorithmus bietet weder die Garantie einer optimalen Lösung noch ist sicher, dass er überhaupt eine gültige Lösung findet. Dennoch findet die Greedy-Methode für viele Probleme eine optimale Lösung oder ist für diese Probleme recht leistungsfähig (vgl. Cormen 2010, S. 417). Die initiale Lösung für die ALNS-Heuristik wird ebenfalls mit solch einer Methode erstellt.

Hierfür wird angenommen, dass die intern und extern nachgefragte Menge eines Produktes zusammen, also als ein Los, produziert wird. Hierdurch sollen eventuelle zusätzliche Rüstvorgänge gespart werden, die verfügbare Kapazität verbrauchen zu Verspätungen anderer Produktionen führen könnten. Dies kann natürlich nur in Ausnahmefällen zu einer optimalen Lösung führen, denn auch das Aufteilen von Produktionsmengen kann Verspätungen verhindern.

Alle Produkte werden entsprechend ihrer Ebene innerhalb der Erzeugnisstruktur geordnet. Die Ebene eines Produktes $j \in J$ lässt sich wie folgt bestimmen (vgl. Kimms 1997, S. 37).

$$Ebene_j = \begin{cases} 0, & falls\, S_j = \emptyset \\ 1 + \max_{i \in S_j}\left(Ebene_i\right), & sonst \end{cases}$$

Beginnend bei den Produkten ohne Vorgänger wird die gesamte intern und extern nachgefragte Menge eines Produktes nach dem anderen zum frühestmöglichen Zeitpunkt eingeplant. Sind zwei oder mehr Produkte, die sich auf derselben Ebene der Erzeugnisstruktur befinden, vorhanden, so könnten alle eingeplant werden. In diesem Falle dient zuerst der früheste Fälligkeitstermin der Endprodukte als Entscheidungskriterium. Die Auswahl einer Ressource, auf der eine Menge eines Produktes $j \in J$ produziert wird ist zufällig, mit Ausnahme der Ressourcen, die bereits für das Produkt j eingerüstet sind, sie werden bevorzugt.

Zwei Varianten werden zur Erzeugung einer initialen Lösung verwendet. In der ersten Variante wird die gesamte nachgefragte Menge eines Produktes auf einer Ressource über eine oder mehrere Perioden hinweg produziert. Andere Ressourcen bleiben frei und können für weitere Produktionen anderer Produkte genutzt werden. In der zweiten Variante wird die gesamte Menge möglichst früh produziert. Hierfür werden mehrere oder sogar alle Ressourcen genutzt und die Produktion ganzzahlig aufgeteilt. Die zweite

Variante wird genutzt, falls mit Hilfe der ersten Variante keine gültige initiale Lösung erstellt werden kann. Da bei beiden Varianten die Ressourcenwahl zufällig ist, kann gegebenenfalls durch eine wiederholte Ausführung auch für Instanzen ohne gültige initiale Lösung eine solche gefunden werden.

Diese Vorgehensweise sichert die korrekte Beachtung der Erzeugnisstruktur und führt, falls die Kapazitäten der Ressourcen ausreichen, zu einem gültigen Plan. Getroffene Entscheidungen über das Einplanen von Produktionen werden nicht mehr revidiert.

5.5.2.2 Repair-Operatoren

Die Repair-Operatoren haben die Aufgabe aus einer unvollständigen oder „kaputten" Lösung der Problemstellung eine vollständige Lösung zu erstellen, sofern dies möglich ist.

Der Umsetzung dieser Heuristik liegt hierfür eine spezielle Designentscheidung zugrunde. So werden die Produkte, welche noch nicht oder nicht in der nachgefragten Menge in der aktuellen Lösung s vorhanden sind als kleine Aufgaben (Tasks) erfasst. Hierbei kann ein Auftrag auch in mehrere kleine Aufgaben geteilt werden. Eine Aufgabe umfasst dabei immer die gesamte Erzeugnisstruktur eines nachgefragten Produktes und keine einzelnen Vor- oder Zwischenprodukte. Sie enthält neben dem nachgefragten Produkt auch eine Mengenangabe und eine Periode, in der die Nachfrage auftritt.

Insgesamt ergibt sich eine Liste mit unterschiedlichen Aufgaben.

Die Repair-Operatoren versuchen diese Aufgaben nach und nach abzuarbeiten und die fehlenden Produktionen in den bestehenden Produktionsplan zu integrieren. Dabei kann es vorkommen, dass eben solch eine Integration nicht mehr möglich ist. In diesem Fall kann keine vollständige gültige Lösung erstellt werden und es wird eine leere Lösung mit einem unendlichen Kostenwert erstellt.

Die Designentscheidung, kleine Aufgaben zum Einfügen in die bestehende Lösung zu nutzen, ist insofern wichtig, als dass hierdurch auch die Produktionsmenge pro Aufgabe variieren kann. Das Aufteilen oder Zusammenfügen von Aufgaben mit demselben Produkt kann die Lösungsfindung beeinflussen, da insbesondere zusätzliche Rüstvorgänge hinzukommen oder wegfalle können. Es sind Situationen denkbar, in denen schon durch diesen Schritt eine Lösungsfindung erst ermöglicht oder eben auch verhindert wird.

Das Abarbeiten einer solchen Aufgabe ist mit dem Einfügen getan. Der Schritt des Einfügens kann auf verschiedene Art und Weisen geschehen. Hieraus ergeben sich die einzelnen Repair-Operatoren, die im Folgenden näher vorgestellt werden sollen.

Rückwärts-Repair:

Der Rückwärts-Repair-Operator arbeitet die Aufgabenliste sequenziell ab. Dafür fügt er die das nachgefragte Produkt und alle Vorprodukte eines Auftrags beginnend bei einer Periode $t \in T$ ein. Hierbei wird die in der Aufgabe definierte Periode als Startperiode t verwendet. Eingefügt wird dabei beginnend bei Periode t bis zur ersten Periode, also im Zeitverlauf rückwärts. Die Ressource, auf der die Produktion eingeplant wird, wird dabei zufällig ausgewählt. Ist die Produktion vollständig eingeplant, muss je nach Rüstzustand der Ressource auch der Rüstvorgang eingeplant werden.

Aufgrund der mehrstufigen Produktionen ist die Beachtung der Erzeugnisstruktur von entscheidender Bedeutung. Angefangen bei dem nachgefragten Produkt, wird die einzelnen Produkte anhand der Struktur Ebene für Ebene eingeplant.

Bei erfolgreicher Einplanung eines Produktes wird die Periode t', in der die Produktion
beginnt, für alle direkten Vorgänger gespeichert. Falls t' eine Periode der Feinplanung
ist, muss die Produktion sämtlicher Vorgänger bis zum Beginn der Periode t' abgeschlossen sein, andernfalls reicht ein Produktionsende innerhalb derselben Periode t'.
Zusammen mit der Einplanung anhand der Ebenen sind die Einhaltung der Erzeugnisstruktur und die Verfügbarkeit aller Vorprodukte gesichert.

Ein Produkt kann nicht eingeplant werden, falls schon ein anderes Produkt in der Periode
auf der Ressource produziert wird oder für die Produktion gerüstet wird. Darüber hinaus
ist es möglich, dass die Kapazität nicht ausreicht, um das nachgefragte Produkt, mitsamt
aller Vorprodukte, zu produzieren. Für diese Fälle existieren drei Möglichkeiten um dennoch einen gültigen Plan zu erstellen. Die Möglichkeiten sind hierarchisch geordnet.

1. Eine andere Ressource wird verwendet und das Produkt zu produzieren.
2. Die Startperiode t wird angepasst und die Perioden vor und nach t werden durch-
   probiert.

Ist keine dieser Möglichkeiten erfolgreich wird die zugrunde liegende Aufgabe als nicht
lösbar eingestuft. Es kann keine gültige Lösung erzeugt werden. Andernfalls gilt die
Aufgabe als abgearbeitet und die nächste kann begonnen werden.

Varianten:

- Normal
- Mit Überstunden: Der Rückwärts-Repair-Operator kann um die Möglichkeit erweitert
  werden, dass auch Überstunden genutzt werden. Hierdurch steigen die nutzbaren Kapazitäten, während gleichzeitig die Kosten steigen.
- Erweiternd: Die Grundversion des Rückwärts-Repair-Operators versucht die zu produzierenden Produkte in der nächstbesten Periode auf der nächstbesten Ressource zu produzieren. Ob das Produkt bereits in einer anderen Periode produziert wird und ob dort
  gegebenenfalls sogar noch freie Kapazitäten existieren um weitere Einheiten zu produzieren, ist nicht von Belang. Eben dieser Gedanke wird durch den hier vorgestellten
  Operator umgesetzt. So werden die Perioden in derselben Reihenfolge getestet wie
  zuvor, einzig die Perioden, in denen bereits eine Produktion eines nachgefragten Produktes eingeplant wurde, werden bevorzugt. Darüber hinaus werden auch die Ressourcen bei der Einplanung bevorzugt, falls die Planung bereits eine Produktion des Produktes auf dieser Ressource in der entsprechenden Periode enthält.

  Durch diesen Schritt wird das Zusammenführen von Produktionsmengen desselben
  Produktes gefördert, was sich auch in den Kosteneinsparungen durch die verringerte
  Anzahl an Rüstvorgängen für dasselbe Produkt zeigen dürfte.
- Erweiternd mit Überstunden: Dieser Operator kombiniert den Rückwärts-Repair-
  Operator mit Überstunden und dem Gedanken, zuerst die Kapazitäten bereits einge-
  planter Produktionen vollständig auszuschöpfen.

Vorwärts-Repair:

Dieser Operator stellt das Gegenstück zum Rückwärts-Repair-Operator dar. Er funktioniert nach demselben Prinzip, allerdings wird die Planung der Produktionen in der entgegengesetzten Richtung vorgenommen. Entsprechend wird nicht bei den Endprodukten begonnen, sondern bei den Produkten ohne Vorgänger. Auch die Perioden werden in aufsteigender Reihenfolge durchlaufen, bis die Produktion vollständig in den bestehenden Plan integriert wurde.

Im Gegensatz zum Rückwärts-Repair-Operator muss hierbei mit dem Rüstvorgang begonnen werden, falls die Ressource nicht für die Produktion des Produktes eingerüstet ist.

Varianten:

- Normal
- Mit Überstunden: Der Vorwärts-Repair-Operator mit Überstunden funktioniert nach demselben Prinzip wie der Vorwärts-Operator, hat aber analog zum Rückwärts-Repair-Operator mit Überstunden die Möglichkeit weitere Kapazitäten mit einzuplanen unter Nutzung zusätzlicher Kosten für die Überstunden.
- Erweiternd: Dieser Operator erweitert analog zu dem erweiternden Rückwärts-Repair-Operator bevorzugt bereits eingeplante Produktionen, um die Kapazitäten vollständig auszuschöpfen.
- Erweiternd mit Überstunden: Dieser Operator stellt eine Kombination der vorherigen Operatoren dar. Er verbindet den Vorwärts-Operator, die Möglichkeit zur Nutzung von Überstunden und die Bevorzugung von Perioden und Ressourcen, für die das Produkt bereits eingeplant wurde.

5.5.2.3 Destroy-Operatoren

Die Destroy-Operatoren haben die Aufgabe die gesamte Lösung oder auch nur einen Teil der Lösung zu zerstören.

Aufgrund der Designentscheidung ist es notwendig nicht nur einzelne Produktionen aus der Planung zu entfernen, sondern darüber hinaus auf die Erzeugnisstruktur zu achten. Dies führt dazu, dass durch das Entfernen einer Produktion die Entfernung aller Vorprodukte und auch der nachfolgenden Produkte, in entsprechender Menge nach sich zieht.

Dies hat zur Folge, dass die zerstörten Mengen leicht in neue Aufgaben umgewandelt werden können, die für den nächsten Repair-Operator zur Verfügung gestellt werden müssen.

Destroy-All:

Dieser Operator zerstört den gesamten Produktionsplan. Dies beinhaltet sowohl sämtliche Produktionen, als auch jegliche Rüstvorgänge. Der Aufbau einer komplett neuen Lösung ist demnach möglich.

Destroy-Feinplan:

Dieser Operator zerstört nur den Feinplan und gegebenenfalls notwendige Produktionen von nachfolgenden Produkten. Der Aufbau einer neuen Lösung für die nächsten Tage ist somit möglich.

Destroy-Grobplan:

Der Destroy-Grobplan-Operator bildet das Gegenstück zum Destroy-Feinplan-Operator.
Hiermit wird das Erstellen eines komplett neuen Grobplanes ermöglicht, wobei weite
Teile des Feinplanes intakt bleiben können.

Destroy-Ressource:

Dieser Operator zerstört die geplanten Produktionsvorgänge einer gesamten Ressource.
Dies ist beispielsweise sinnvoll, falls die Ressource deutlich stärker ausgelastet ist, als
andere parallele Ressourcen.

Destroy-Produkt:

Der Destroy-Produkt-Operator ist essenziell für kritische Pfade innerhalb des Produkti-
onsplanes. Hiermit ist es möglich, gezielt eine Produktion aus dem Plan zu entfernen
und diese bei der nächsten Reparatur gegebenenfalls anders einzufügen.

5.5.3 Numerische Tests des Konzeptes mit Hilfe der Heuristik

5.5.3.1 Aufbau und Beschreibung der Tests

Für die numerischen Tests werden die Parameter der Heuristik wie folgt gesetzt.

$$\omega_1 = 3,0$$

$$\omega_2 = 2,0$$

$$\omega_3 = 1,0$$

$$\omega_4 = 0,3$$

$$\lambda = 0,5$$

Alle Repair- und Destroy-Operatoren werden zu Beginn mit dem Faktor 1 initialisiert.
Dementsprechend gilt:

$$\rho^- = \{1, \ldots, 1\}$$
$$\rho^+ = \{1, \ldots, 1\}$$

Zu Testzwecken werden die Instanzen gelöst, die auch für die Evaluation des Modells genutzt wurden. Hierfür werden die Instanzen für jede Iteration der rollierenden Planung
verwendet und nicht der rollierende Planungsprozess selbst.

Das Testset besteht demnach aus insgesamt 2721 Instanzen. Unlösbare Instanzen wur-
den dabei nicht mit betrachtet. Als Vergleichswert der Lösungsgüte dient die Lösung mit
Hilfe des Solvers. Diese wurde mit einer Zeitbeschränkung von einer Stunde berechnet.
Entsprechend existiert nur für einige Instanzen eine bewiesene optimale Lösung. Für den
Großteil der Instanzen existiert nur eine Lösung, mit einer unteren Schranke, an der die
Lösungsgüte bemessen werden kann.

Der Lösungsprozess der Heuristik wurde auf eine Minute beschränkt.

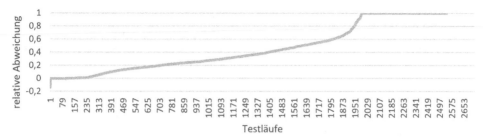

Abb. 5.5 Übersicht über die relative Abweichung des Zielfunktionswertes

5.5.3.2 Evaluation der Ergebnisse

Abb. 5.5 zeigt die Zielfunktionswerte aller Testinstanzen geordnet nach der Abweichung zwischen den Lösungen des Solvers und der Heuristik nach der Konstruktion der initialen Lösungen.

Für etwa 6,5 % der Testinstanzen konnte hierbei keine Lösung konstruiert werden. Für einige wenige Instanzen kann durch die heuristische Lösungsmethode eine Lösung erstellt werden, die als gleich gut oder besser angesehen werden kann, wie die Referenzlösung mit Hilfe des Solvers. Das Finden einer besseren Lösung ist hierbei nur möglich, da dem Lösungsprozess des Solvers wie zuvor beschrieben ein Zeitlimit von einer Stunde gesetzt war. Für etwa 56 % der Instanzen liegt der Zielfunktionswert der Lösung höchstens 50 % über dem der Referenzlösung durch dem Solver. Trotzdem existieren neben den Instanzen für die keine Lösung gefunden werden konnte auch schlechtere Lösungen, deren Zielfunktionswert teilweise deutlich über dem Referenzwert liegt. In Abb. 5.5 wurden diese Werte aufgrund der Übersichtlichkeit auf eins begrenzt. Diese schlechteren Zielfunktionswerte sind unter Umständen auch dem geringeren Zeitlimit von einer Minute geschuldet und können durch eine verlängerte Laufzeit des Algorithmus gegebenenfalls noch verbessert werden.

5.6 Vergleich und Bewertung der beiden Methoden

Im Folgenden soll genauer auf die Eigenschaften der beiden Lösungsmethoden eingegangen und ein Vergleich zwischen ihnen gezogen werden. Beide Methoden führen zu gültigen Produktionsplänen, welche allerdings unterschiedlich ausfallen können.

5.6.1 Vergleich der Lösungsqualität

Die Modellierung der Planungssituation als integriertes Modell zweier anderer Modelle mit unterschiedlichem Detailgrad kann hierbei zu Qualitätseinbußen führen, je nachdem wie die Parameter zur Einteilung des Planungshorizontes gewählt werden. Diese Qualitätseinbußen sind allerdings konzeptioneller Natur und von der verwendeten Lösungsmethode unabhängig.

Darüber hinaus verspricht die Erstellung des mathematischen Modells und die Lösung durch den Solver eine gewisse Lösungsqualität. Unter bestimmten Annahmen führt dieser Lösungsweg zu einer optimalen Lösung. Diese Garantie kann die heuristische Lösungsmethode nicht leisten. Dies gilt sowohl für eine kurze Laufzeit der Heuristik, als auch für eine beliebig lange Laufzeit.

Der Unterschied in Sachen Lösungsqualität kann im Extremfall sogar dazu führen, dass der Solver eine optimale Lösung liefert, während es der Heuristik nicht möglich war überhaupt eine gültige Lösung zu finden.

Ob dieser Fall häufiger auftritt und in wie weit die Heuristik schlechtere Lösungen findet, ist von vielen Faktoren abhängig. Durch die Tests der Heuristik wird aber ersichtlich, dass die Heuristik im Durchschnitt in kurzer Zeit eine relativ gute Lösung liefern kann. Dennoch sind einige Ausnahmen ersichtlich.

5.6.2 Laufzeitvergleich

Die Laufzeit der Lösungsmethoden unterscheidet sich zum Teil sehr stark voneinander. Da für die beiden Methoden eine unterschiedliche Laufzeit vorgegeben wurde, lässt diese sich nur bedingt vergleichen.

Abb. 5.6 zeigt, dass viele Testinstanzen annähernd gleich schnell gelöst werden konnten. Einzig bei etwa einem Drittel der Testläufe ist der Zeitunterschied größer und der Solver konnte die Testinstanz deutlich schneller lösen, was an einem Wert über null erkennbar ist.

Dies liegt an der Konzeption der Testinstanzen auf Basis der rollierenden Planung. Je weiter die rollierende Planung fortschreitet, desto größer ist der bereits fest eingeplante Zeithorizont und desto kleiner werden die Testinstanzen. Diese sind mit Hilfe des Solvers teilweise sehr schnell zu lösen und benötigen nur Bruchteile einer Sekunde bis hin zu einigen wenigen Sekunden. Hingegen ist die Lösungszeit der Metaheuristik auf eine Minute festgesetzt, was im relativen Vergleich zu diesem deutlichen Unterschied führt.

Abb. 5.7 führt deshalb einmal die absoluten Unterschiede in der Lösungszeit auf. Hier wird deutlich, dass sich etwa 75 % der Testinstanzen in ihrer Lösungszeit nur marginal unterscheiden. Allerdings bilden insbesondere die Testinstanzen, die bei den Testläufen mit dem Solver nur schwer gelöst werden konnten und nach einer Stunde unterbrochen wurden, eine Ausnahme. Hier kann die Heuristik mit ihrer Zeitbegrenzung von einer Minute punkten.

5.6.3 Vergleich der Skalierbarkeit

Eine gute Skalierbarkeit ist nur bei der Heuristik gegeben. Dies ist ersichtlich, da die Lösung mit Hilfe des Solvers schnell an seine Grenzen stößt bei größeren Instanzen mit mehr Produkten und einer höheren Anzahl an Perioden häufiger das Zeitlimit von einer Stunde erreicht.

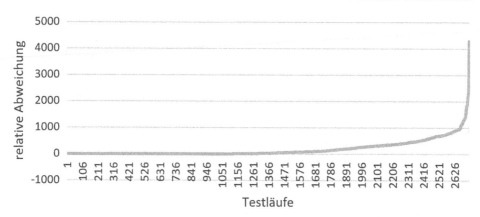

Abb. 5.6 Übersicht über die relative Abweichung der Lösungszeit

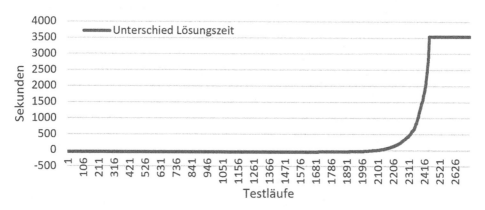

Abb. 5.7 Geordnete absoulte Zeitersparnis der Heuristik

Auch bei der Heuristik ist die Größe einer Instanz mitsamt der Anzahl an Produkten, der Erzeugnisstruktur, der Anzahl an Ressourcen und die Anzahl der Perioden von Bedeutung. Allerdings macht sich diese nicht in dem Maße bemerkbar, wie bei der Lösung durch den Solver. Insbesondere die Zeitspanne, welche für eine Iteration inklusive der Zerstörung und der Reparatur einer Lösung, benötigt wird, erhöht sich hierbei merklich. Somit ist auch die Heuristik nur zu einem gewissen Grad skalierbar.

5.7 Zusammenfassung und Ausblick

Der Production Optimizer basiert auf einem Konzept eines in zwei Teile unterteilten Planungshorizontes. Dies bietet den Vorteil, dass der Detailgrad der Planung innerhalb dieser beiden Planungszeiträume unabhängig voneinander ist und entsprechend den Anforderungen gestaltet werden kann. Darüber hinaus wird weniger Aufwand in die Planung späterer Perioden gesteckt, was insbesondere dann sinnvoll ist, wenn die Planung häufig geändert werden muss.

Umgesetzt wurde dieses Planungskonzept für den zugrunde liegenden Betrachtungs-gegenstand mit Hilfe der mathematischen Modellierung. Die beiden Planungszeiträume wurden dafür durch unterschiedliche mathematische Modelle abgebildet und zu einem integrierten Modell kombiniert.

Die Lösung des integrierten Modells stellt nur für die nähere Zukunft eine detaillierte Planung dar. Um zu evaluieren, ob das Modell für den gesamten Planungszeitraum gute Lösungen liefert wurde auf eine rollierende Planung zurückgegriffen. Hierfür wird der detaillierte Planungszeitraum fixiert und der Planungshorizont verschoben. Eine erneute Planung ist darüber hinaus ebenfalls notwendig, wenn unvorhergesehene Ereignisse auf-treten oder sich die Auftragslage oder die zur Verfügung stehenden Ressourcen ändern.

Die rollierende Planung mit Hilfe des integrierten Modells wurde mit einem mathema-tischen Solver gelöst und anhand einer vollständig detaillierten Planung evaluiert. Dabei hat sich gezeigt, dass die Lösungen im Durchschnitt relativ gut waren und das Konzept durchaus angewendet werden kann. Der Vergleich der Lösungszeit der vollständig detail-lierten Planung mit einer Iteration der rollierenden Planung zeigt, dass eine Zeitersparnis möglich ist.

Dennoch kann die Lösungszeit stark variieren, sodass insbesondere für größere Pro-bleminstanzen eine Lösungszeit von mehreren Stunden messbar war.

Um dies zu verbessern und auch auf kurzfristige Ereignisse, wie beispielsweise Ma-schinenausfälle, reagieren zu können, wurde zusätzlich eine Metaheuristik vorgestellt. Mit ihrer Hilfe ist es möglich innerhalb weniger Sekunden bis Minuten einen neuen Plan zu erstellen. Die Lösungsqualität ist hierbei meist nicht ganz so gut, wie die mit Hilfe des Solvers, aber dennoch für viele Probleminstanzen akzeptabel.

Zusammenfassend lässt sich sagen, dass das zugrunde liegende Konzept hilft die An-forderungen des Betrachtungsgegenstandes in der Fertigungsplanung umzusetzen. Wei-tere Untersuchungen wären möglich zu der Aufteilung des Planungshorizontes in mehr als zwei Teilbereiche oder die Verwendung von anderen mathematischen Modellen oder einer weiteren Lösungsmethode.

Literatur

Araujo, S. A. de, Arenales, M. N. und Clark, A. R. Joint rolling-horizon scheduling of materials processing and lot-sizing with sequence-dependent setups. In: Journal of Heuristics 13.4 (2007), S. 337–358.

Beraldi, P., Ghiani, G., Grieco, A. und Guerriero, E. Rolling-horizon and fix-and-relax heuristics for the parallel machine lot-sizing and scheduling problem with sequence-dependent set-up costs. In: Part Special Issue: Topics in Real-time Supply Chain Management 35.1 (2008), S. 3644–3656.

Chakravarty, A. K. und Balakrishnan, N. Reacting in real-time to production contingencies in a capacitated flexible cell. In: European Journal of Operational Research 110.1 (1998), S. 1–19.

Cormen, T. H., [u. a.] (2010) Algorithmen: eine Einführung. (3.Auflage)

Gendreau M, Potvin J-Y (2010). Handbook of Metaheuristics (Vol. 2). Springer, New York

Haase, K. Lotsizing and scheduling for production planning. Berlin [u. a.]: Springer, 1994.

Karimi, B., Ghomi, S. F. und Wilson, J. The capacitated lot sizing problem: a review of models and algorithms. In: Omega 31.5 (2003), S. 365–378.

Kimms, A. Multi-level lot sizing and scheduling: Methods for capacitated, dynamic, and deterministic models; with 155 tables. 1997.

Kimms, A. Stability measures for rolling schedules with applications to capacity expansion planning, master production scheduling, and lot sizing. In: Omega 26.3 (1998), S. 355–366

Pujawan, I. N. und Smart, A. U. Factors affecting schedule instability in manufacturing companies. In: International Journal of Production Research 50.8 (2012), S. 2252–2266.

Ropke, S. and Pisinger, D., 2006. An adaptive large neighborhood search heuristic for the pickup and delivery problem with time windows. Transportation science, 40(4), pp. 455–472.

Salomon, M. Deterministic lotsizing models for production planning. Berlin [u. a.]: Springer, 1991.

Springer Fachmedien Wiesbaden, Hrsg. Gabler Kompakt-Lexikon Wirtschaft: 4.500 Begriffe nachschlagen, verstehen, anwenden. 11., akt. Aufl. 2013. Korr. Nachdruck 2012. Wiesbaden: Springer Fachmedien Wiesbaden, 2013.

Stadtler H, Sahling F (2013). A lot-sizing and scheduling model for multi-stage flow lines with zero lead times. Eur. J. Oper. Res. 225(3): 404–419

Suerie, C. Time continuity in discrete time models: new approaches for production planning in process industries. Zugl.: Darmstadt, Univ., Diss., 2005. Berlin [u. a.]: Springer, 2005.

Virtuelle Fertigung in der Cloud

6

Technische Grundlagen und Scheduling von
Simulationen in der virtuellen Fertigung

Raphael-Elias Reisch

Zusammenfassung

Dieses Kapitel fasst alle Aspekte, die im Rahmen des Projekts für die Bereitstellungen von Simulationen in der Cloud entscheidend sind, zusammen. Dabei wird zunächst kurz auf die Problemstellung der Akzeptanz Service-orientierter Architekturen im industriellen Kontext eingegangen, die das Vorhaben neben der technischen Fragestellung begleitet hat. Daraufhin werden die technischen Grundlagen der virtuellen Fertigung von zwei Seiten betrachtet. Einerseits wird erläutert, inwiefern die virtuelle Werkzeugmaschine als Grundlage des Systems für die Umsetzung einer Service-orientierten Architektur angepasst werden muss. Im Anschluss wird die Verwaltung mehrerer Instanzen einer virtuellen Werkzeugmaschine mittels eines virtualisierten Testclusters beschrieben. Im zweiten Teil dieses Kapitels wird es um die algorithmischen Aspekte der intelligenten Verteilung verschiedener Simulation im System gehen, die als Schnittstelle zwischen dem Gesamtsystem und der virtuellen Fertigung fungieren. Hierbei wird ein besonderes Augenmerk auf die Anforderungen gelegt, die eine industrielle Anwendung an ein solches Verfahren stellen. Außerdem wird aufgezeigt, inwiefern durch die Architektur der virtuellen Fertigung und des Schedulers automatisch Anforderungen an den Setup Optimizer gestellt werden. Es folgt ein Ausblick, in dem sowohl mögliche technische Weiterentwicklungen wie die Parallelisierung einzelner Simulationen behandelt werden, als auch ein wirtschaftlicher Ausblick, der im Wesentlichen kurz adressieren soll, wie Geschäftsmodelle für das vorgestellte System aussehen können.

R.-E. Reisch (✉)
Resolto Informatik GmbH, Herford, Deutschland

Fachhochschule Bielefeld, Bielefeld, Deutschland
E-Mail: raphael.reisch@resolto.com

© Springer-Verlag GmbH Deutschland, ein Teil von Springer Nature 2019
W. Dangelmaier, J. Gausemeier (Hrsg.), *Intelligente Arbeitsvorbereitung auf Basis virtueller Werkzeugmaschinen*, Intelligente Technische Systeme – Lösungen aus dem Spitzencluster it's OWL, https://doi.org/10.1007/978-3-662-58020-2_6

6.1   Akzeptanz von Cloudsystemen in der Industrie

Bevor auf die technischen Aspekte der virtuellen Fertigung eingegangen werden kann, ist es notwendig, einerseits die Vorteile von Auslagerungen der Simulationen zu adressieren und andererseits zu klären, welche Ängste im produzierenden Mittelstand nach wie vor existieren, da uns dieses Thema während der Umsetzung des Vorhabens permanent begleitet hat. Die Vorteile einer automatisierten Ansteuerung der virtuellen Werkzeugmaschine in der Cloud liegen auf der Hand und es ist offensichtlich, dass hiervon sowohl DMG Mori als Anbieter einer hier vorgestellten Plattform, als auch sämtliche Anwender der virtuellen Werkzeugmaschine profitieren können. Im Mittelpunkt steht hier auf beiden Seiten die Möglichkeit, einen effizienteren Personaleinsatz im Zusammenhang mit der Software zu gewährleisten. Der Anbieter kann die zur Verfügung stehenden Instanzen der Software zentral verwalten und warten, was eine Unterstützung direkt beim Kunden überflüssig macht. Damit einhergehend ist es für den Anwender nicht mehr notwendig, die notwendigen Hardwareressourcen zur Verfügung zu stellen und sich selbst um Installation und ggf. Wartung der Software zu kümmern. Das betrifft neben der Software selbst auch die Maschinenmodelle, die dementsprechend selbst zentral verwaltet werden. Darüber hinaus bekommt der Anwender die Möglichkeit, durch die Dezentralisierung der virtuellen Werkzeugmaschine eine nahezu beliebige Skalierung der Simulationen zu erreichen, die sich nach seinem Bedarf zu einem bestimmten Zeitpunkt richtet. Unter Umständen können hierdurch Kosten reduziert werden, falls ein Einsatz der virtuellen Werkzeugmaschine über einen gewissen Zeitraum nicht gewünscht ist, oder es kann ein effizienter Einsatz gewährleistet werden, falls innerhalb eines kurzen Zeitraums eine Vielzahl an Szenarien validiert werden muss.

Trotz der gewinnbringenden Vorteile eines solchen Systems ist die Erfahrung aus einer Reihe von Diskussionen und Vorträgen, die es im Rahmen des Projekts gegeben hat, dass der Anwendung eines solchen Systems seitens der Industrie nach wie vor mit großer Skepsis verbunden ist. Auch hierfür liegt der Grund auf der Hand. Natürlich besteht die Notwendigkeit, interne Fertigungsdaten, die die Grundlage für den Gewinn des Unternehmens ausmachen, auf eine unbekannte Wissensbasis auszulagern, die nicht vollständig der eigenen Kontrolle unterliegt. Darüber hinaus wird diese Wissensbasis potenziell mit Wettbewerbern, die ebenfalls Werkzeugmaschinen und ggf. vergleichbare oder die gleichen Maschinenmodelle nutzen, geteilt, so dass dieses Wissen physisch am gleichen Ort platziert wird. Auf technischer Ebene kann zwar offensichtlich ein authentifizierter Zugriff auf die eigenen Daten durch eine entsprechende Rechteverwaltung problemlos realisiert werden, allerdings ist der Aspekt für die Kommunikation mit potenziellen Anwendern zentral und muss bei der Umsetzung eines solchen Systems zwingend adressiert werden. Einige Bedenken seitens der Industrie lassen sich insofern entkräften, dass die Cloud schon seit langer Zeit im Betriebsalltag angekommen ist. Das Verschicken von E-Mails, die häufig auch sensible Informationen über internes Wissen enthalten oder die Verwaltung der Mitarbeiter in entsprechenden Portalen, sind letztlich selbst Beispiele für ausgelagerte Services, bei denen Daten den Raum des eigenen Unternehmens zumindest vorübergehend verlassen. Um die Gedanken der Akzeptanz eines Cloudsystems zusammenzufassen, spielen zwei Aspekte eine entscheidende Rolle. Einerseits wird gezeigt, dass die prototypische Umsetzung im Rahmen eines Forschungsprojekts sinnvoll ist, da hier gefahrlos gezeigt werden kann, welche Vorteile sich hieraus ergeben. Durch die Einschränkung, dass nicht sicher vorhergesagt werden kann, zu welchem Zeitpunkt Cloud-basierte Systeme eine breite Zustimmung in der Industrie erlangen, zeigt sich zusätzlich die Notwendigkeit, den Prototypen dahingehend auszurichten, dass eine komplette Portierung des vorgestellten Systems in die Infrastruktur eines potenziellen Anwenders möglich gemacht werden muss.

6.2   Technische Umsetzung der virtuellen Fertigung in der Cloud

Die Entwicklung einer cloudbasierten Schnittstelle zur automatisierten Ansteuerung von Materialabtragssimulationen ist ein zentraler Aspekt für die Realisierung der Dienstleistungsplattform. Hierzu ist es zunächst erforderlich, einen Service zu implementieren, der auf Basis sämtlicher Informationen, die für eine Session relevant sind, die entsprechende Simulation durchführt. Im Folgenden geht es darum, zu beschreiben, wie einerseits die virtuelle Werkzeugmaschine in eine Service-orientierte Architektur überführt wird und andererseits eine globale Plattform entstehen kann, die verschiedene Instanzen dieser Service-orientierten Materialabtragssimulation bündelt.

6.2.1   Externe Ansteuerung zur virtuellen Werkzeugmaschine

Die Bedienung der virtuellen Werkzeugmaschine der DMG Mori AG erfolgt standardmäßig durch eine Folge manueller Schritte, die für die Durchführung einer Maschinensimulation essenziell sind. Üblicherweise wird zunächst eine vorinstallierte Maschine ausgewählt, deren Geometrie und Kinematik im VMDE-Format hinterlegt sind. Im Anschluss wird eine VMDE-Datei importiert, die die notwendigen Informationen für eine Maschinensitzung enthält. Bei diesen handelt es sich um die Geometrien für Spannmittel und Werkstück sowie deren Bezug zueinander, Geometrien und Eigenschaften der benötigten Werkzeuge inklusive T-Nummern und das zu simulierende NC-Programm inklusive Programmnullpunkt. Es folgt, analog zu einer physikalischen Maschine, das Hochfahren der Steuerung, wobei das Programm anhand der Maschine automatisch erkennt, ob eine Siemens- oder Heidenhainsteuerung hochzufahren ist. Die vorliegende Sitzung muss dann auf die Steuerung übertragen werden und innerhalb der Steuerung das zugrunde liegende NC-Programm angewählt werden. An der Stelle ist die Maschine vollständig eingerichtet und der Vorschub kann aktiviert werden, damit die Maschinensimulation beginnt. Offensichtlich müssen diese Schritte für die Umsetzung einer Simulation as a Service Plattform durch die entsprechenden Methodenaufrufe von einem Clientrechner aus automatisiert werden. Hierbei besteht die klare Anforderung, dass eine bidirektionale Kommunikation zwischen Client und Server sichergestellt ist, die einerseits vom Client aus die Informationen überträgt, die die Sitzung beschreiben und Funktionalitäten wie ‚Steuerung hochfahren' und ‚Vorschub aktivieren' anstcuert. Andererseits soll der Server möglichst in Echtzeit bestimmte Events an den Client melden. So sollen gegebenenfalls auftretende Kollisionen, die durch das NC-Programm verursacht werden, unmittelbar gemeldet werden, damit diese Information ohne Verzögerung weiterverarbeitet oder die entsprechende Simulation durch Herunterfahren der Steuerung auf dem Server abgebrochen werden kann. Darüber hinaus sollte die Information, dass nach erfolgreicher Durchführung einer Simulation der Maschinenreport erstellt worden ist, ebenfalls in Echtzeit an den Client gesendet werden, damit dieser erkennt, dass der entsprechende Server eine weitere Simulation starten kann.

Eine Umsetzung, die den genannten Anforderungen genügt, ist durch den Einsatz der Client- und Serverbibliotheken, die in SignalR zusammengefasst sind, möglich. Hierbei handelt es sich um einen weit verbreiteten Standard für die Entwicklung von Webservices innerhalb der ASP.NET Umgebung. Für die serverseitige Programmierung stehen hierbei die sogenannten SignalR Hubs im Vordergrund. Diese definieren, welche Methoden auf dem Server clientseitig aufgerufen werden können. Hierfür müssen die Methoden, die von außen angestoßen werden sollen, innerhalb einer öffentlichen Klasse definiert werden, die von der Klasse *Hub* abgeleitet ist. Neben der eigentlichen Funktionalität der ausgewählten Methoden wird definiert, welche Informationen an den Client zurückgeliefert werden. Die Hubklasse wird serverseitig weder instanziiert noch werden deren Methoden direkt auf der Serverseite ausgeführt. Eine Instanziierung findet vielmehr dann statt, wenn clientseitig Events auftreten, die diese notwendig machen. Hierbei kann es sich um den Start und das Beenden einer Verbindung zum Server handeln oder auch um einen ferngesteuerten Methodenaufruf. Im speziellen Fall der virtuellen Werkzeugmaschine ist lediglich eine kleine Kollektion an Methoden notwendig, die in einer Hubklasse gebündelt werden. Es handelt sich um das Laden des Maschinenmodels, das Laden einer VMDE-Datei, das Hochfahren der spezifischen Steuerung, die Übertragung der geladenen Maschinensitzung an die Steuerung, wobei gleichzeitig die NC-Programme und die Programmnullpunkte extrahiert werden und den Start der Simulation, bei dessen Beendigung der Report an den Client zurückgesendet wird. Zu beachten ist, dass durch den bidirektionalen Austausch permanent Informationen über auftretende Kollisionen an den Client übertragen werden, so dass Simulationen bei Bedarf umgehend abgebrochen werden können.

Auf der Basis kann ein Client die gewünschten Methoden ferngesteuert aufrufen. Im Rahmen des Forschungsvorhabens ist der Client in den Simulation Scheduler eingebettet (s. u.). Nachdem durch den Client eine Hubverbindung etabliert worden ist, hat er Zugriff auf die öffentlichen Methoden, die innerhalb der serverseitigen Hubklasse implementiert sind.

Neben der clientseitigen Ansteuerung der gewünschten Methoden innerhalb der virtuellen Werkzeugmaschine selbst wird das Framework der externen Ansteuerung um einen Dienst erweitert, der auf dem Serverrechner die Applikation für die Software startet und nach Abschluss einer bestimmten Maschinensitzung beendet.

6.2.2 Verwaltung mehrerer Instanzen der DMG VM mit ESXi (VSphere Hypervisor)

Auf Basis der beschriebenen Umsetzung einer clientseitigen, automatisierten Ansteuerung ist es möglich, eine Plattform zu entwickeln, die verschiedene Instanzen der virtuellen Werkzeugmaschine in einer Art Rechencluster zusammenzufasst. Zunächst ist es hierfür ebenfalls notwendig, die Anforderungen an eine solche Plattform herauszuarbeiten. Da die virtuelle Werkzeugmaschine auf externe Lizenzen für die jeweilige Steuerungssoftware von Siemens bzw. Heidenhain zurückgreift, kann ein üblicher Rechner mit einem Standardbetriebssystem wie Windows 7 lediglich eine Instanz einer virtuellen Werkzeugmaschine ausführen. Dieses Verhalten wird durch einen Mutex-Lock sichergestellt. Es ist allerdings offensichtlich nicht praktikabel, einen leistungsstarken Rechner, der als Server für die virtuelle Werkzeugmaschine genutzt werden soll, nur mit einer Instanz der Simulationssoftware auszustatten. Aus diesem Grund ist es notwendig, innerhalb eines Serverrechners eine Reihe virtueller Rechner einzurichten, die ihrerseits jeweils eine Instanz der virtuellen Werkzeugmaschine und den Service aufweisen, um diese starten zu können. Jeder virtuelle Rechner muss für die eindeutige Zuordnung eine eigene IP-Adresse zugewiesen bekommen. Bei der Architektur der virtuellen Werkzeugmaschine ist zusätzlich zu beachten, dass die Steuerungssoftware von Siemens ihrerseits auf einen virtualisierten Rechner zurückgreift. Damit wird an der Stelle Plattformunabhängigkeit sichergestellt, da Siemens hierbei ein Betriebssystem nutzt, dass nicht mit jedem physikalischen Rechner kompatibel ist. Das hat zur Folge, dass die zusätzliche Virtualisierung der virtuellen Werkzeugmaschine technisch zu einer zweistufigen Virtualisierung führt. Hierbei ist zu bedenken, dass die Sinumerik Steuerung von Siemens innerhalb einer VMware implementiert ist. Das macht es zwingend notwendig, die ‚obere' Schicht der Virtualisierung, also den Zugriff der virtuellen Werkzeugmaschine, ebenfalls innerhalb einer VMware zur Verfügung zu stellen, da andere Virtualisierungsplattformen, wie z. B. die frei verfügbare VirtualBox, andere Hypervisortechnologien nutzen, was in einer mehrstufigen Virtualisierung zu fehlerhaften Verhalten führt.

Eine verbreitete Plattform, die den gegebenen Anforderungen entspricht, ist der *vSphere Hypervisor,* der von VMware entwickelt und vertrieben wird. Hierbei handelt es sich um einen sogenannten Bare-Metal Hypervisor. Im Gegensatz zu einem hosted Hypervisor, der auf ein bestehendes Betriebssystem eines Servers aufsetzt und auf Gerätetreiber des Hostbetriebssystems zurückgreift, ist ein Bare-Metal Hypervisor nicht auf die Installation eines Betriebssystems auf dem Server angewiesen. Eine Reihe virtueller Maschinen kann auf die Art und Weise direkt auf den Server gespielt werden, wobei die Hardware des Hosts die benötigten Treiber zur Verfügung stellen muss. Eine detaillierte Beschreibung der Klassifikation von Hypervisorsystemen liefert (Goldberg).

Der Server, auf dem der Hypervisor installiert ist, wird üblicherweise als ESXi- bzw. ESX-Server (Elastic Sky X) bezeichnet. Im Rahmen des Projekts ist dabei die Version ESXi 6.0 zum Einsatz gekommen. Innerhalb des Produkts *vSphere,* das insgesamt ein

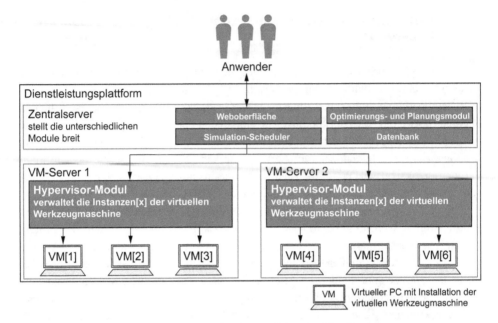

Abb. 6.1 Architektur der Dienstleistungsplattform und der virtuellen Fertigung

Paket aus mehreren Funktionalitäten für die Bereitstellung und Verwaltung virtueller Rechner auf einem Server anbietet, beschreibt ESXi den eigentlichen Hypervisor.

Die Architektur der virtuellen Fertigung ist auf der Basis in Abb. 6.1 skizziert. Eine gewisse Anzahl an ESXi-Servern weisen jeweils eine Reihe an VMware Instanzen auf, auf denen sich einerseits eine Installation der virtuellen Werkzeugmaschine befindet, und andererseits der Dienst zum Starten und Beenden der Maschine bereitgestellt wird. Da jeder virtuelle PC eine eindeutige IP-Adresse aufweist, lassen sich die verteilten Instanzen der virtuellen Werkzeugmaschine gezielt unabhängig voneinander von einem Clientsystem ansteuern.

6.3   Simulation Scheduler

6.3.1   Grundlagen und Anforderungen

Der Simulation Scheduler fungiert als Schnittstelle des Systems mit der virtuellen Fertigung. Die Aufgabe dieses Moduls besteht in der optimalen Verteilung wartender Simulationsaufträge auf die vorhandenen Rechnerressourcen innerhalb der virtuellen Fertigung. In erster Linie wird hierbei die Kommunikation über die zentrale SQL Datenbank sichergestellt. Innerhalb verschiedener Module des Gesamtsystems werden Simulationsaufträge erzeugt, deren relevanten Informationen in einer spezifischen Datenbanktabelle hinterlegt werden. Neben den Daten, die für die eigentliche Simulation relevant sind, benötigt der Scheduler die Information über den Zweck jener Simulation. Hierbei werden zwei Arten von Simulationsaufträgen unterschieden. Als Verifikationsauftrag bezeichnen wir einen Auftrag, der entweder durch einen Nutzer über die Weboberfläche eingepflegt wurde oder einen Auftrag, der als alternative Konfiguration durch das Ontologiesystem erzeugt worden ist. Dem gegenüber stehen die Optimierungsaufträge, die als Teil des Setup Optimizers Kandidaten für eine optimierte Aufspannsituation darstellen. Die Idee dieser Art der Unterscheidung wird offensichtlich, wenn man sich das Zusammenspiel der einzelnen Module des Gesamtsystems vor Augen führt. Jede positive Evaluation eines Verifikationsauftrags, also die Bestätigung der Kollisionsfreiheit dieses Auftrags, liefert einerseits dem Production Optimizer mehr Freiheiten für die Gestaltung eines Fertigungs-plans und erlaubt es dem Setup Optimizer, eine Aufspannoptimierung für diesen Auftrag loszutreten. Aus dieser Betrachtung verschiedener Aufträge im Kontext des Systems lässt sich eine erste Anforderung für die optimale Verteilung von Simulationen auf die vorhan-denen Ressourcen definieren. Hierfür legen wir zunächst vage formuliert fest, dass ein Verifikationsauftrag stets stärker zu priorisieren ist als ein Optimierungsauftrag. Diese Anforderung an die algorithmische Umsetzung des Schedulers garantiert einerseits, dass die oben beschriebene Kaskade des zweistufigen Optimierungsverfahrens des Gesamt-systems sinnvoll eingehalten werden kann und zieht andererseits in Betracht, dass ein Optimierungsauftrag insgesamt weniger zeitkritisch ist.

Da das Gesamtkonzept auf einer Mehrnutzerumgebung beruht, entstehen selbstver-ständlich Anforderungen an die ausbalancierte Verteilung einzelner Nutzer auf die vor-handenen Ressourcen innerhalb der virtuellen Fertigung. So muss sichergestellt sein, dass jedem Nutzer potenziell die gleiche Rechenzeit zur Verfügung gestellt wird. Daraus geht offensichtlich hervor, dass zeitintensive Simulationen teurer sind als zeitsparende. Eine Betrachtung der Anzahl einzelner Simulationen ist hierbei weniger sinnvoll.

Eine abschließende Anforderung ergibt sich aus der Wirtschaftlichkeit des Systems und stellt in nahezu jedem Verfahren, das sich mit dem Thema Scheduling beschäftigt, eine Rolle. So ist es offensichtlich, dass die vorhandenen Ressourcen zu jedem Zeitpunkt so gut wie möglich ausgelastet werden sollten. Konkret bedeutet das, dass im Fall eines war-tenden Auftrags eine freie Ressource unmittelbar besetzt werden sollte.

6.3.2 Algorithmische Umsetzung

Auf Basis dieser Anforderungen lässt sich ein intuitives Verfahren entwickeln, das diese definitiv erfüllt. Grundsätzlich liegen eine Menge $U := \{u_1, u_2, \ldots, u_n\}$ an Nutzern des Systems und eine Menge $R := \{r_1, r_2, \ldots, r_m\}$ an vorhandenen Ressourcen vor. Der Begriff Ressource ist hierbei als ein virtueller Rechner zu verstehen, der eine Instanz der virtuel-len Werkzeugmaschine ausführt. Wie in der Architektur des Gesamtsystems beschrieben, ist jedem Nutzer u_i innerhalb der Datenhaltung eine eigene relationale Datenbank db_i

zugeordnet. Jeder dieser Datenbanken enthält Informationen über ausstehende Simulationsjobs. Hierbei wird einerseits jeweils die entsprechende VMDE-Datei hinterlegt, um Geometrien und NC-Programme abzubilden und andererseits festgelegt, ob es sich bei dem entsprechenden Auftrag um einen Optimierungs- oder Validierungsauftrag handelt. Im Falle eines Optimierungsauftrags werden zusätzlich in Vektorform die Informationen über die veränderte Positionierung hinterlegt. Das hat den einfachen Hintergrund, dass sich eine VMDE-Datei mit veränderter Aufspannsituation kaum von der ursprünglichen Datei unterscheidet.

Nun lässt sich der Algorithmus für die Verteilung der einzelnen Simulationsaufträge formulieren. Hierfür definieren wir ein Tupel aus Queues $T := (V, O)$, wobei die Queue V Verifikationsaufträge, und die Queue O die Optimierungsaufträge enthält. Zunächst erhält jeder Nutzer U_i eine Queue $T_i^{personal}$. Diese wird ständig befüllt, indem die Datenbank db_i in einem Abstand von fünf Sekunden auf neue Simulationsaufträge untersucht wird. Befindet sich ein Auftrag in der Datenbank, den der Scheduler noch nicht erfasst hat, wird dieser in die entsprechende Queue eingereiht und gleichzeitig in der Datenbank als erfasst markiert. Da die Ressourcen in der Dienstleistungsplattform global vorliegen, ist es offensichtlich nicht ausreichend, die Aufträge der einzelnen Nutzer lokal zu betrachten. Somit braucht es eine Schnittstelle, die auf sämtliche Tupel von nutzerspezifischen Queues zurückgreift. Aus diesem Grund wird ein zusätzliches Tupel aus Queues T^{global} eingeführt. Dieses entspricht in seiner Struktur grundsätzlich exakt den persönlichen Queues, da es zwischen Verifikations- und Optimierungsaufträgen unterscheidet. Es stellt sich die Frage, an welcher Stelle ein Auftrag von einer nutzerspezifischen Queue in die globale Queue eingereiht werden soll. Hierzu ist es wichtig, sich die Anforderungen an das Schedulingsystem vor Augen zu führen. Es ist formuliert worden, dass die Auslastung der Ressourcen unter den Nutzern möglichst ausgeglichen werden soll. Aus diesem Grund wird zunächst die Bedingung festgelegt, dass jeder Nutzer lediglich mit einem Auftrag im globalen Tupel vertreten sein darf. Auf diese Art und Weise wird sichergestellt, dass ein bestimmter Nutzer die Queue nicht ‚blockieren‘ kann. Sollte also ein Nutzer zu einem frühen Zeitpunkt eine Reihe von Simulationsaufträgen in das System geladen haben und zu einem späteren Zeitpunkt ein weiterer Nutzer einen Simulationsauftrag anlegen, so muss dieser nicht abwarten, bis die verschiedenen Aufträge des ersten Nutzers ausgeführt worden sind. Auf den ersten Blick ist die Erfüllung dieser Bedingung hinreichend, um den wichtigen Anforderungen an das System zu entsprechen. Es fällt allerdings bei genauerer Betrachtung auf, dass das System in bestimmten Situationen die Anforderung der ausgeglichenen Verteilung der Ressourcen nicht erfüllt. Das kann anhand eines einfachen Beispiels deutlich gemacht werden. Dazu nehmen wir an, dass im System fünf Nutzer aktiv sind ($n = 5$) und 30 virtuelle Rechner zur Verfügung stehen ($m = 30$). Jeder Nutzer pflege nun eine unterschiedliche Anzahl an Simulationen ein. Das System würde nun die ersten fünf Ressourcen mit einer Simulation belegen. Logischerweise ist davon auszugehen, dass die Nutzer hierbei Simulationen durchführen, die sich in ihrer Simulationsdauer sehr stark voneinander unterscheiden. Wir nehmen der Einfachheit halber an, dass jeder Nutzer mindestens sechs Simulationsaufträge angelegt hat, so dass nach einer Weile jeder der Nutzer sechs parallele Simulationen laufen hat, wodurch das System ausgelastet ist. Nach einer Zeit sind die ersten Simulationen abgeschlossen, die wenig Simulationszeit erfordern. Offensichtlich muss bei der Ausbalancierung der einzelnen Nutzer darauf geachtet werden, dass die Nutzer, deren Simulationen zuerst abgeschlossen sind, dann auch priorisiert behandelt werden, um wartende Berechnungen auf die Ressourcen zu übertragen. Um dem Rechnung zu tragen, erhalten die globalen Queues neben den oben beschriebenen Informationen zur durchzuführenden Simulation einen ganzzahligen Wert, der aussagt, wie viele Simulationen des entsprechenden Nutzers sich zum aktuellen Zeitpunkt auf den Rechenressourcen befinden. Auf die Art und Weise wird eine Lastverteilung unter den einzelnen Nutzern in Bezug auf einen bestimmten Zeitpunkt erreicht. An der Stelle könnte kritisiert werden, dass vergangene Zeitpunkte, in denen möglicherweise ein bestimmter Nutzer sehr aktiv war, während ein anderer Nutzer im selben Zeitraum keine oder nur wenige Simulationen eingepflegt hat, in die Berechnung eingehen. Es scheint jedoch nicht sinnvoll zu sein, einen Nutzer, der die Ressourcen durch seine Aktivitäten allgemein stark belastet, dafür zu „bestrafen", dass andere Nutzer diese Ressourcen über längere Zeiträume weniger in Anspruch nehmen.

Der Algorithmus lässt sich schließlich folgendermaßen formulieren:

```
For u_i in U
    T_i^global = 0
Endfor
For r_i in R
    r_i = 0
endfor


Repeat:
    For u_i in U
        Check db_i for new entries J := {j_1, ..., j_k}
        Enqueue J in T_i^personal
        If (T_i^global = 0)
            t_cur= Dequeue(T_i^personal)
            Enqueue t_cur in T^global
        endif
    endfor
    For r_i in R
        If (r_i = 0)
            t_sim=Dequeue(T^global)
            r_i = 1
            Start t_sim on r_i
            r_i = 0
        endif
    endfor
```

6.3.3 Anforderungen an den Setup Optimizer durch das System

Bei genauer Betrachtung des Schedulers und der virtuellen Fertigung wird deutlich, dass sich hieraus einige Anforderungen an die algorithmische Vorgehensweise des Setup Optimizers ergeben (vgl. Kapitel Setup Optimizer). Zunächst muss man sich die Komplexität der Durchführung jeder einzelnen Simulation vor Augen führen. Einerseits können die Simulationen abhängig vom NC-Programm Rechenzeiten aufweisen, die selbst im Stundenbereich liegen. Andererseits muss unabhängig vom Rechenaufwand einer bestimmten Simulation bei jedem Auftrag die aufwendige Schleife durchlaufen werden, die aus Starten der Applikation, Laden des Maschinenmodells, Hochladen der VMDE-Datei, Hochfahren der Steuerung, Übertragen der Sitzung an die Steuerung, Durchführung der Simulation und Beenden der Applikation besteht. Konkrete Messungen auf dem Testserver haben ergeben, dass alleine der Vorgang vom Start der Applikation bis zur Durchführung der Simulation je nach Serverauslastung zwischen fünf und acht Minuten liegt. Abgesehen vom Aufwand, der durch die Simulation entsteht, kann es bei hoher Auslastung des Gesamtsystems offensichtlich auch dazu kommen, dass Simulationsaufträge eine hohe Wartezeit in der Queue aufweisen. Das gilt insbesondere dann, wenn eine große Anzahl an Verifikationsaufträgen in der Warteschlange liegt. Aus diesem Grund ist die Anzahl der durchzuführenden Simulationen offensichtlich so klein wie möglich zu halten. Diese Anforderung wird durch den Algorithmus zur Einrichtungsoptimierung klar adressiert.

Eine andere entscheidende Anforderung an den Setup Optimizer wird offenkundig, wenn man sich einerseits die Arbeitsweise des Gesamtsystems dieses Projekts und andererseits die Arbeitsweise von heuristischen Optimierungsverfahren vor Augen führt, die Grundlage der Schleife für den Setup Optimizer sind. Diese basieren auf einem äußerst statischen Kreislauf, bei dem neue Konfigurationen immer erst dann berechnet werden können, wenn eine vollständige Generation an Inputparametern evaluiert worden ist. Es ist offensichtlich, dass das Prozedere im Umfeld eines äußerst heterogenen Systems ohne Anpassungen nicht geeignet ist. Das bezieht sich sowohl auf die Unterscheidung zwischen Evaluations- und Optimierungsaufträgen als auch auf die Natur der Simulation selbst. Zunächst lässt sich nicht vorhersagen, ob einzelne Simulationen einer Optimierungsgeneration gleichzeitig auf die Rechenressourcen übertragen werden. Genau genommen ist diese Konstellation sogar sehr unwahrscheinlich. Hinzu kommt, dass im beschriebenen Umfeld selbst sehr ähnliche Simulationsläufe, die sich lediglich in der Beschreibung der Aufspannsituation unterscheiden, signifikant verschiedene Rechenzeiten aufweisen. Die Gründe hierfür sind vielseitig. Einerseits ist nicht gesagt, dass unterschiedliche Knoten im Cluster, der die Instanzen der virtuellen Werkzeugmaschine enthält, die gleiche Rechenleistung aufweisen. In dem Zusammenhang sei ebenfalls erwähnt, dass eine gleichmäßige Lastverteilung der ESXi-Server untereinander nicht vollständig gewährleistet werden kann. Darüber hinaus können abweichende Rechenzeiten auch softwareseitige Ursachen haben. So kommt es in vereinzelten Fällen vor, dass Fehler während des Hochfahrens der Steuerung auftreten, wodurch dieser Vorgang abgebrochen

und neugestartet werden muss. Eine weitere Problemquelle in Bezug auf die Zusammen-
führung schwarmbasierter Optimierungsverfahren in das heterogene Schedulingsystem
entsteht durch den Unterschied zwischen der Größe des Schwarms, also im Fall von
Partikelschwarmoptimierung der Anzahl der Partikel, und der Anzahl der zur Verfügung
stehenden Rechenressourcen. Bei hoher Systemauslastung ist davon auszugehen, dass
nicht jeder Partikel simultan evaluiert kann. Ein letzter Punkt, der für die Anforderungen
an den Setup Optimizer eine entscheidende Rolle spielt, ist die Möglichkeit von Knotenausfällen. Im offensichtlichsten Fall sind diese auf der Hardwareseite zu verzeichnen.
Wenn die Skalierung des eingesetzten Rechenclusters steigt, steigt damit logischerweise
gleichzeitig die Wahrscheinlichkeit, dass einzelne Server ausfallen. In dem Fall wird die
Simulation unfreiwillig unterbrochen und muss sich als Auftrag wieder in der Warteschlange einreihen, wodurch bei statischer Durchführung eines heuristischen Optimierungsverfahrens eine nicht hinzunehmende Wartezeit entsteht. Knotenausfälle können
hier natürlich auch softwareseitig zu interpretieren sein, da durch die Komplexität der
DMG VM ein möglicher Absturz einer einzelnen Instanz nie vollständig ausgeschlossen
werden kann. Der letzte Punkt, der im Grunde genommen analog zu einem Knotenausfall
betrachtet werden kann, aber gleichzeitig den Aspekt unterschiedlicher Rechenzeiten adressiert, betrifft die Natur der Materialabtragssimulation selbst. Wie bereits beschrieben
ist deren wesentliche Aufgabe, Informationen über Kollisionen bereitzustellen und damit
die Aussage zu generieren, ob ein bestimmtes Setting valide oder nicht. Tritt eine Kollision während einer Simulation auf, wird die Simulation unmittelbar beendet, da es für
das Endergebnis letztlich irrelevant ist, wie häufig die Bearbeitung ungewollte Kollisionen erzeugt.

Daraus lassen sich folgende Anforderungen eindeutig formulieren:

1. Die Anzahl der Simulationen ist so minimal wie möglich zu halten, um einerseits eine
   hinzunehmende Dauer der Optimierungsschleife zu erreichen und um andererseits das
   Gesamtsystem nicht zu überlasten.
2. Die statische, synchronisierte Evaluation einzelner Generation muss durch einen asynchronen Ansatz abgelöst werden, wobei die Information eines einzelnen Simulations-
   laufs unmittelbar in die Berechnungen der Optimierung einfließen muss.

Die beiden Punkte werden durch den Algorithmus, der im Kapitel zur Optimierung der
Aufspannsituation eindeutig adressiert. Durch den Einsatz des NC-Interpreters werden in
effizienter Weise Kandidaten ermittelt, so dass die einzelnen Generationen der eigentlichen Optimierung nicht die zeitintensive Simulation durchlaufen müssen. Die Datenstruktur, die im Endeffekt der Eliminierung einzelner Kandidaten dient, lässt eine vollständige
asynchrone Durchführung der einzelnen Simulationen zu, da diese nach der Evaluation
einer Aufspannsituation unmittelbar aktualisiert werden kann, ohne dabei die Qualität des
Gesamtergebnis zu schmälern. Darüber hinaus lässt der Algorithmus einen bidirektionalen
Austausch zwischen Simulation Scheduler und Setup Optimizer zu, da die Erstellung der
Datenstruktur im Setup Optimizer auf einem k-Means Clustering beruht. Die Anzahl der

initial zu berechnenden Cluster kann sinnvollerweise exakt durch die Anzahl der zur Verfügung stehenden Rechenressourcen determiniert werden, da diese der Anzahl der parallel berechenbaren Simulationen innerhalb der Datenstruktur entsprechen.

6.4 Potenziale und Zusammenfassung

6.4.1 Mögliche technische Erweiterungen

Für eine mögliche technische Erweiterung des Gesamtsystems hilft es, sich die Funktionsweise des Simulation Schedulers vor Augen zu führen. Offensichtlich wird der Algorithmus die freien Ressourcen des Systems stets mit Simulationen besetzen, falls sich Simulationen in einer der beiden globalen Queues befinden. Das ergibt sich auch aus der Anforderung, stets eine optimale Auslastung des Clusters zum gegenwärtigen Zeitpunkt sicherzustellen. Daraus lässt sich allerdings direkt die Fragestellung formulieren, ob die einzelnen Instanzen von Simulationen simultan mehrere Ressourcen besetzen und damit durch den Einsatz von Parallelisierung beschleunigt werden können. Um das Thema Parallelisierung in diesem Zusammenhang zu motivieren, seien zunächst zwei verbreitete Gesetze aus dem Forschungsgebiet erwähnt. Zuerst spielt das Gesetz von Amdahl eine Rolle, das bereits 1967 formuliert wurde. Mit diesem soll eine Abschätzung für die maximal erreichbare Beschleunigung eines Algorithmus durch den Einsatz paralleler Rechenressourcen berechnet werden. Sei T die Gesamtlaufzeit einer beliebigen Berechnung. Zusätzlich sei t_s die Laufzeit der Berechnung, die sich nicht durch Parallelisierung beschleunigen lässt und t_p die Laufzeit des parallelisierbaren Abschnitts der Berechnung, wobei offensichtlich ohne den Einsatz von Parallelisierung gilt:

$$T = t_s + t_p.$$

Nehmen wir nun an, dass n Prozesse für die Parallelisierung der Berechnung zur Verfügung stehen. Durch die Tatsache, dass der parallelisierbare Teil des Programms t_p maximal durch den Faktor n zu beschleunigen ist, ergibt sich für den SpeedUp S eine obere Schranke:

$$S \leq T / \left(t_s - t_p / n \right) \leq T / t_s.$$

An einem konkreten Zahlenbeispiel lässt sich einfach deutlich machen, welche Bedeutung hinter diesem Gesetz steckt. Angenommen, T entspreche 20 Sekunden und t_s sei 10 Sekunden, d. h. die Hälfte der Programmlaufzeit ließe sich durch Parallelisierung beschleunigen. Dann ist, unabhängig von der Anzahl der eingesetzten Rechenressourcen maximal der SpeedUp $S = 2$ erreichen, was einer Halbierung der Programmlaufzeit entspricht. Eine Veranschaulichung dazu bietet Abb. 6.2.

Unter Annahme verschiedener parallelisierbarer Anteile im Programm erkennt man deutlich, wie die obere Schranke für den SpeedUp konvergiert. Die Kernaussage dieses

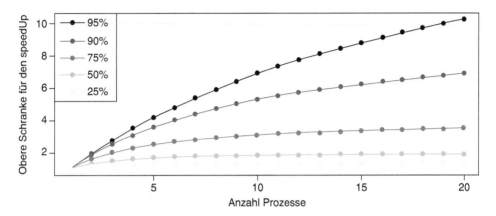

Abb. 6.2 Visualisierung der maximalen Beschleunigung eines Algorithmus nach dem Gesetz von Amdahl

Gesetzes lautet also, dass der limitierende Faktor für die Beschleunigung eines Programms durch Parallelisierung der Anteil der parallelisierbaren Programmabschnitte ist. Es ist offensichtlich, dass diese Einschätzung zunächst pessimistisch ist, da eine beliebig große Hinzunahme von Rechenressourcen nach einer gewissen Zeit nicht mehr zu einer effizienteren Laufzeit, sondern zu einer Sättigung der Beschleunigung führt. Aus diesem Grund ist es in dem Zusammenhang notwendig, dem Gesetz von Amdahl das Gesetz von Gustafson gegenüber zu stellen, das 1988 formuliert wurde. Hierfür betrachten wir zunächst relative Laufzeiten, wobei P den Anteil der parallelisierbaren Programmteile an der Gesamtlaufzeit beschreibt, womit sich der sequenzielle, und damit nicht parallelisierbare, Anteil an der Laufzeit, durch $1 - P$ ausdrücken lässt. Ganz offensichtlich gilt für eine Berechnung, in der keine Parallelisierung zum Einsatz kommt:

$$1 = P + \left(1 - P\right).$$

Betrachtet man auf der Basis zusätzlich analog zu Amdahls Gesetz, dass sich durch den Einsatz von n Rechenressourcen der parallelisierbare Anteil maximal um den Faktor n beschleunigen lässt, erhält man für den SpeedUp S_n:

$$S_n = N * P + \left(1 - P\right).$$

Entscheidend ist hierbei zunächst, dass der betrachtete SpeedUp im Gegensatz zum SpeedUp, der durch Amdahl formuliert wurde, im direkten Zusammenhang mit der Anzahl der eingesetzten Prozesse steht. Hierbei ist zu erwähnen, dass die beiden Gesetze nicht im Widerspruch zueinander stehen, sondern eher einer unterschiedlichen Betrachtungsweise unterliegen. Während Amdahl in seiner Betrachtung davon ausgeht, dass es eine feste Problemgröße gibt, die den parallelisierbaren Anteil eindeutig bestimmt, zieht Gustafson zusätzlich die Tatsache in Betracht, dass eine höhe Skalierung der Problemgröße im Normalfall mit einer besseren Skalierbarkeit durch den Einsatz einer höherer Anzahl von Rechenressourcen einhergeht.

Inwiefern die beiden Gesetze in diesem Zusammenhang eine Rolle spielen, wird im Anschluss in die Beschreibung einer Möglichkeit zur parallelen Berechnung einzelner Simulationen genauer betrachtet. Zunächst soll es also um die Fragestellung gehen, wie die Berechnung einer Instanz der Materialabtragssimulation umgesetzt werden kann, so dass eine befriedigende Beschleunigung erreicht wird, die zur besseren Skalierung des Gesamtsystems beiträgt. Auf den ersten Blick scheint die Möglichkeit hier nicht zu bestehen. Gewöhnliche Berechnungen, die durch Parallelisierung beschleunigt werden, zeichnen sich häufig dadurch aus, dass unabhängige Programmteile intrinsisch vorliegen. So lassen sich beispielsweise bei der Berechnung einfacher Schleifen, die in großer Anzahl in mathematischen Vektor- und Matrixoperationen Anwendung finden, problemlos in einzelne uniforme Teilschleifen separieren, die dann unabhängig voneinander berechnet und anschließend problemlos zu einem Gesamtergebnis zusammengefasst werden können. Im speziellen Fall der Materialabtragssimulation durch die DMG VM hat man es mit einem Problem zu tun, das von Natur aus durch und durch sequenziell ist. Die Information, ob zu einem bestimmten Zeitpunkt eine Kollision im Programm auftritt kann nur plausibel ermittelt werden, wenn bekannt ist, welche Teile des ursprünglichen Werkstücks zu diesem Zeitpunkt abgetragen wurden. Sieht man sich allerdings genauer an, was der Materialabtragssimulation zugrunde liegt, erkennt man, dass sich das Problem in zwei Teilaufgaben separieren lässt, die in ähnlicher Weise auch durch die Umsetzung des Setup Optimizers adressiert werden. Formal nimmt die Berechnung des Materialabtrags in vereinfachter Form geometrische Informationen zum Werkstück vor der Verarbeitung, einer Liste verwendeter Werkzeuge und dem Spannmittel und das zu fertigende NC-Programm entgegen und gibt bei erfolgter Berechnung die Geometrie des Werkstücks nach dem Abtrag, die Bearbeitungszeit und die Information über aufgetretene Kollisionen zurück. Es sei hierbei angemerkt, dass im Sinne der Vereinfachung Informationen zur Aufspannposition und die verwendete Maschine vernachlässigt werden. Wir stellen also zunächst fest, dass wir folgende Abbildung betrachten können:

$$f : C_{w^p} \times C_s \times C_t^n \times nc \to C_{w^a} \times \mathbb{R} \times \{0,1\}.$$

Hierbei ist C_x als geometrische Repräsentation eines beliebigen Festkörpers zu interpretieren, wobei $x := w^p$ die geometrischen Informationen des Werkstücks vor und $x := w^a$ analog dazu die Informationen nach der Bearbeitung enthält, während $x := s$ und $x := t$ Platzhalter für Spannmittel und Werkzeuge darstellen, wobei zu beachten ist, dass in der Formulierung davon ausgegangen wird, dass n Werkzeuge für die Bearbeitung eingesetzt werden. Hierbei muss wiederum erwähnt werden, dass an der Stelle starke Vereinfachungen stattgefunden haben, da grundsätzlich auch Werkstücke, Spannmittel und NC-Programme als Mengen auftreten könnten.

Nun stellt sich die Frage, wie mit den Vorbetrachtungen ein Verfahren zur Parallelisierung entwickelt werden kann. Hierzu müssen wir annehmen, dass auf Basis des NC-Programms und der Informationen zu Werkstück- und Werkzeuggeometrien beispielsweise eine CAD-Datei erstellt werden kann, die die Bahnen, inklusive der Breiten, die der Werkzeugradius vorgibt, und der Werkzeugtiefen, darstellt. Diese Bahninformationen müssten im Anschluss durch eine logische Mengensubtraktion mit dem Werkstück verrechnet werden, so dass die Geometrie von w^a ermittelt werden kann, ohne den Overhead, der durch die virtuelle Werkzeugmaschine entsteht, hinnehmen zu müssen. Diese Berechnung könnte dann als folgende Abbildung aufgefasst werden:

$$g : C_{w^p} \times C_s \times C_t^n \times nc \to C_{w^a} \times \mathbb{R}.$$

Logischerweise kann diese Form der Steuerungsnachbildung keine verlässliche Information darüber liefern, ob das zugrunde liegende Setting tatsächlich eine valide Maschineneinrichtung repräsentiert. Dazu ist der Einsatz der 1:1 Simulation, die neben der geometrischen Informationen beispielsweise fehlerhafte Situationen wie Softwareendschalter erkennt, nicht zu verhindern. Allerdings helfen die Darstellungen der oben beschriebenen mathematischen Abbildungen, ein Konzept zu formulieren, das den Einsatz von parallelem Rechnen sinnvoll einsetzbar macht. Sei $R := \{r_1 \ldots r_m\}$ eine Menge verfügbarer Rechenressourcen und seien C_{w^p}, C_s, C_t^n, nc gegeben. Dann wird τ definiert als eine Abbildung, die ein NC-Programm in eine Menge von Teilprogrammen splittet, also:

$$\tau_m : nc \to \left\{ nc^1 \ldots nc^m \right\}.$$

Hierbei ist zu bedenken, dass jedes NC-Programm nc^i als einzelnes und unabhängiges NC-Programm ausführbar sein muss und dass sich die Semantik des Teilprogramms durch seine unabhängige Betrachtung nicht ändert. So sind beispielsweise Informationen über eventuelle Nullpunktverschiebungen oder Aufhebung programmierbarer Frames, die im Teilprogramm nc^{i-1} hinterlegt sind, unbedingt mitzuführen. Darüber hinaus muss beachtet werden, dass falls die Separierung zwischen einem T-Befehl, also einer Werkzeuganwahl, und dem eigentlich Werkzeugwechsel, der durch den Befehl M6 gekennzeichnet ist, durchgeführt wird, die entsprechende T-Nummer im Teilprogramm nc^i hinterlegt wird. Neben der Abbildung, die die Aufteilung eines NC-Programms definieren wir $C_t^{\tau_i} \subseteq C_t^n$, als Teilmengen von Werkzeugen, die innerhalb der Bearbeitung von nc_i gebraucht werden. Auf der Basis kann eine Vorverarbeitung formuliert werden, mit deren Hilfe die Simulation sinnvoll parallelisiert werden kann. Hierzu wird zunächst für ein gegebenes NC-Programm nc und eine gegebene Anzahl an Ressourcen m τ_m berechnet. Anschließend werden aus jedem Teilprogramm nc^i die relevanten Werkzeuge extrahiert. Im einfachsten Fall kann jetzt sequenziell folgende Rechenanweisung für jede verfügbare Ressource r_i berechnet werden:

$$g_i : C_{w_i^p} \times C_s \times C_t^{\tau_i} \times nc_i \to C_{w_{i+1}^a} \times \mathbb{R}$$

Hier ist selbstverständlich nur der eigentliche Materialabtrag beschrieben. Bis jetzt ist durch das Aufteilen des NC-Programms noch kein Gewinn erzielt worden. Da nun allerdings die Geometrie des Materialabtrags zu Beginn jedes NC-Teilprogramms bekannt ist, können auf der Grundlage die entsprechenden Simulationen ebenfalls parallel durchgeführt werden. Es kann also jeder einzelne Prozess folgende Berechnung selbstständig durchführen. Formal betrachten wir die eigentliche Simulation der Teilprogramme nun als folgende Vereinfachung:

$$f_i' : C_{w_i^p} \times C_s \times C_t^{\tau_i} \times nc_i \rightarrow \{0,1\}$$

Da die geometrischen Aspekte des Materialabtrags als Information bereits durch die beschriebene Steuerungsnachbildung vorliegen, ist nur noch die Fragestellung relevant, ob eine Kollision im Gesamtprogramm vorliegt oder nicht. Im Endeffekt gilt hierbei folgende Aussage:

$$f = 1, iff\ f_1' = 1 \wedge f_2' = 1 \ldots \wedge f_m' = 1.$$

Die Bezeichnung *iff* ist hierbei zu lesen als „wenn, und ausschließlich wenn [...]". Es muss also jedes einzelne Teilprogramm kollisionsfrei gefertigt worden sein, um schließlich von einer kollisionsfreien Fertigung des Gesamtteils auszugehen.

Es handelt sich aufgrund der Komplexität in der Umsetzung einer robusten Steuerungsnachbildung, die eindeutig die richtigen Teilgeometrien liefert, lediglich um eine theoretische Betrachtung. Aus diesem Grund ist es nun sinnvoll, zu überprüfen, welches Potenzial durch den Ansatz zu erwarten ist und inwiefern die Gesetze von Amdahl und Gustafson dabei eine Rolle spielen. Hierzu sollte man sich zunächst überlegen, wie groß der sequenzielle Anteil an der Durchführung des gesamten Verfahrens ist. Bei der Betrachtung der Art und Weise, wie das Verfahren hier beschrieben ist, verläuft die komplette Vorverarbeitung, das heißt die Aufteilung der NC-Programme und die Berechnung der entsprechenden Materialabträge sequenziell. Grundsätzlich lässt sich die Berechnung der einzelnen Materialabträge selbst parallelisieren, da davon ausgegangen wird, dass zunächst Verfahrwege als 3D-Modell berechnet werden, die schließlich durch logische Subtraktion vom Werkstück zum eigentlichen Materialabtrag verrechnet werden. Die Berechnung dieser Verfahrwege verläuft offensichtlich ohne jegliche Abhängigkeiten. Hingegen müssen die einzelnen bearbeiteten Teilwerkstücke, die als Grundlage für die einzelnen Simulationen dienen, kaskadisch berechnet werden und sind somit dem sequenziellen Anteil anzurechnen. Es folgt für jede einzelne Simulation der übliche Workflow, der in der virtuellen Fertigung beschrieben ist. Als Grundlage hierfür muss für jeden Teilsimulationsauftrag zunächst die entsprechende VMDE-Datei erstellt werden. Daraufhin werden die Server angesteuert, die Steuerung hochgefahren, die entsprechenden Sitzungen hochgeladen und übertragen und anschließend das NC-Programm ausgeführt. Diese Vorgänge verlaufen zwar unabhängig voneinander, es ist allerdings trotzdem sinnvoll, diesen Prozess als sequenziellen Anteil des Programms zu betrachten, da dieser Overhead logischerweise beim Einsatz von m Instanzen der virtuellen Werkzeugmaschine genau durch den Faktor m ansteigt. Zum Zwecke einer simplen Betrachtung wird zunächst folgendes angenommen: Es soll ein NC-Programm simuliert werden, das bei sequenzieller Berechnung eine Rechendauer von 45 Minuten aufweist. Der Workflow vom Erstellen der VMDE-Datei bis zum Start der Simulation dauere 10 Minuten.

Den zusätzlichen Overhead durch die Vorbereitung der einzelnen Teilprogramme, der sich nicht zuverlässig vorhersagen lässt, beziffern wir mit 5 Minuten, so dass insgesamt eine Berechnungsdauer von einer Stunde entsteht. Die eigentliche Materialabtragssimulation kann dann als parallelisierbarer Teil des gesamten Prozesses angesehen werden, der einen Anteil von 75 % an der Rechendauer ausmacht. Für diesen Fall ist die maximale Beschleunigung demnach bestimmt durch:

$$\lim_{m \to \infty} \left(0{,}25 + \left(\frac{0{,}75}{m} \right) \right)^{-1} = 4$$

Für diesen konstruierten Fall würde man also, zumindest auf den ersten Blick, maximal eine 4-fache Beschleunigung erreichen. Wenn man den konstruierten Fall etwas weiterentwickelt, kann man in vereinfachter Art und Weise davon ausgehen, dass der Overhead durch Annahme eines komplexeren NC-Programms nicht wesentlichen steigt oder möglicherweise konstant bleibt. Hier ist der Hinweis notwendig, dass diese Aussage unter keinen Umständen der Realität entsprechen muss, weil nicht ohne weiteres vorhergesagt werden kann, wie stark die Berechnung der Steuerungsnachbildung in ihrer Komplexität bei steigender Problemgröße ansteigt. Nichtsdestotrotz gehen wir hier aus Gründen der Vereinfachung davon aus, dass Die Rechendauer für eine andere Simulation bei konstantem Overhead nun bei 105 Minuten liegt. Dann erhält man folgende obere Schranke:

$$\lim_{m \to \infty} \left(0{,}125 + \left(\frac{0{,}875}{m} \right) \right)^{-1} = 8$$

Wie bereits erwähnt sind diese einfachen Rechenbeispiele nicht als konkrete Betrachtungen realistischer Szenarien zu interpretieren. Vielmehr sollen sie zwei Dinge verdeutlichen. Der erste Punkt ist, dass die Anwendung paralleler Einzelsimulation für die Skalierung des Gesamtsystems nur dann sinnvoll ist, wenn das System nicht ausgelastet ist. Andernfalls skaliert das Gesamtsystems in seiner vollständigen Betrachtung linear mit der Anzahl der zur Verfügung stehenden Instanzen der virtuellen Werkzeugmaschine, was einem optimalen SpeedUp entspricht. Der zweite Punkt ist, dass bei der Auswahl der Simulationen, die innerhalb des Systems durch Parallelisierung beschleunigt werden sollen, die Betrachtung von Gustafsons Gesetz sinnvoll ist. Es sollte demnach nach Möglichkeit eine Priorisierung stattfinden, die diejenigen Simulationen auf mehrere Knoten verteilt, die eine höhere Rechenzeit erfordern. Eine grobe Information darüber liefert der NC-Interpreter, da davon auszugehen ist, dass die physische Bearbeitungszeit in etwa mit der Simulationszeit korreliert.

Bei genauerer Betrachtung der konkreten Problemstellung innerhalb dieses Vorhabens zeigt sich, dass gewisse Gesetzmäßigkeiten, die innerhalb des Forschungsgebiets des parallelen und verteilten Rechnens üblicherweise als unumstößlich gelten und die auch bei den Darstellungen von Amdahl und Gustafson eine zentrale Rolle spielen, hier keine allgemeingültige Anwendung finden können. Diese basieren nämlich alle auf der Grundlage, dass durch den Einsatz von m Prozessoren maximal eine Beschleunigung um den Faktor m erreicht werden kann. Dass dieser Leitsatz hier nicht gilt kann man sich ziemlich einfach klar machen, indem man sich die Regelmäßigkeit vor Augen führt, dass ein Programm nur dann kollisionsfrei gefertigt wurde, wenn alle Teilprogramme ebenfalls kollisionsfrei simuliert worden sind. Das bedeutet konkret, dass hier die Umsetzung einer sogenannten *lazy evaluation* möglich ist. Es besteht also die Möglichkeit, bei Auftritt einer Kollision innerhalb eines beliebigen Teilprogramms, sämtliche Teilsimulationen unmittelbar abzubrechen, da das Gesamtergebnis zu diesem Zeitpunkt nicht mehr geändert werden kann. Aus Gründen der Effizienz des Programms sollte dies auch unbedingt umgesetzt werden. Für die Betrachtung des SpeedUp bedeutet das, dass von einer Verlangsamung im Gegensatz zum sequenziellen Programm, bis zu einer extremen Beschleunigung, die einen deutlich größeren Faktor als m aufweist, alle Möglichkeiten bestehen. Eine Verlangsamung entsteht offensichtlich genau dann, wenn eine Kollision zu einem sehr frühen Zeitpunkt der Fertigung auftritt. In diesem Fall hätte die sequenzielle Durchführung des Programms ebenfalls sehr früh abgebrochen und der Overhead durch die Vorbereitung der Parallelisierung hätte eingespart werden können. Im Gegensatz dazu kann eine massive Beschleunigung erreicht werden, falls eine Kollision im letzten Teilprogramm nc_m auftritt. Diese hypothetische Kollision träte bei sequenzieller Durchführung auf einer einzelnen Instanz zu einem relativ späten Zeitpunkt auf, während der entsprechende Prozess den Zeitpunkt der Kollision im Verhältnis deutlich früher erreichen wird.

Insgesamt lässt sich festhalten, dass durch die mögliche Betrachtung der Parallelisierung einzelner Instanzen der virtuellen Werkzeugmaschine eine spannende Forschungsfrage ergibt, die jedoch in der Umsetzung innerhalb eines Produktivsystems nur bei geringer Auslastung sinnvoll eingesetzt werden kann.

6.4.2 Mögliche Umsetzung im Produktivsystem

Zum Abschluss dieses Kapitels, das sich mit sämtlichen Aspekten der virtuellen Werkzeugmaschine in der Cloud beschäftigt, ist es sinnvoll, eine kurze Betrachtung möglicher Aspekte innerhalb eines Produktivsystems vorzunehmen. Der vorgestellte Algorithmus beschreibt lediglich den Fall, dass eine gleichmäßige Ausbalancierung sämtlicher Nutzer des Systems erwünscht ist und adressiert diese Betrachtung dementsprechend. In der Praxis ist es allerdings denkbar, dass verschiedene Priorisierungen einzelner Nutzer vorgenommen werden sollen. Konkret ist hierbei eine Klassifikation von Nutzergruppen denkbar, die einen unterschiedlichen Beitrag für die Nutzung des Systems entrichten müssen. Ein weiterer Aspekt ist in dem Zusammenhang die Art und Weise der Abrechnung, die durchgeführt wird. Die einfachste Möglichkeit wäre, nach Rechenzeit innerhalb des Systems oder nach Anzahl durchgeführter Simulationen abzurechnen. Beide Varianten erfordern die Implementation einer gewissen Kostenkontrolle, da jeweils eine Vorhersage schwierig umzusetzen ist. So führen beispielsweise unerwartete Kollisionen zu einer Reduktion der Rechenzeit, was unter Umständen finanziellen Spielraum für die Durchführung weiterer Simulationen ermöglicht.

Auf der anderen Seite werden unter Umständen bei geringer Auslastung des Gesamtsystems bei gegenwärtigem Stand mehr Simulationen ausgeführt, als vom Nutzer gewünscht sind, da die Anzahl der Optimierungsläufe sich direkt nach der Anzahl der freien Rechenressourcen richtet. Insofern ist darüber nachzudenken, ob Verifikationsläufe, die ein Nutzer explizit erstellt, in der Abrechnung anders betrachtet werden als diejenigen Verifikationsläufe, die das Ontologiesystem bereitstellt und den Optimierungsläufen, die der Setup Optimizer erstellt. Hierbei könnten die Kosten unter anderem pro kompletten Optimierungslauf bzw. für jede Überprüfung alternativer Maschinenmodelle angesetzt werden. Diese Aspekte können einerseits direkt in den entsprechenden Modulen verarbeitet werden oder vom Scheduler berücksichtigt werden, der dann gleichzeitig eine Art Monitoring für die Kostenkontrolle anbietet.

Literatur

Goldberg, Robert P.: Architectural Principles for Virtual Computer Systems

Zusammenfassung

7

Dennis Do-Khac

Unter dem Schlagwort Industrie 4.0 diskutierte man zu Beginn des Projektes in der Fachwelt teils unklare, aber eindeutig digitalisierungs- und vernetzungsgerichtete Fortschritte, die der Industrie helfen sollten, der weiter steigenden Forderung der Märkte nach schneller verfügbaren und gleichzeitig in höherem Maße individualisierten Produkten weiterhin erfolgreich zu begegnen. Die Annahme, dass die Digitalisierung von Produktionsprozessen und Maschinenbetrieb in Cloud-basierten Systemen Wettbewerbsvorteile bieten wird, hat sich im Projektverlauf weiter bestätigt. Der Ansatz des Projektes war auch rückblickend treffsicher zukunftsträchtig und praxisrelevant.

Das Projekt InVorMa untersuchte Möglichkeiten, eine Dienstleistungsplattform für Aufgaben der Fertigungsplanung zu realisieren, die sowohl eine 1:1-Simulation der konkreten Bearbeitungsprozesse auf zerspanenden Maschinen, dazugehörige Rüstvorgänge und eine Bewertung verschiedener Szenarien bei kurzfristigen Auftragsänderungen als Leistungsumfang anbieten kann. Aus technischer Sicht wurden Simulations- und Optimierungskomponenten entwickelt und erprobt, die in der Lage sind, bei der konkreten Maschinennutzung ansetzen.

Mit der virtuellen Maschine konnte ein Softwareprodukt eingebunden werden, das die Validierung einer Werkstückbearbeitung ermöglichte, so dass eine Kollisionsfreiheit und das Erzielen der gewünschten Werkstückgeometrie offline abgesichert werden konnte. Während die virtuelle Maschine zu Beginn des Projektes als Methode zur Programmprüfung am Arbeitsplatz eingesetzt wurde, musste sie Im Rahmen des Projektes in die Lage versetzt werden, als Infrastruktur-Dienst aus der Cloud angesteuert werden zu können als massiv parallelisierte und automatisiert ansteuerbare Software-Komponente für einen

D. Do-Khac (✉)
Competence Center, DMG MORI Software Solutions GmbH, Pfronten, Deutschland
E-Mail: Dennis.Do-Khac@dmgmori.com

© Springer-Verlag GmbH Deutschland, ein Teil von Springer Nature 2019   171
W. Dangelmaier, J. Gausemeier (Hrsg.), *Intelligente Arbeitsvorbereitung auf Basis virtueller Werkzeugmaschinen*, Intelligente Technische Systeme – Lösungen aus dem Spitzencluster it's OWL, https://doi.org/10.1007/978-3-662-58020-2_7

Betrieb im Rechenzentrum. Schlüsselkomponente dazu war der Simulation Scheduler. Mit ihm wurden zum einen wesentliche Teile der Anpassungen an der virtuellen Maschine kontrolliert gesteuert, gleichzeitig war dies der Ansatzpunkt, eine Steuerbarkeit der Simulation hinsichtlich von Kenngrößen, die eine Dienstleistungsqualität charakterisieren zu ermöglichen. Um einerseits aus den weiteren im Projekt erarbeiteten Komponenten heraus eine effiziente Ansteuerung und Beauftragung von Simulationen in der virtuellen Maschine zu ermöglichen und andererseits aus Sicht eines das System anbietenden Dienstleisters heraus die Kontrolle und Messung anzubieten, wie viele Simulationsläufe mit jeweils welcher Dauer angestoßen werden, war die Funktionalität des Simulation Schedulers unabdingbare Lösungskomponente im Projekt.

Kombiniert wurde die virtuelle Maschine mit dem im Projekt entwickelten Setup Optimizer. Dieser generiert aus einem gegebenen Bearbeitungsprozess automatisiert Varianten mit abgewandelter Werkstückaufspannsituation dahingehend, dass beispielsweise die Fertigungszeit verkürzt wird. Mit dieser Fähigkeit, ohne Zutun einer Fachkraft Variationen eines bereits validierten Bearbeitungsablaufes zu generieren, wurde die nun stark parallelisiert anwendbare virtuelle Maschine eingesetzt, um ebenfalls automatisiert diese Varianten zu validieren und Kenngrößen wie die Bearbeitungszeit zu bestimmen. Durch diese Kombination wurden als Projektergebnis Optimierungsdienstleistungen denkbar, die sich auf die Bearbeitungssituation innerhalb einer Maschine konzentrieren um als intelligentes Softwaresystem Optimierungspotenziale von eingefahrenen Fertigungsprozessen entdecken, validieren und ausschöpfen können.

Zur Erweiterung des Leistungsspektrums der entwickelten Gesamtlösung wurde die Lösung zusätzlich um Komponenten ausgebaut, die für Fertigungsbetriebe auch höherwertige Planungsprozesse unterstützen, welche relevant sind gerade im stärkeren Wettbewerb auf Basis kürzer werdender Lieferfristen bei unvorhergesehenen Auftragseingängen, -änderungen oder der weiteren Ausreizung bestehender Fertigungskapazitäten. Konkret wurde die von den Industriepartnern hervorgehobene Fertigungsplanung und insbesondere eine Anpassungsplanung im Fall von Störungen oder kurzfristigen Kapazitätsverlagerungen betrachtet. In solchen Fällen steht ein Fertigungsunternehmen vor der Aufgabe, die Belegung im vorhandenen Maschinenpark unter den Randbedingungen der Lieferfristen, vorhandenen Betriebsmitteln und erforderlichen Rüstarbeiten und -zeiten reaktiv umzuplanen.

Als Werkzeug zum Umgang mit dieser Herausforderung setzte das Projekt den Production Optimizer ein. Dieser löst die Aufgabe, eine bestehende Fertigungsaufgabe auf eine vorliegende Menge von Spannmitteln, Werkzeugen und einen Maschinenpark abzubilden, und hierbei die Einhaltung gewisser Randbedingungen zuzusichern. So wurde früh im Projekt von den Industriepartnern die praktische Forderung einbezogen, dass ein anwendungsgerechter Planungshorizont aufgeteilt ist in eine eher kurzfristig umzusetzende Fertigungs-Umplanung einerseits und eine eher langfristige Maschinenbelegungsplanung andererseits. Um das notwendige Zusammenhangswissen abzubilden und in einem automatisierten System bewerten und optimieren zu können setzte der Production Optimizer auf einem Ontologie-System auf. Mit der so geschaffenen Möglichkeit, in einem mathematischen Modell sinnvolle und mögliche Alternativen beurteilen zu können konnten weiter greifende Varianten generiert werden, die wiederum über den Fertigungsprozess an sich hinausreichen und eine automatisierte Erstellung von Fertigungsplänen bieten.

Wie auch schon mit dem Setup Optimizer ergab sich im Projekt aus der Ergänzung um den Production Optimizer besonders in der Kombination mit den anderen Komponenten ein steigender Mehrwert: Ein Dienstanwender kann mit seiner Fertigungsaufgabe dank des Systems einen Wechsel auf andere Maschinen seines Maschinenparks automatisiert ermitteln lassen; er kann innerhalb der gewählten Maschinen mittels des Setup Optimizers jeweils optimierte Spannsituation ermitteln lassen, welche wiederum dank der virtuellen Maschine, ein in der Cloud parallelisiert rechenbarer Prozess, validiert und hinsichtlich der konkreten Bearbeitungszeit simuliert wird.

Der erreichte hohe technische Funktionsumfang wurde im Projekt gespiegelt an einer breit aufgestellten Betrachtung möglicher Nutzungsmodelle – sowohl aus Sicht eines Dienstleistungen anbietenden Betreibers als auch aus Sicht der potenziellen Nutzer, die diese Dienstleistungen in Anspruch nehmen. Wie bei allen mit Cloud-Konzepten angedachten Lösungen wurde auch bei der Themenstellung im Projekt die Datensicherheit, bzw. -integrität und die Vertrauensbedürfnisse der Anwender betrachtet. Die Implementierungsmöglichkeiten aus dem Projektprototyp lassen in diesem Aspekt konzeptionell eine große Bandbreite an Implementierungen zu.

So ist eine klassische, reine on-premise Einzellösung durchaus denkbar. Der Endanwender betreibt dann in Hard- und Software das gesamte System bei sich und hat dadurch vollständige Kontrolle über Datenfluss und Datenlagerung. Als eine Variante dieses Modells kann ein Anbieter des Software-Systems dann für Vertrieb, Schulung, Wartung und Service der Hard- und Software-Lösung auftreten.

Eine Alternative zwischen vollwertiger Cloud und klassischer on-premise Lösung wäre das Anbieten eines Simulationsframeworks, welches Hardwarebetrieb, Softwarekomponenten und die technologie- und Branchenbezogenen Vorkonfigurationen lediglich als Werkzeugkasten bereitstellt. In dieser Lösung wird der Großteil der Hardware-Leistung und der Software-Komplexität im Rechenzentrum des Dienstleisters gehalten und vom Dienstleister zur Nutzung angeboten. Vorbereitete Schablonen bzw. Templates bieten eine aufwandsverringerte Anwendung der angebotenen Simulationswerkzeuge auf einen konkreten Fertigungs- und Fertigungsplanfall eines potenziellen Anwenders. In der Folge wird der Dienstnutzer erstens vom direkten Kapitalaufwand und einem Ausfallrisiko des Systems entlastet und zweitens verbleiben durch die technische Lösung seine Daten in seinem Hause. Der Nutzer stellt seine Daten lediglich zur Verarbeitung bereit und erhält auch die Ergebnisse der Simulation lokal auf seinem Rechnersystem, so dass die kundenrelevanten Daten nicht im entfernten Rechenzentrum gespeichert werden.

Eine Cloud-basierte Lösung kann das gesamte System als Dienstplattform anbieten, so dass auch die vom Kunden stammenden Ausgangsdaten sowie die Ergebnisdaten der Dienstleistung extern in der Cloud gespeichert, verwaltet und genutzt werden können. Dies setzt eine stark ausgeprägte Vertrauensbasis zwischen Dienstanbieter und Nutzer voraus, eröffnet aber auch das größte Potenzial: Der Dienstanbieter kann im Betrieb der Plattform aus Skaleneffekten heraus am besten den Betriebsaufwand konsolidieren, wenn in einem Rechenzentrum für zahlreiche Kunden Simulationen laufen und die Datenablage ebenfalls dort konsolidiert werden kann. Im Gegensatz zu einer klassisch rein lokalisiert beim Endanwender betriebenen Simulationslösung kann in diesem Ansatz also eine Auslastungsmaximierung gezielt gesteuert werden, beziehungsweise bei mangelnder Auslastung auch der Betriebsaufwand reduziert oder bei Spitzenlast eine erhöhte Rechenkapazität in der Cloud kurzfristig abgerufen werden.

Ebenfalls denkbar ist in diesem Szenario ein gestaffeltes Angebot der Dienstleistung in bedarfsgerechter Ausbaustufen: rein von der technischen Realisierung her kann je nach wirtschaftlicher Gegebenheit sowohl eine Cloud-Lösung, mit und ohne lokalisierter Datenhaltung, sowie eine lokalisierte Vor-Ort Installation angeboten und betrieben werden. Dies muss sich letztlich aus strategischen Überlegungen, wie auch im Wechselspiel aus Marktforderungen, der Marktnachfrage und wirtschaftlich realisierbarer Angebotslage entwickeln und ergeben.

Zusammenfassend entstanden aus dem Projekt sowohl technisch als auch wirtschaftlich wertvolle Erkenntnisse, was vor dem Hintergrund der implementierten Prototypen möglich ist, und was noch möglich werden kann. Einzelne Teilaspekte wurden bereits im Laufe des Projektes als Alleinstellungsmerkmale in maschinennahe Funktionalitäten überführt, während die Ansätze hinsichtlich Plattformen und Dienstleistungsmodelle auch auf weitere, simulationsbasierte Lösungen übertragen werden können. So kann einerseits der Anwendungsraum der Lösung zusätzlich erweitert werden, und zwar durch die Betrachtung von zerspanungstechnologischen Daten oder FEM-Analysen der konkreten Vorgänge der virtualisierten Bearbeitung. Solche Erweiterungen könnten durch eine weitergehende Verzahnung von Simulationsplattformen untereinander in Angriff genommen werden, wenn diese ebenfalls als Cloud-Lösungen vorliegen.

Wenn sich Cloud-Lösungen und digitalisierte Dienstleistungen, wie die im Projekt prototypisierte, am Markt weiter etabliert haben, wird auch die Anwendbarkeit von Big Data Ansätzen einfacher und gleichzeitig wirkungsstärker. Die technische Machbarkeit und ein beispielhafter Leistungsumfang wurden im Projekt belegt, so dass mit Zuversicht gespannt der Blick auf weitere kommende, digitalisierte Wertschöpfungsketten im industriellen Einsatz gerichtet werden kann.

Weiterführende Literatur

Afifi, A.A.; Hayhurst, D.R.; Khan, W.A.: Non-productive tool path optimisation of multi-tool part programmes. In: The International Journal of Advanced Manufacturing Technology 55(9–12), 2011

Bartsch, H.-J.: Taschenbuch Mathematischer Formeln, 21. Auflage, Carl Hanser Verlag, 2007.

Denkena, B.; Lorenzen, L.E; Kröning, S.: Cognitive Process Planning. In: 43rd CIRP Conference on Manufacturing Systems, S. 683–691.

Tönshoff, H. K.; Woelk, P. O.; Herzog, O.; Timm, I. J.; Böß, V. (2002): Agent-based in-house process planning and production control for enterprises in supply chains. In: Proceedings of the 12th International Conference on Flexible Automation and Intelligent Manufacturing. Citeseer, S. 329–338.

Zhang, J.Z.; Chen, J.C.: Surface Roughness Optimization in a Drilling Operation Using the Taguchi Design Method. In: Materials and Manufacturing Processes 24, 2009

Zhang, Xianzhi; Nassehi, Aydin; Safaieh, Mehrdad; Newman, Stephen T. (2013): Process comprehension for shopfloor manufacturing knowledge reuse. In: International Journal of Production Research (ahead-of-print), S. 1–15.

© Springer-Verlag GmbH Deutschland, ein Teil von Springer Nature 2019
W. Dangelmaier, J. Gausemeier (Hrsg.), *Intelligente Arbeitsvorbereitung auf Basis virtueller Werkzeugmaschinen*, Intelligente Technische Systeme – Lösungen aus dem Spitzencluster it's OWL, https://doi.org/10.1007/978-3-662-58020-2

CPSIA information can be obtained
at www.ICGtesting.com
Printed in the USA
LVHW061136140419
614124LV00009B/1095/P

9 783662 580196